建筑施工组织设计
（第3版）

主　编　张清波　陈　涌　傅鹏斌
副主编　丁晓东　倪淞恺　王　磊
　　　　李　奇　庄　严
参　编　徐　楠　钟小文
主　审　吴继锋

北京理工大学出版社
BEIJING INSTITUTE OF TECHNOLOGY PRESS

内 容 提 要

本书共分为八章，主要内容包括建筑工程施工组织概论、施工准备工作、建筑工程流水施工、工程网络计划技术、施工方案的选择、单位工程施工组织设计、施工组织总设计和BIM技术概论等。

本书可作为高等院校土木工程类相关专业的教材，也可供建筑工程施工技术及管理人员工作时参考使用。

图书在版编目（CIP）数据

建筑施工组织设计 / 张清波，陈涌，傅鹏斌主编.—3版.—北京：北京理工大学出版社，2020.9

ISBN 978-7-5682-9125-5

Ⅰ.①建… Ⅱ.①张… ②陈… ③傅… Ⅲ.①建筑工程－施工组织－设计 Ⅳ.①TU721

中国版本图书馆CIP数据核字（2020）第192668号

出版发行 / 北京理工大学出版社有限责任公司

社　　址 / 北京市海淀区中关村南大街5号

邮　　编 / 100081

电　　话 /（010）68914775（总编室）

　　　　　（010）82562903（教材售后服务热线）

　　　　　（010）68948351（其他图书服务热线）

网　　址 / http://www.bitpress.com.cn

经　　销 / 全国各地新华书店

印　　刷 / 北京紫瑞利印刷有限公司

开　　本 / 787毫米 ×1092毫米　1/16

印　　张 / 15.5　　　　　　　　　　　　　　　责任编辑 / 多海鹏

字　　数 / 365千字　　　　　　　　　　　　　文案编辑 / 多海鹏

版　　次 / 2020年9月第3版　2020年9月第1次印刷　责任校对 / 周瑞红

定　　价 / 68.00元　　　　　　　　　　　　　责任印制 / 边心超

第3版前言

建筑工程施工组织设计是以施工项目为对象编制的，用以指导施工的技术、经济和管理的综合性文件。依据施工组织设计，施工企业可以提前掌握人力、材料和机具使用上的先后顺序，全面安排资源的供应与消耗；可以合理地确定临时设施的数量、规模和用途，以及临时设施、材料和机具在施工场地上的布置方案。

建筑施工组织设计是否科学合理对建筑产品的品质及建筑工程施工工期有着根本性的影响，会影响建筑施工企业的社会效益和经济效益。而且，随着科学技术的发展、施工技术水平的不断提高及管理体制的进一步改革完善，建筑市场逐渐走向规范化，市场更加广阔，竞争更加激烈。为了适应日益激烈的市场竞争形势及建筑市场和新型施工管理体制的需要，必须对现在的施工组织设计的编制观念、形式、方法进行优化和改进。

本书自第1、2版出版发行以来，经相关高等院校教学使用，得到了广大师生的认可。但随着时间推移，书中涉及的一些标准规范的内容已经陈旧过时，为更新建筑施工组织设计编制和管理的相关知识，补充完善教学要点，我们组织有关专家学者结合近年来高等教育教学改革动态，依据相关标准、规范、规程对本书进行了修订。

本次修订在内容的选取和组织上充分考虑了土木工程类相关专业对建筑施工组织设计编制的深度和广度要求，以"必需、够用"为度，以"讲清概念、强化应用"为重点，深入浅出，注重实用，以更好地适应社会需求和满足高等院校土木工程类相关专业的教学要求。另外，为更好地促进学生对相关知识点的掌握，本次还对各章节的能力目标、知识目标和本章小结进行了修订，并对各章节知识体系进行了深入的思考，联系实际进行知识点的总结与概括，便于学生学习与思考；对各章节的思考与练习也进行了适当补充，从而有利于学生课后复习。

本书由江苏城乡建设职业学院张清波、山东商务职业学院陈涌、江西交通职业技术学院傅鹏斌担任主编，由枣庄职业学院丁晓东、玉溪农业职业技术学院倪淞恺、营口职业技术学院王磊、长沙职业技术学院李奇、汕头职业技术学院庄严担任副主编，四平职业大学建筑工程学院徐楠、北京东方风景智慧科技有限公司钟小文参与编写。全书由江西交通职业技术学院吴继锋主审。

本书在修订过程中，参阅了国内同行多部著作，部分高等院校的老师提出了很多宝贵意见供我们参考，在此表示衷心的感谢！限于编者的学识及专业水平和实践经验，教材中仍难免有疏漏或不妥之处，恳请广大读者指正。

编 者

第 2 版前言

建筑工程施工组织设计是以施工项目为对象编制的，用以指导施工的技术、经济和管理的综合性文件。依据施工组织设计，施工企业可以提前掌握人力、材料和机具使用上的先后顺序，全面安排资源的供应与消耗；可以合理地确定临时设施的数量、规模和用途，以及临时设施、材料和机具在施工场地上的布置方案。随着科学技术的发展、施工技术水平的不断提高及管理体制的进一步改革完善，建筑市场逐渐走向规范化，市场更加广阔，竞争更加激烈。为了适应日益激烈的市场竞争形势及建筑市场和新型施工管理体制的需要，必须对现在的施工组织设计的编制观念、形式、方法进行优化和改进。

为进一步规范施工组织设计编制和管理相关知识，补充完善教学要点，我们组织有关专家学者对第1版进行了修订。本次修订以《建筑施工组织设计规范》（GB/T 50502—2009）为编写依据，对相关知识要点进行了重新编写，并补充了新内容。本次修订主要做了如下工作：

（1）新增建筑工程施工组织概论、施工准备工作、双代号时标网络计划等章节内容，对网络计划技术的基本概念、双代号网络图、双代号网络计划时间参数的计算、单代号网络图时间参数的计算、双代号时标网络计划、施工组织总设计的内容、施工总进度计划、单位工程施工组织设计的内容等知识点进行了局部修订，使章节体系更加合理，知识内容更加符合实际需求。

（2）针对具体章节知识要点增加大量例题的讲解，并修改了部分思考与练习，使学与练有机结合在一起，便于学生对知识点的掌握。

（3）对能力目标、知识目标、本章小结进行了重新编写，明确了学习目标，便于教学重点的掌握。

本教材修订由杨德磊、李振霞、傅鹏斌担任主编，耿晓华、阎玮斌、姜波、饶兰担任副主编，陈晖、任忠侠参与了本教材部分章节的编写。本教材由吴继锋主审。

本教材在修订过程中，参阅了国内同行多部著作，部分高等院校教师提出了很多宝贵意见供我们参考，在此表示衷心感谢！对于参与本教材第1版编写但未参与本次修订的教师、专家和学者，本版教材所有编写人员向你们表示敬意，感谢你们对高等教育教学改革所做出的不懈努力，希望你们对本教材保持持续关注并多提宝贵意见。

限于编者的学识及专业水平和实践经验，修订后的教材仍难免有疏漏或不妥之处，敬请广大读者指正。

编　者

建筑产品的施工过程是一项复杂的组织活动和生产活动，它是多工种、多专业、多设备交叉的综合系统工程。要做到保证工程质量、缩短施工工期、降低工程成本和实现文明施工，就必须对工程施工全过程进行科学组织和统筹安排。

建筑施工组织设计是指导施工全过程的技术经济文件。它根据建筑产品及其生产的特点，按照产品生产规律，运用先进合理的施工技术和流水施工基本理论与方法，实现有组织、有计划的连续均衡生产，从而达到工期短、质量好、成本低的效益目的。实践证明，用施工组织设计来指导施工，对于保证工期和工程质量，降低工程成本是极为有效的。相反，凡是忽视技术管理工作，不编制施工组织设计，或虽然编制了但不执行，或执行中不能根据客观因素的变化及时调整，或编制得过于繁复或过于简单，都会造成施工程序混乱、资源失调、工期失控、质量及成本达不到预期的指标。此外，施工组织设计还是编制招标投标文件、进行施工预算及制订施工计划的主要依据，也为建筑企业合理组织施工和加强项目管理提供了重要措施和手段。

对高等院校土建类专业的学生来说，学习施工组织基本知识，掌握施工组织设计的编制原理和方法，是将来从事建筑工程施工与管理的最基本要求。为此，我们针对高等院校土建类相关专业的教学要求，结合建筑工程施工及管理实践经验，组织编写了本教材。

本书以适应社会需求为目标，以培养技术能力为主线，在内容选择上考虑土建工程专业的深度和广度，以"必需、够用"为度，以"讲清概念、强化应用"为重点，深入浅出，注重实用。学生通过本课程的学习，可了解流水施工的基本概念，掌握有节奏流水施工与无节奏流水施工组织方法和步骤；了解网络计划的基本概念、分类及表示方法，掌握双代号网络、单代号网络、双代号时标网络、单代号时标网络的绘制、参数计算方法和网络优化方法；了解施工组织总设计的作用，掌握施工总进度计划及施工总资源计划的编制方法，掌握施工总平面图设计方法；了解单位工程施工组织设计的概念及作用，掌握单位工程施工进度计划和各项资源需求量计划的编制方法，掌握单位工程施工平面图的设计方法。

本书共分为四章，内容包括建筑工程流水施工、工程网络计划技术、施工组织总设计、单位工程施工组织设计等，系统全面、层次清晰、图文并茂，实用性强；在编写形式上，采用【学习重点】—【培养目标】—【本章小结】—【思考与练习】的体例形式，构建"引导—学习—总结—练习"的教学模式，为学生学习和教师教学作了引导。

本书的编写较好地适应高等教育的特点和需要，体现高等教育教学改革的特点，在保证系统性的基础上，体现了内容的先进性，并通过较多的例题、思考题和练习题加强对学生动手能力的训练，便于组织教学和培养学生分析问题、解决问题的能力。

本书由吴继锋、于会斌任主编，吴琼、赵富田、傅鹏斌任副主编，耿晓华、阎玮斌、任忠侠等参与编写。本书既可作为高等院校土建类相关专业教材，也可作为建筑企业施工人员、技术人员、管理人员的参考用书。本书在编写过程中，参阅了国内同行多部著作，同时部分高等院校教师也提出了很多宝贵意见，在此一并表示衷心的感谢！

本书编写过程中，虽经推敲核证，但限于编者的专业水平和实践经验，仍难免有疏漏或不妥之处，敬请广大读者指正。

编　者

Contents
目 录

第一章 建筑工程施工组织概论

第一节　建筑工程分类与施工程序

建筑工程是指通过对各类房屋建筑及其附属设施的建造和与其配套的线路、管道、设备的安装活动所形成的工程实体。其中，房屋建筑是指有顶盖、梁柱、墙壁、基础及能够形成内部空间，满足人们生产、居住、学习、公共活动等需要的建筑。

一、建筑工程分类

1. 按照使用性质分

建筑工程按照使用性质可分为民用建筑工程、工业建筑工程、构筑物工程及其他建筑工程等。

2. 按照组成结构分

建筑工程按照组成结构可分为地基与基础工程、主体结构工程、建筑屋面工程、建筑装饰装修工程和室外建筑工程。

3. 按照空间位置分

建筑工程按照空间位置可分为地下工程、地上工程、水下工程、水上工程等。

二、建筑工程施工程序

建筑施工是建筑施工企业的基本任务，建筑施工的成果是完成各类工程项目的最终产品。将各方面的力量，各种要素如人力、资金、材料、机械、施工方法等科学地组织起来，使工程项目施工工期短、质量好、成本低，迅速发挥投资效益，提供优良的工程项目产品，这是建筑施工组织设计的根本任务。建筑工程施工程序是指工程项目在整个施工阶段所必须遵循的顺序，它是经多年经验总结的客观规律，一般是指从接受施工任务直到交工验收所包括的各主要阶段的先后次序。施工程序可划分为以下五个阶段。

1. 投标与签订合同阶段

建筑施工企业承接施工任务的方式有：建筑施工企业自己主动对外接受的任务或是建设单位主动委托的任务；参加社会公开的投标后，中标而得到的任务；国家或上级主管单位统一安排，直接下达的任务。在市场经济条件下，建筑施工企业和建设单位自行承接和委托的施工任务较多，采用招标、投标的方式发包和承包。建筑施工任务是建筑业和基本建设管理体制改革的一项重要措施。

无论以哪种方式承接施工项目，施工单位都必须同建设单位签订施工合同。签订了施工合同的施工项目才算是落实的施工任务。签订合同的施工项目必须是经建设单位主管部门正式批准的，有计划任务书、初步设计和总概算，已列入年度基本建设计划，落实了投资的建筑项目，否则不能签订施工合同。

施工合同是建设单位与施工单位根据《中华人民共和国经济合同法》《中华人民共和国建筑法》《中华人民共和国合同法》《建筑工程勘察设计管理条例》有关规定而签订的具有法律效力的文件，双方必须严格履行合同，任何一方不履行合同给对方造成的损失，都要负法律责任和进行赔偿。

2. 施工准备阶段

施工准备工作是建筑施工顺利进行的根本保证。施工准备工作主要包括技术准备、物资准备、劳动组织准备、施工现场准备和施工场外准备。当一个施工项目进行了图纸会审，编制和批准了单位工程的施工组织设计、施工图预算和施工预算，组织好材料、半成品和构配件的生产和加工运输，组织好施工机具进场，搭设了临时建筑物，建立了现场管理机构，调遣了施工队伍，拆迁完原有建筑物，搞好了"三通一平"，进行了场区测量和建筑物定位放线等准备工作后，施工单位即可向主管部门提出开工报告。

3. 施工阶段

施工阶段是一个自开工至竣工的实施过程。在施工中，施工企业努力做好动态控制工作，保证质量目标、进度目标、造价目标、安全目标、节约目标的实现；管理好施工现场，实行文明施工；严格履行施工合同，处理好内外关系，管理好合同变更及索赔；做好记录、协调、检查、分析工作。施工阶段的目标是完成合同规定的全部施工任务，达到验收、交工的条件。

4. 竣工验收阶段

竣工验收阶段也称为结束阶段。其包括：工程收尾；进行试运转；接受正式验收；整理、移交竣工文件，进行工程款结算，总结工作，编制竣工总结报告；办理工程交付手续；解体项目经理部等。其目标是对项目成果进行总结、评价，对外结清债权债务，结束交易关系。

5. 后期服务阶段

后期服务阶段是施工项目管理的最后阶段，即在竣工验收后，按合同规定的责任期进行用后服务、回访与保修。其包括：为保证工程正常使用而做的必要的技术咨询和服务；进行工程回访，听取使用单位意见，总结经验教训，观察使用中的问题并进行必要的维护、维修和保修；进行沉降、抗震等性能观察等。

第二节　建筑产品与施工特点

一、建筑产品特点

建筑产品是指建筑业生产的各种建筑物或构筑物等。由于建筑产品的使用功能、平面与空间组合、结构与构造形式及所用材料的物理力学性能等各不相同，故决定了建筑产品的特殊性。其特点包括庞大性、固定性、多样性和复杂性等。

1. 庞大性

无论是复杂还是简单，建筑产品为了满足其使用功能，都需要大量的物质资源，占据广阔的平面与空间，这决定了它比平时使用的一般产品体积要大得多。

2. 固定性

一般的建筑产品均由自然地面以下的基础和自然地面以上的主体两部分组成（地下建筑全部在自然地面以下）。基础承受主体的全部荷载（包括基础的自重），并传递给地基，同时将主体固定在大地上。建筑产品都是在选定的地点上建造和使用，与选定地点的土地不可分割，从建造开始直至拆除一般不能移动，所以，建造时和建成后一般都不再移动。

3. 多样性和复杂性

施工项目产品不但要满足各种使用功能和规划的要求，而且还要体现出地区的民族风俗、建筑艺术，同时，也受到地区自然条件等诸多因素的限制，这就使得施工项目产品在规模、结构、构造、形式、基础和装饰等诸多方面变化纷繁。建筑物要满足不同的使用功能，这就决定了建筑产品的多样性和复杂性。

建筑产品不仅要满足其使用要求，且应美观、坚固。所以，就其建筑构造、结构及装饰要求而言，也是比较复杂的。其使用的材料多达上百种，施工过程也错综复杂。

二、建筑产品施工特点

1. 建筑产品生产具有流动性

建筑产品地点的固定性决定了产品生产的流动性。生产的流动性是建筑产品固着于地上不能移动和整体难以分开所造成的。其表现在两个方面：一是施工机构随建筑物或构筑物坐落位置的变化而整体转移生产地点；二是在产品的生产过程中，施工人员和机具要随着施工部位的变化而沿着施工对象上下左右流动，不断地转移操作场所。

2. 建筑产品生产具有单件性

建筑产品地点的固定性和类型的多样性决定了产品生产的单件性。一般的工业产品是在一定的时期里，统一的工艺流程中进行批量生产；而具体的一个建筑产品应在国家或地区的统一规划内，根据其使用功能，在选定的地点上单独设计和单独施工。即使是选用标准设计、采用通用构件或配件，也会由于建筑产品所在地区自然、技术、经济条件的不同，导致各建筑产品生产具有单件性。

3. 建筑产品生产具有地区性

建筑产品的固定性决定了同一使用功能的施工项目产品因其施工地点的不同，必然受到施工地区自然、技术、经济和社会条件的约束，使其在结构、构造、艺术形式、室内设施、材料、施工方案等方面均有较大差异。因此，施工项目产品的生产具有地区性。

4. 建筑产品生产周期长

建筑产品的固定性和体形庞大的特点，决定了建筑产品生产周期长。建筑产品体形庞大，使最终建筑产品的建成必然耗费大量的人力、物力和财力。同时，建筑产品的生产全过程还要受到工艺流程和生产程序的制约，使各专业、各工种之间必须按照合理的施工顺序进行配合和衔接。又由于建筑产品地点的固定性，使施工活动的空间具有局限性，从而导致建筑产品生产具有生产周期长、占用流动资金大的特点。

5. 建筑产品生产露天作业多

建筑产品地点的固定性和体形庞大的特点，决定了施工项目产品生产露天作业多。因为体形庞大的施工项目产品不可能在工厂、车间内直接进行施工，即使施工项目产品达到了高度工业化水平，也只能在工厂内生产各部分的构件或配件，仍然需要在施工现场进行总装配后才能形成最终产品。因此，施工项目产品生产具有露天作业多的特点。

6. 建筑产品生产高空作业多

由于建筑产品体形庞大，故决定了建筑产品生产具有高空作业多的特点，特别是随着城市现代化的发展，高层建筑物的施工任务日益增多，使建筑产品生产高空作业多的特点日益明显。

7. 建筑产品生产组织协作具有综合复杂性

建筑产品的多样性和复杂性，决定了建造建筑产品的过程——建筑施工的复杂性。由于功能各异，结构类型、装饰要求不同，建筑物没有完全相同的两个产品，即使上部做法套用别的建筑物，下部基础一般也会不同，故必须根据每件产品的特点单独设计、单独组织施工。另外，建筑施工涉及部门很广，使用材料规格、品种繁多，各专业、各工种必须协同工作，这些都决定了建筑产品生产组织协作的综合复杂性。

三、建筑工业化特点

建筑工业化是传统的建筑业生产方式向工业化生产方式转变的过程。其基本内涵是以绿色发展为理念、以技术进步为支撑、以信息管理为手段，运用工业化的生产方式，将工程项目的设计、开发、生产、管理过程形成一体化的产业链。

建筑工业化不等于装配化，也不等于传统生产方式的装配化，用传统的施工管理模式进行装配化施工并不代表建筑工业化。新型建筑工业化具有以下五大特点：

（1）设计标准化。设计标准化的核心是建立标准化的单元，如图 1-1 所示。不同于早期标准化设计中仅采用某一方面的模数化设计或标准图集，受益于信息化尤其 BIM（建筑信息模型）技术的应用，其强大的信息共享、协同工作能力突破了原有的局限性，有利于建立标准化的单元，实现了建筑产品在建造过程中的重复使用。例如，香港的公屋已经形成了七个成熟的设计户型，操作起来很方便，使生产效率大大提高。

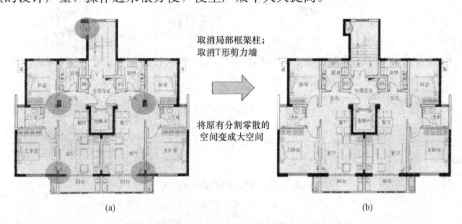

图 1-1　标准化设计的建筑标准层

（2）生产工厂化。生产工厂化是建筑工业化的主要环节，对此很多人的认识都止步于建筑部品生产的工厂化，其实主体结构的工厂化才是根本。在传统施工方式中，最大的问题是主体结构精度难以保证，误差控制在厘米级，如门窗，每层尺寸各不相同；主体结构施工采用人海战术，过度依赖一线工人；施工现场产生大量建筑垃圾，造成的材料浪费、对环境的破坏等问题一直被诟病；更关键的是不利于现场质量控制。这些问题均可以通过主体结构的工厂化生产得到解决，可实现毫米级的误差控制，并实现装修部品的标准化。真正的工业化建筑应在生产方式上实现变革，而不仅仅局限于预制率的多少。

（3）施工装配化。装配化施工的核心在施工技术和施工管理两个层面，特别是管理层面，工业化运行模式有别于传统形式。相对于目前层层分包的模式，建筑工业化更提倡 EPC 模式，即工程总承包模式，确切地说，这是建筑工业化初级阶段主要倡导的一种模式。作为一体化模式，EPC 实现了设计、生产、施工的一体化，使项目设计更加优化，有利于实现在建造过程中的资源整合、技术集成及效益最大化，以保证生产方式的转变。通过 EPC 模式，能真正将技术固化下来，进而形成集成技术，实现全过程的资源优化和施工装配化。

（4）装修一体化。装修一体化即从设计阶段开始，构件的生产、制作与装修施工一体化完成，也就是实现装修与主体结构的一体化。

（5）管理信息化。管理信息化即建筑全过程实现信息化。装配式节点的复杂性需要 BIM 技术支撑，设计开始就要建立信息模型，各专业利用这一信息平台协同作业。图纸进入工厂后再次进行优化，在装配阶段也可以进行施工过程的模拟，如图 1-2 所示。同时，构件中装有芯片，有利于质量跟踪。BIM 技术的广泛应用会加速工程建设向工业化、标准化和集约化方向发展，促使工程建设各阶段、各专业主体之间在更高层面上充分共享资源，有效地避免各专业、行业之间不协调的问题，有效解决设计与施工脱节、部品与建造技术脱节的问题，极大地提高了工程建设的精细程度、生产效率和工程质量，充分发挥了新型建筑工业化的特点。

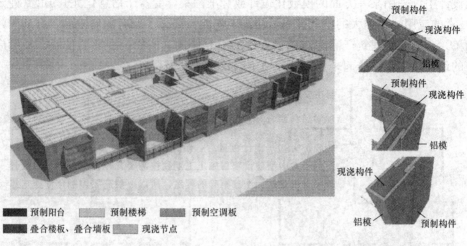

预制阳台　　　预制楼梯　　　预制空调板

叠合楼板、叠合墙板　　　现浇节点

预制构件
现浇构件
铝模
预制构件
现浇构件
铝模
现浇构件
铝模　　　预制构件

图 1-2　BIM 技术模拟施工

新一轮建筑工业化的发展是以建筑业为主体，而非房地产业，建筑工业化受益最大的还是建筑业，对此建筑企业应积极推进。

第三节　建筑施工组织设计

一、建筑施工组织设计的概念

建筑施工组织设计是以施工项目为对象编制的，用以指导施工的技术、经济和管理的综合性文件。

建筑施工组织设计的任务是对具体的拟建工程（建筑群或单个建筑物）的施工准备工作和整个施工过程，在人力和物力、时间和空间、技术和组织上，做出一个全面、合理，且符合好、快、省、安全要求的计划安排。

建筑施工组织设计可以为对拟建工程施工的全过程实行科学管理提供重要手段。通过建筑施工组织设计的编制，可以全面考虑拟建工程的各种具体条件，扬长避短地拟定合理的施工方案，确定施工顺序、施工方法、劳动组织和技术经济的组织措施，统筹合理地安排拟定施工进度计划，保证拟建工程按期投产或交付使用；也可以为拟建工程的设计方案在经济上的合理性、技术上的科学性和实施工程的可能性进行论证提供依据；还可以为建设单位编制基本建设计划和施工企业编制施工计划提供依据。依据建筑施工组织设计，施工企业可以提前掌握人力、材料和机具使用上的先后顺序，全面安排资源的供应与消耗；可以合理地确定临时设施的数量、规模和用途，以及临时设施、材料和机具在施工场地上的布置方案。

建筑施工组织设计是施工准备工作的一项重要内容，同时，也是指导各项施工准备工作的重要依据。

二、建筑施工组织设计的原则与依据

1. 建筑施工组织设计的原则

(1)严格遵守施工程序，保证重点，统筹安排工程项目。

(2)积极开发、使用新技术和新工艺，推广应用新材料和新设备。

(3)遵守合理的施工顺序，采用流水施工和网络计划等方法，科学配置资源，采取季节性施工措施，实现均衡施工，达到合理的经济技术指标。

《建筑施工组织设计规范》

(4)强化施工管理，确保工程质量和施工安全。

(5)合理布置施工现场，组织文明施工。

(6)采取技术和管理措施，推广建筑节能和绿色施工，与质量、环境和职业健康安全三个管理体系有效结合。

2. 建筑施工组织设计的依据

(1)与工程建设有关的法律、法规和文件。

(2)国家现行有关标准和技术经济指标。

(3)工程所在地区行政主管部门的批准文件，建设单位对施工的要求。

(4)工程施工合同或招标投标文件。

(5)工程设计文件。

(6)工程施工范围内的现场条件，工程地质及水文地质、气象等自然条件。

(7)与工程有关的资源供应情况。

(8)施工企业的生产能力、机具设备状况、技术水平等。

三、建筑施工组织设计的作用和分类

1. 建筑施工组织设计的作用

(1)施工组织设计作为投标书的核心内容和合同文件的一部分，用于指导工程投标与签订施工合同。

(2)施工组织设计是施工准备工作的重要组成部分，同时，又是做好施工准备工作的依据，进而保证各施工阶段准备工作的及时进行。

(3)施工组织设计是根据工程各种具体条件拟定的施工方案、施工顺序、劳动组织和技术组织措施等，是指导开展紧凑、有序施工活动的技术依据，以明确施工重点和影响工期进度的关键施工过程，并提出相应的技术、质量、安全、文明等各项目标及技术组织措施，提高综合效益。

(4)施工组织设计所提出的各项资源需用量计划，直接为组织材料、机具、设备、劳动力需用量的供应和使用提供数据，协调各总包单位与分包单位、各工种、各类资源、资金、时间等方面在施工程序、现场布置和使用上的相应关系。

(5)通过编制施工组织设计，可以合理利用和安排为施工服务的各项临时设施，也可以合理地部署施工现场，确保文明施工和安全施工。

(6)通过编制施工组织设计，可以将工程的设计与施工、技术与经济、施工全局性规律和局部性规律、土建施工与设备安装、各部门各专业之间有机结合，统一协调。

(7)通过编制施工组织设计，可以分析施工中的风险和矛盾，及时研究解决问题的对策、措施，从而提高了施工的预见性，减少了盲目性。

2. 建筑施工组织设计的分类

施工组织设计是一个总的概念，根据建设项目的类别、工程规模、编制阶段、编制对象和范围的不同，在编制的深度和广度上也会有所不同。

(1)按编制阶段的不同分类，如图1-3所示。

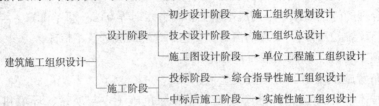

图1-3 建筑施工组织设计的分类

(2)按编制对象范围的不同分类。建筑施工组织设计按编制对象范围的不同，可分为施工组织总设计、单位工程施工组织设计和分部分项工程施工组织设计三种。

1)施工组织总设计是以一个建设项目或一个建筑群为对象编制的，对整个建设工程的施工过程的各项施工活动进行全面规划、统筹安排和战略部署，是全局性施工的技术经济文件。施工组织总设计最主要的作用是为施工单位进行全场性的施工准备和组织人员、物质供应等提供依据。施工组织总设计的主要内容有工程概况、施工部署和施工方案、施工准备工作计划、各项资源需用量计划、施工总进度计划、施工总平面图、技术经济指标分析。

2)单位工程施工组织设计是以一个单位工程为对象编制的，是用于直接指导其施工全过程的各项施工活动的技术经济文件，也是指导施工的具体文件，还是施工组织总设计的具体化。由于它是以单位工程为对象编制的，故可以在施工方法、人员、材料、机械设备、资金、时间、空间等方面进行科学合理的规划，使施工在一定的时间、空间和资源供应条件下，有组织、有计划、有秩序地进行，实现质量好、工期短、资金省、消耗少、成本低的良好效果。单位工程施工组织设计的主要内容包括工程概况、施工方案、施工进度计划、施工准备工作计划、各项资源需用量计划、施工平面图、技术经济指标、安全文明施工措施。

3)分部分项工程施工组织设计是针对某些较重要、技术复杂、施工难度大或采用新工艺、新材料、新技术施工的分部分项工程。其用来具体指导这些工程的施工，如深基础、无粘结预应力混凝土、大型安装、高级装修工程等。其内容具体详细，可操作性强，也可直接指导分部(分项)工程施工的技术计划，包括施工方案、进度计划、技术组织措施等。一般在单位工程施工组织设计确定施工方案后，由项目部技术负责人编制。

四、建筑施工组织设计的内容与主要施工管理计划

1. 建筑施工组织设计的内容

建筑施工组织设计的内容是根据不同工程的特点和要求，以及现有的和可能创造的施工条件，从实际出发，决定各种生产要素(材料、机械、资金、劳动力和施工方法等)的结合方式。建筑施工组织设计应包括编制依据、工程概况、施工部署、施工进度计划、施工

准备与资源配置计划、主要施工方法、施工现场平面布置及主要施工管理计划等基本内容。

在不同设计阶段编制的施工组织设计文件，内容和深度不尽相同，其作用也不同。一般来说，施工组织条件设计是概略的施工条件分析，提出创造施工条件和建筑生产能力配备的规划；施工组织总设计是对施工进行总体部署的战略性施工纲领；单位工程施工组织设计则是详尽的、实施性的施工计划，用以具体指导现场施工活动。

2. 建筑施工组织设计的主要施工管理计划

建筑施工组织设计的主要施工管理计划应包括进度管理计划、质量管理计划、安全管理计划、环境管理计划、成本管理计划及其他管理计划等内容。各项管理计划的制订，应根据项目的特点有所侧重。

(1)进度管理计划。

1)项目施工进度管理应按照项目施工的技术规律和合理的施工顺序，保证各工序在时间上和空间上的顺利衔接。

2)进度管理计划应包括下列内容：

①对项目施工进度计划进行逐级分解，通过阶段性目标的实现保证最终工期目标的完成。

②建立施工进度管理的组织机构并明确职责，制定相应管理制度。

③针对不同施工阶段的特点，制定进度管理的相应措施，包括施工组织措施、技术措施和合同措施等。

④建立施工进度动态管理机制，及时纠正施工过程中的进度偏差，并制定特殊情况下的赶工措施。

⑤根据项目周边环境特点，制定相应的协调措施，减少外部因素对施工进度的影响。

(2)质量管理计划。

1)质量管理计划可参照《质量管理体系　要求》(GB/T 19001—2016)，在施工单位质量管理体系的框架内编制。

2)质量管理计划应包括下列内容：

①按照项目具体要求确定质量目标并进行目标分解，质量指标应具有可测量性。

②建立项目质量管理的组织机构并明确职责。

③制订符合项目特点的技术保障和资源保障措施，通过可靠的预防控制措施，保证质量目标的实现。

④建立质量过程检查制度，并对质量事故的处理做出相应规定。

(3)安全管理计划。

1)安全管理计划可参照《职业健康安全管理体系　要求及使用指南》(GB/T 45001—2020)，在施工单位安全管理体系的框架内编制。

2)安全管理计划应包括下列内容：

①确定项目重要危险源，制定项目职业健康安全管理目标。

②建立有管理层次的项目安全管理组织机构并明确职责。

③根据项目特点，进行职业健康安全方面的资源配置。

④建立具有针对性的安全生产管理制度和职工安全教育培训制度。

⑤针对项目重要危险源，制定相应的安全技术措施；对达到一定规模的、危险性较大

的分部(分项)工程和特殊工种的作业应制订专项安全技术措施的编制计划。

⑥根据季节、气候的变化制定相应的季节性安全施工措施。

⑦建立现场安全检查制度，并对安全事故的处理做出相应规定。

3)现场安全管理应符合国家和地方政府部门的要求。

(4)环境管理计划。

1)环境管理计划可参照《环境管理体系　要求及使用指南》(GB/T 24001—2016)，在施工单位环境管理体系的框架内编制。

2)环境管理计划应包括下列内容：

①确定项目重要环境因素，制定项目环境管理目标。

②建立项目环境管理的组织机构并明确职责。

③根据项目特点进行环境保护方面的资源配置。

④制定现场环境保护的控制措施。

⑤建立现场环境检查制度，并对环境事故的处理作出相应的规定。

3)现场环境管理应符合国家和地方政府部门的要求。

(5)成本管理计划。

1)成本管理计划应以项目施工预算和施工进度计划为依据编制。

2)成本管理计划应包括下列内容：

①根据项目施工预算，制定项目施工成本目标。

②根据施工进度计划，对项目施工成本目标进行阶段分解。

③建立施工成本管理的组织机构并明确职责，制定相应管理制度。

④采取合理的技术、组织和合同等措施，控制施工成本。

⑤确定科学的成本分析方法，制定必要的纠偏措施和风险控制措施。

3)必须正确处理成本与进度、质量、安全和环境等之间的关系。

(6)其他管理计划。

1)其他管理计划应包括绿色施工管理计划、防火保安管理计划、合同管理计划、组织协调管理计划、创优质工程管理计划、质量保修管理计划，以及对施工现场人力资源、施工机具、材料设备等生产要素的管理计划等。

2)其他管理计划可根据项目的特点和复杂程度加以取舍。

3)各项管理计划的内容应有目标，有组织机构，有资源配置，有管理制度和技术、组织措施等。

五、建筑施工组织设计的审批与动态管理

1. 建筑施工组织设计的审批

(1)施工组织设计应由项目负责人主持编制，可根据需要分阶段编制和审批。

(2)施工组织总设计应由总承包单位技术负责人审批；单位工程施工组织设计应由施工单位技术负责人或技术负责人授权的技术人员审批；施工方案应由项目技术负责人审批；重点、难点分部(分项)工程和专项工程施工方案应由施工单位技术部门组织相关专家评审，施工单位技术负责人批准。

(3)由专业承包单位施工的分部(分项)工程或专项工程的施工方案，应由专业承包单位

技术负责人或技术负责人授权的技术人员审批；有总承包单位时，应由总承包单位项目技术负责人核准备案。

（4）规模较大的分部（分项）工程和专项工程的施工方案应按单位工程施工组织设计进行编制和审批。

2. 建筑施工组织设计的动态管理

（1）项目在施工过程中，发生以下情况之一时，对建筑施工组织设计应及时进行修改或补充：

1）工程设计有重大修改。

2）有关法律、法规、规范和标准实施、修订和废止。

3）主要施工方法有重大调整。

4）主要施工资源配置有重大调整。

5）施工环境有重大改变。

（2）经修改或补充的建筑施工组织设计应重新审批后实施。

（3）项目施工前应进行建筑施工组织设计逐级交底；项目施工过程中应对建筑施工组织设计的执行情况进行检查、分析并适时调整。

本章小结

本章对建筑工程的概念及分类，建筑工程施工程序，建筑产品及其施工特点，建筑施工组织设计的概念、作用、分类、原则、内容进行了简单的介绍。

建筑工程是指通过对各类房屋建筑及其附属设施的建造和与其配套的线路、管道、设备的安装活动所形成的工程实体。

建筑施工程序可分为投标与签订合同阶段、施工准备阶段、施工阶段、竣工验收阶段和后期服务阶段五个阶段。

建设施工组织设计按编制对象范围的不同，可分为施工组织总设计、单位工程施工组织设计和分部分项工程施工组织设计三种。

思考与练习

一、填空题

1. 建筑工程按照使用性质可分为_____、_____、_____及其他建筑工程等。

2. 施工准备工作是建筑施工顺利进行的根本保证。施工准备工作主要有_____、_____、_____、施工现场准备和施工场外准备。

3. 建筑产品是指建筑业生产的各种建筑物或构筑物等。由于建筑产品的使用功能、平面与空间组合、结构与构造形式及所用材料的物理力学性能等各不相同，故决定了建筑产品的特殊性，其特点包括_____、_____、_____和_____等。

4. 施工组织设计按编制对象范围的不同，可分为_____、_____、_____三种。

二、单项选择题

1. 建筑产品施工特点不包括( )。

   A. 庞大性   B. 复杂性   C. 单件性   D. 多样性

2. 施工组织设计是( )的一项重要内容，同时，也是指导各项施工准备工作的重要依据。

   A. 施工阶段   B. 施工准备工作

   C. 投标工作   D. 单位施工组织工作

3. ( )是以一个建设项目或一个建筑群为对象编制的，对整个建设工程的施工过程的各项施工活动进行全面规划、统筹安排和战略部署，是全局性施工的技术经济文件。

   A. 施工组织总设计   B. 单项工程施工组织设计

   C. 单位工程施工组织设计   D. 分部分项工程施工组织设计

三、简答题

1. 试陈述建设工程施工的一般程序。

2. 建筑产品有哪些特点？

3. 建筑产品的施工有哪些特点？

4. 试陈述建筑施工组织设计的概念和作用。

第二章　施工准备工作

知识目标

1. 了解施工准备工作的意义和重要性；熟悉施工准备工作的分类。
2. 掌握调查、收集原始资料，技术资料准备，施工现场准备，季节性准备的施工准备工作。

能力目标

1. 能够根据原始资料的收集，进行拟建工程的资料收集。
2. 能够根据建筑工程施工准备的情况，对建筑施工图作初步识读，了解该工程大概的设计意图，具有参与图纸审查、编写会议纪要的能力。

第一节　施工准备工作概述

一、施工准备工作的意义

(1)施工准备工作是建筑企业生产经营管理的重要组成部分。

(2)施工准备工作是建筑施工程序的重要阶段。

(3)做好施工准备工作，可以有效降低施工风险。

(4)做好施工准备工作，可以加快施工进度，提高工程质量，节约资金和材料，从而提高经济效益。

(5)做好施工准备工作，可以调动各方面的积极因素，合理地组织人力、物力。

(6)做好施工准备工作，是施工顺利进行和工程圆满完成的重要保证。

施工准备工作的进行，需要花费一定的时间，似乎推迟了建设进度，然而实践证明，一旦做好了施工准备工作，施工不仅不会变慢，反而会更快，而且也可以避免浪费，有利于保证工程质量和施工安全，对提高经济效益具有十分重要的作用。

二、施工准备工作的分类

1. 按照施工准备工作的范围分

(1)全场性施工准备。全场性施工准备是以一个建筑工地为对象而进行的各项施工准备。施工准备工作的目的、内容都是为全场性施工服务的，其不仅要为全场性的施工活动创造有利条件，而且要兼顾单位工程施工条件的准备。

（2）单位工程施工条件准备。单位工程施工条件准备是以一个建筑物或构筑物为对象的施工条件准备工作。该准备工作的目的、内容都是为单位工程施工服务的。其不仅要为该单位工程在开工前做好一切准备工作，而且也要为分部（分项）工程做好施工准备工作。

（3）分部（分项）工程作业条件准备。分部（分项）工程作业条件准备是以一个分部（分项）工作或冬、雨期施工为对象而进行的作业条件准备。

2. 按照拟建工程所处的施工阶段分

（1）开工前的施工准备。开工前的施工准备是在拟建工程正式开工之前所进行的准备工作。其目的是为拟建工程正式开工创造必要的施工条件。它既可能是全场性的施工准备，又可能是单位工程施工条件的准备。

（2）各施工阶段前的施工准备。各施工阶段前的施工准备是在拟建工程开工之后，每个施工阶段正式开工之前所进行的一切施工准备工作。其目的是为各施工阶段正式施工创造必要的施工条件。

三、施工准备工作的重要性

工程项目建设总的程序是按照计划、设计和施工三大阶段进行的，而施工阶段又可分为施工准备、土建施工、设备安装、竣工验收等阶段。

施工准备工作的基本任务是为拟建工程的施工准备必要的技术和物质条件，统筹安排施工力量和合理布置施工现场。施工准备工作是施工企业搞好目标管理，推行技术经济承包的重要前提，同时，施工准备工作还是土建施工和设备安装顺利进行的根本保证。因此，认真做好施工准备工作，对于发挥企业优势、合理供应资源、加快施工速度、提高工程质量、降低工程成本、增加企业经济效益等具有重要的意义。

第二节　调查、收集原始资料

建筑工程施工涉及的单位多、内容广、情况多变、问题复杂，编制施工组织设计的人员对建筑地区的技术经济条件、场址特征和社会情况等往往不太熟悉，特别是建筑工程的施工在很大程度上要受当地技术经济条件的影响和约束。因此，为了形成符合实际情况并切实可行的最佳施工组织设计方案，在进行建设项目施工准备工作中必须进行建设场址的勘察和技术经济条件的调查，以获得施工组织设计的基础资料。这些基础资料称为原始资料，而对这些资料的分析研究就称为原始资料的调查研究。

原始资料是工程设计及施工组织设计的重要依据之一。原始资料的调查主要是对工程条件、工程环境特点和施工条件等施工技术与组织的基础资料进行调查，以此作为施工准备工作的依据。原始资料调查工作应有计划、有目的地进行，事先要拟定明确、详细的调查提纲。调查的范围、内容、要求等，应根据拟建工程的规模、性质、复杂程度、工期及对当地的熟悉和了解程度而定。

原始资料调查内容一般包括建设场址勘察和技术经济资料调查。

一、建设场址勘察

建设场址勘察主要是了解建设地点的地形、地貌、地质、水文、气象及场址周围环境和障碍物情况等。勘察结果一般可以作为确定施工方法和技术措施的依据。

1. 地形、地貌勘察

地形、地貌勘察要求提供工程的建设规划图、区域地形图(1/25 000～1/10 000)、工程位置地形图(1/2 000～1/1 000)、该地区城市规划图、水准点及控制桩的位置、现场地形、地貌特征、勘察高程及高差等。对场地地形简单的施工现场，一般采用目测和步测；对场地地形复杂的施工现场，可采用测量仪器进行观测，也可向规划部门、建设单位、勘察单位等进行调查。这些资料可作为选择施工用地、布置施工总平面图、场地平整及土方量计算、了解障碍物及其数量的依据。

2. 工程地质勘察

工程地质勘察的目的是查明建设地区的工程地质条件和特征，其包括地层构造、土层的类别与厚度、承载力及地震级别等。应提供的资料有：钻孔布置图；工程地质剖面图；土层类别、厚度；土壤物理力学指标(包括天然含水量、孔隙比、塑性指数、渗透系数、压缩试验及地基土强度等)；地层的稳定性、断层滑块、流沙；最大冻结深度；地基土破坏情况等。工程地质勘察资料可为选择土方工程施工方法、地基土的处理方法及基础施工方法提供依据。

3. 水文地质勘察

水文地质勘察所提供的资料主要有以下两个方面：

(1)地下水文资料：地下水最高、最低水位及时间，水的流速、流向、流量；地下水的水质分析及化学成分分析；地下水对基础有无冲刷、侵蚀影响等。所提供资料有助于选择基础施工方案、选择降水方法及拟定防止侵蚀性介质的措施。

(2)地面水文资料：临近江河湖泊与工地的距离；洪水、平水、枯水期的水位、流量及航道深度；水质分析；最大、最小冻结深度及结冰时间等。调查目的是为确定临时给水方案、施工运输方式提供依据。

4. 气象资料调查

气象资料一般可向当地气象部门进行调查。调查资料可作为确定冬期、雨期施工措施的依据。气象资料包括以下几个方面：

(1)降雨、降水资料：全年降雨量、降雪量；一日最大降雨量；雨期起止日期；年雷暴日数等。

(2)气温资料：年平均、最高、最低气温；最冷、最热月及逐月的平均温度。

(3)风向资料：主导风向、风速、风的频率；大于或等于8级风的全年天数，并应将风向资料绘制成风玫瑰图。

5. 周围环境及障碍物调查

周围环境及障碍物调查包括施工区域现有建筑物、构筑物、沟渠、水井、树木、土堆、电力架空线路、地下沟道、人防工程、上下水管道、埋地电缆、煤气及天然气管道、地下杂填积坑、枯井等。

这些资料要通过实地踏勘，并向建设单位、设计单位等调查取得，可作为布置现场施工平面的依据。

二、技术经济资料调查

技术经济资料调查的目的是查明建设地区地方工业、资源、交通运输、动力资源、生活福利设施等地区经济因素，获取建设地区技术经济条件资料，以便在施工组织中尽可能利用地方资源为工程建设服务，同时，也可作为选择施工方法和确定费用的依据。

1. 建设地区的能源调查

能源一般指水源、电源、气源等。对能源资料可向当地城建、电力、燃气供应部门及建设单位等进行调查。其主要用作选择施工用临时供水、供电和供气的方式，提供经济分析比较的依据。能源调查的内容主要有：施工现场用水与当地水源连接的可能性、供水距离、接管距离、地点、水压、水质及水费等资料；利用当地排水设施排水的可能性、排水距离、去向等；可供施工使用的电源位置、引入工地的路径和条件，可以满足的容量、电压及电费；建设单位、施工单位自有的发变电设备、供电能力；冬期施工时附近蒸汽的供应量、接管条件和价格；建设单位自有的供热能力；当地或建设单位提供煤气、压缩空气、氧气的能力和它们至工地的距离等。

2. 建设地区的交通调查

交通运输方式一般有铁路、公路、水路、航空等。对交通资料可向当地铁路、交通运输和民航等管理局的业务部门进行调查。收集交通运输资料是调查主要材料及构件运输通道的情况，其包括道路、街巷、途经的桥涵宽度、高度，允许载重量和转弯半径限制等资料。

有超长、超高、超宽或超重的大型构件、大型起重机械和生产工艺设备需整体运输时还要调查沿途架空电线、天桥的高度，并与有关部门商议避免大件运输对正常交通产生干扰的路线、时间及解决措施。所收集资料主要用作组织施工运输业务、选择运输方式、提供经济分析比较的依据。

3. 主要材料及地方资源情况调查

主要材料及地方资源情况调查的内容包括：三大材料（钢材、木材和水泥）的供应能力、质量、价格、运费情况；地方资源如石灰石、石膏石、碎石、卵石、河砂、矿渣、粉煤灰等能否满足建筑施工的要求；开采、运输和利用的可能性及经济合理性。对这些资料可向当地计划、经济等部门进行调查，作为确定材料的供应计划、加工方式、储存和堆放场地及建造临时设施的依据。

4. 建筑基地情况调查

建筑基地情况主要调查建设地区附近有无建筑机械化基地、机械租赁站及修配站；有无金属结构及配件加工；有无商品混凝土搅拌站和预制构件等。这些资料可用来确定构配件、半成品及成品等货源的加工供应方式、运输计划和规划临时设施。

5. 社会劳动力和生活设施情况调查

社会劳动力和生活设施情况包括当地能提供的劳动力人数、技术水平、来源和生活安排；建设地区已有的可供施工期间使用的房屋情况；当地主副食、日用品供应、文化教育、消防治安、医疗单位的基本情况，以及能为施工提供的支援能力。这些资料是制订劳动力安排计划、建立职工生活基地、确定临时设施的依据。

6. 参加施工的各单位能力调查

参加施工的各单位能力调查主要调查施工企业的资质等级、技术装备、管理水平、施工经验、社会信誉等有关情况。这些可作为了解总、分包单位的技术及管理水平与选择分包单位的依据。

在编制施工组织设计时，为弥补原始资料的不足，有时还可借助一些相关的参考资料来作为编制依据，如冬期、雨期参考资料，机械台班产量参考指标，施工工期参考指标等。这些参考资料可利用现有的施工定额、施工手册、施工组织设计实例或通过平时的施工实践活动来获得。

第三节　技术资料准备

技术资料准备即通常所说的"内业"工作，其是施工准备的核心，指导着现场施工准备工作，对于保证建筑产品质量、实现安全生产、加快工程进度、提高工程经济效益都具有十分重要的意义。任何技术差错和隐患都可能引起人身安全和质量事故，造成生命财产和经济的巨大损失，因此，必须重视做好技术资料准备。其主要内容包括熟悉和会审图纸、编制施工组织设计、编制建筑施工组织设计、编制施工图预算和施工预算等。

一、熟悉和会审图纸

施工图全部（或分阶段）出图以后，施工单位应依据建设单位和设计单位提供的初步设计或扩大初步设计（技术设计）、施工图设计、建筑总平面图、土方竖向设计和城市规划等资料文件，调查收集的原始资料和其他相关信息与资料。组织有关人员对设计图纸进行学习和会审工作，使参与施工的人员掌握施工图的内容、要求和特点，同时发现施工图中的问题，以便在图纸会审时统一提出，解决施工图中存在的问题，确保工程施工顺利进行。

（一）熟悉图纸阶段

1. 熟悉图纸的组织

由施工单位该工程项目经理部组织有关工程技术人员认真熟悉图纸，了解设计意图与建设单位要求及施工应达到的技术标准，明确工程流程。

2. 熟悉图纸的要求

（1）先粗后细。先粗后细就是先看平面图、立面图、剖面图，对整个工程的概貌有一个了解，对总的长、宽尺寸，轴线尺寸、标高、层高、总高有一个大体的印象。然后再看细部做法，核对总尺寸与细部尺寸、位置、标高是否相符，门窗表中的门窗型号、规格、形状、数量是否与结构相符等。

（2）先小后大。先小后大就是先看小样图，后看大样图。核对在平面图、立面图、剖面图中标注的细部做法与大样图的做法是否相符；所采用的标准构件图集编号、类型、型号与设计图纸有无矛盾，索引符号有无漏标之处，大样图是否齐全等。

（3）先建筑后结构。先建筑后结构就是先看建筑图，后看结构图。把建筑图与结构图互相对照，核对其轴线尺寸、标高是否相符，有无矛盾，查对有无遗漏尺寸，有无构造不合理之处。

（4）先一般后特殊。先一般后特殊就是先看一般的部位和要求，后看特殊的部位和要求。特殊部位一般包括地基处理方法、变形缝的设置、防水处理要求和抗震、防火、保温、隔热、防尘、特殊装修等技术要求。

（5）图纸与说明结合。图纸与说明结合就是要在看图时对照设计总说明和图中的细部说明，核对图纸和说明有无矛盾，规定是否明确，要求是否可行，做法是否合理等。

（6）土建与安装结合。土建与安装结合就是看土建图时，有针对性地看一些安装图，核对与土建有关的安装图有无矛盾，预埋件，预留洞、槽的位置、尺寸是否一致，了解安装对土建的要求，以便考虑在施工中的协作配合。

（7）图纸要求与实际情况结合。图纸要求与实际情况结合就是核对图纸有无不符合施工实际之处，如建筑物相对位置、场地标高、地质情况等是否与设计图纸相符；对一些特殊的施工工艺，施工单位能否做到等。

（二）自审图纸阶段

1. 自审图纸的组织

由施工单位该项目经理部组织各工种人员对本工种的有关图纸进行审查，掌握和了解图纸中的细节；在此基础上，由总承包单位内部的土建与水、暖、电等专业，共同核对图纸，消除差错，协商施工配合事项；最后，总承包单位与外分包单位（如桩基施工、装饰工程施工、设备安装施工等）在各自审查图纸基础上，共同核对图纸中的差错及协商有关施工配合问题。

2. 自审图纸的要求

（1）审查拟建工程的地点，建筑总平面图同国家、城市或地区规划是否一致，以及建筑物或构筑物的设计功能和使用要求是否符合环保卫生、防火及美化城市方面的要求。

（2）审查设计图纸是否完整齐全，以及设计图纸和资料是否符合国家有关技术规范要求。

（3）审查建筑、结构、设备安装图纸是否相符，有无"错、漏、碰、缺"，内部结构和工艺设备有无矛盾。

（4）审查地基处理与基础设计同拟建工程地点的工程地质和水文地质等条件是否一致，以及建筑物或构筑物与原地下构筑物及管线之间有无矛盾；深基础的防水方案是否可靠，材料、设备能否解决。

（5）明确拟建工程的结构形式和特点，复核主要承重结构的承载力、刚度和稳定性是否满足要求，审查设计图纸中的形体复杂、施工难度大和技术要求高的分部分项工程或新结构、新材料、新工艺，在施工技术和管理水平上能否满足质量和工期要求，选用的材料、构配件、设备等能否解决。

（6）明确建设期限，分期分批投产或交付使用的顺序和时间，以及工程所用的主要材料、设备的数量、规格、来源和供货日期。

（7）明确建设单位、设计单位和施工单位等之间的协作、配合关系，以及建设单位可以提供的施工条件。

(8)审查设计是否考虑了施工的需要，各种结构的承载力、刚度和稳定性是否满足设置内爬、附着、固定式塔式起重机等使用的要求。

(三)图纸会审阶段

1. 图纸会审的组织

一般工程由建设单位组织并主持会议，设计单位交底，施工单位、监理单位参加。重点工程或规模较大及结构、装修较复杂的工程，如有必要可邀请各主管部门、消防、防疫与协作单位参加。会审的程序是：设计单位做设计交底，施工单位对图纸提出问题，有关单位发表意见，与会者讨论、研究、协商，逐条解决问题达成共识，组织会审的单位汇总成文，各单位会签，形成图纸会审纪要，见表 2-1。会审纪要作为与施工图纸具有同等法律效力的技术文件使用。

表 2-1　图纸会审纪要

会审日期：　　年　月　日　　　编号：

工程名称		共　　页
		第　　页
图纸编号	提出问题	会审结果
会审单位 (公章)	建设单位	监理单位	设计单位	施工单位
参加会审 人　员				

2. 图纸会审的要求

审查设计图纸及其他技术资料时，应注意以下问题：

(1)建筑设计是否符合国家有关方针、政策和规定；

(2)建筑设计规模、内容是否符合国家有关的技术规范要求，尤其是强制性标准的要求，是否符合环境保护和消防安全的要求；

(3)建筑设计是否符合国家有关的技术规范要求，尤其是强制性标准的要求，是否符合环境保护和消防安全的要求；

(4)建筑平面布置是否符合核准的按建筑红线划定的详图和现场实际情况，是否提供符合要求的永久水准点或临时水准点位置；

(5)图纸及说明是否齐全、清楚、明确；

(6)结构、建筑、设备等图纸本身及相互之间是否存在错误和矛盾，图纸与说明之间有无矛盾；

(7)有无特殊材料(包括新材料)要求，其品种、规格、数量能否满足需要；

(8)设计是否符合施工技术装备条件，如需采取特殊技术措施时，技术上有无困难，能否保证安全施工；

(9)地基处理及基础设计有无问题，建筑物与地下构筑物、管线之间有无矛盾；

(10)建(构)筑物及设备的各部位尺寸、轴线位置、标高、预留孔洞及预埋件、大样图及做法说明有无错误和矛盾。

二、编制建筑施工组织设计

建筑施工组织设计是以施工项目(拟建建筑物或构筑物)为对象编制的，用以指导施工的技术、经济和管理的综合性文件。

建筑施工组织设计是施工准备工作的重要组成部分，也是指导施工的技术经济文件。建筑施工的全过程是非常复杂的固定资产再创造的过程，为了正确处理人与物、供应与消耗、生产与储存、主体与辅助、工艺与设备、专业与协作，以及它们在空间布置、时间排列之间的关系，保证质量、工期、成本三大目标的实现，必须根据建筑工程的规模、结构特点、客观规律、技术规范和建设单位的要求，在对原始资料调查分析的基础上编制出能切实指导全部施工活动的科学合理的建筑施工组织设计。

三、编制施工图预算和施工预算

(1)编制施工图预算。施工图预算是技术准备工作的主要组成部分之一。其是按照施工图纸确定的工程量、施工组织设计所拟订的施工方法、建筑工程预算定额及其取费标准，由施工单位编制的确定建筑安装工程造价的经济文件；是施工企业签订工程承包合同、工程结算、建设银行拨付工程价款、进行成本核算、加强经营管理等方面工作的重要依据。

(2)编制施工预算。施工预算是根据施工图预算、施工图纸、施工组织设计或施工方案、施工定额等文件进行编制的。其直接受施工图预算的控制，是施工企业内部控制各项成本支出、考核用工、施工图预算与施工预算对比（"两算"对比）、签发施工任务单、限额领料、班组承发包进行经济核算的依据。

第四节　施工现场准备

施工现场是施工的全体参与者为了夺取优质、高速、低耗的目标，而有节奏、均衡、连续地进行战术决战的活动空间。施工现场准备即通常所说的室外准备（外业准备），是为工程创造有利于施工条件的保证，是保证工程按计划开工和顺利进行的重要环节。施工工作应按照施工组织设计的要求进行，其主要内容包括清除障碍物、三通一平、测量放线、搭设临时设施等。

一、现场准备工作的范围及各方的职责

施工现场准备工作由两个方面来完成，一是建设单位应完成的施工现场准备工作；二是施工单位应完成的施工现场准备工作。建设单位与施工单位的施工现场准备工作均就绪时，施工现场即具备了施工条件。

1. 建设单位现场准备工作

建设单位要按合同条款中约定的内容和时间完成以下工作：

（1）办理土地征用、拆迁补偿、平整施工场地等工作，使施工现场具备施工条件，在开工后继续负责解决以上事项遗留问题。

（2）将施工所需水、电、电信线路从施工场地外部接至专用条款约定的施工地点，以保证施工期间的需要。

（3）开通施工场地与城乡公共道路的通道，以及专用条款约定的施工场地内的主要道路，以满足施工运输的需要，保证施工期间的畅通。

（4）向承包人提供施工场地的工程地质和地下管线资料，对资料的真实准确性负责。

（5）办理施工许可证及其他施工所需证件、批件和临时用地、停水、停电、中断道路交通爆破作业等的审批手续（证明承包人自身资质的证件除外）。

（6）确定水准点与坐标控制点，以书面形式交给承包人，进行现场交验。

（7）协调处理施工场地周围的地下管线和邻近建筑物、构筑物（包括文物保护建筑）、古树名木的保护工作，承担有关费用。

上述施工现场准备工作，承发包双方也可以在合同专用条款内移交施工单位完成，其费用由建设单位承担。

2. 施工单位现场准备工作

施工单位现场准备工作即通常所说的室外准备，施工单位应按合同条款中约定的内容和施工组织设计的要求完成以下工作：

（1）根据工程需要，提供和维护非夜间施工使用的照明、围栏设施，并负责安全保卫。

（2）按专用条款约定的数量和要求，向发包人提供施工场地办公和生活的房屋及设施，发包人承担由此发生的费用。

（3）遵守政府有关主管部门对施工场地交通、施工噪声及环境保护和安全生产等的管理规定，按规定办理有关手续，并以书面形式通知发包人。发包人承担由此发生的费用，因承包人责任造成的罚款除外。

（4）按条款预定做好施工场地地下管线和邻近建筑物、构筑物（包括文物保护建筑）、古树名木的保护工作。

（5）保证施工场地清洁，符合环境卫生管理的有关规定。

（6）建立测量控制网。

（7）工程用地范围内的"七通一平"，其中平整场地工作应由其他单位承担，但建设单位也可要求施工单位完成，费用仍由建设单位承担。

（8）搭设现场生产和生活用地临时设施。

二、拆除障碍物

施工场地内的一切障碍物，无论是地上的还是地下的，都应在开工前清除。这一工作通常由建设单位完成，有时也委托施工单位完成。拆除时，一定要弄清楚情况，尤其是在老城区内，因为原有建筑物和构筑物情况复杂，且资料不全，所以在清除前应采取相应的措施，防止事故发生。

对于房屋，一般只要将水源、电源切断后即可进行拆除。若房屋较大、较坚固，则有可能采用爆破的方法，这需要由专业的爆破作业人员来承担，并且须经有关部门批准。

架空电线（电力、通信）、埋地电缆（电力、通信）、自来水管、污水管、煤气管道等的拆除，都要与有关部门取得联系并办理好相关手续，一般最好由专业公司拆除。场内的树木需报请园林部门批准后方可砍伐。

拆除障碍物后，留下的渣土等杂物都应清除出场外。运输时，应遵守交通、环保部门的有关规定，运土的车辆要按指定的路线和时间行驶，并采取封闭运输车辆或在渣土上直接洒水等措施，以免渣土飞扬而污染环境。

三、七通一平

"七通一平"是指建设项目在施工以前，施工现场应达到路通、给水通、排水通、排污通、电及电信通、蒸汽及燃气通和场地平整等条件的简称。

（1）路通。施工现场的道路是组织物资进场的动脉，拟建工程开工前，必须按照施工总平面图的要求，修建必要的临时性道路。为节约临时工程费用、缩短施工准备工作时间，宜尽量利用原有道路设施或拟建永久性道路解决现场道路问题，形成畅通的运输网络，以确保运输和消防用车等的行驶畅通。临时道路的等级可根据交通流量和所用车种决定。

(2)给水通。施工用水包括生产、生活与消防用水。其应按施工总平面图的规划进行安排，施工给水尽可能与永久性的给水系统结合起来。临时管线的铺设，既要满足施工现场用水的需用量，又要方便施工，并且尽量缩短管线的长度，以降低工程的成本。

(3)排水通。施工现场的排水也十分重要，特别在雨期，如场地排水不畅，则会影响施工和运输的顺利进行。尤其是高层建筑的基坑深、面积大，施工往往要经过雨期，应做好基坑周围的挡土支护工作，防止坑外雨水向坑内汇流，并做好基坑底部雨水的排放工作。

(4)排污通。施工现场的污水排放，会直接影响城市的环境卫生。因为环境保护的要求，有些污水不能直接排放，需进行处理后方可排放，所以，现场的排污也是一项重要的工作。

(5)电及电信通。电是施工现场的主要动力来源。施工现场用电包括施工生产用电和生活用电。因为建筑工程施工供电面积大、启动电流大、负荷变化多、手持式用电机具多，所以施工现场临时用电需要考虑安全和节能措施。开工前，要按照建筑施工组织设计的要求，接通电力和电信设施。电源首先应考虑从建设单位给定的电源上获得，如其供电能力不能满足施工用电需要，则应考虑在现场建立自备发电系统，确保施工现场动力设备和通信设备的正常运行。

(6)蒸汽及燃气通。在施工中如需要通蒸汽、燃气，应按建筑施工组织设计的要求进行安排，以保证施工的顺利进行。

(7)场地平整。清除障碍物后，即可进行场地平整工作，按照建筑施工总平面、勘测地形图和场地平整施工方案等技术文件的要求，通过测量，计算出填挖土方工程量，设计土方调配方案，确定场地平整的施工方案，组织人力和机械进行场地平整的工作。应尽量做到挖填方量趋于平衡，使总运输量最小，便于机械施工；应充分利用建筑物挖方填土，防止利用地表土、软润土层、草皮、建筑垃圾等作填方。

第五节　季节性施工准备

建筑工程施工绝大部分工作是露天作业，受气候影响比较大。在冬期施工中，对建筑物有影响的是长时间的持续负低温、大的温差、强风、降雪和反复的冰冻，经常造成质量事故。冬期施工期是事故多发期，据资料分析，有2/3的质量事故发生在冬季，而且冬季发生事故往往不易察觉，这种滞后性给处理质量事故带来了很大的困难。

雨期施工具有突然性和突击性。由于暴雨山洪等恶劣气候往往不期而至，这需要及早进行雨期施工的准备和做好防洪措施。因为雨水对建筑结构和地基基础的冲刷或浸泡具有严重的破坏性，必须迅速及时地保护，才能避免给工程造成损失。雨期施工往往持续时间长，会拖延工期，必须有充分的估计，事先做好安排。

因此，在冬期和雨期施工中必须从具体条件出发，正确选择施工方法，做好季节性施工准备工作，以保证按期、保质、安全地完成施工任务，取得较好的技术经济效果。

一、冬期施工准备

1. 组织措施

(1)进行冬期施工的工程项目，在入冬前应组织专人编制冬期施工方案。冬期施工的编制原则是：确保工程质量；经济合理，使增加的费用为最少；所需的热源和材料有可靠的来源，并尽量减少能源消耗；确实能缩短工期。冬期施工方案应包括的内容有：施工程序，施工方法，现场布置，设备、材料、能源、工具的供应计划，安全防火措施，测温制度和质量检查制度等。方案确定后，要组织有关人员学习，并向队伍进行交底。

(2)合理安排施工进度计划。冬期施工条件差、技术要求高、费用增加，因此，要合理安排施工进度计划，尽量安排保证施工质量且费用增加不多的项目在冬期施工，如吊装、打桩、室内装饰装修等工程；费用增加较多又不容易保证质量的项目则不宜安排在冬期施工，如土方、基础、外装修、屋面防水等工程。因此，从施工组织安排上要综合研究，明确冬期施工的项目，做到冬季不停工，并且使冬季采取的措施费用增加较少。

(3)组织人员培训。对掺外加剂人员、测温保温人员、锅炉司炉工和火炉管理人员，应专门组织技术业务培训，学习其工作范围内的有关知识，明确职责，经考试合格后方准上岗工作。

(4)做好测量工作。冬期施工昼夜温差较大，为保证施工质量应做好室外气温、暖棚内气温、砂浆温度、混凝土温度的测温工作，防止砂浆、混凝土在达到临界强度前遭受冻结而破坏。

(5)与当地气象台站保持联系，及时接收天气预报并做好应对寒流的措施，防止寒流突然袭击。

(6)加强安全教育，严防火灾发生。要有防火安全技术措施，并经常检查落实，保证各种热源设备完好。做好职工培训及冬期施工的技术操作和安全施工的教育，确保施工质量，避免事故发生。

2. 图纸准备

凡进行冬期施工的工程项目，必须复核施工图纸，查对其能否适应冬期施工要求。如墙体的高厚比、横墙间距等有关的结构稳定性，现浇改为预制及工程结构能否在寒冷状态下安全过冬等问题，应通过图纸会审解决。

3. 现场准备

(1)根据实物工程量提前组织有关机具、外加剂和保温材料、测温材料进场。

(2)搭建加热用的锅炉房、搅拌站、敷设管道，对锅炉进行试火试压，对各种加热的材料、设备要检查其安全可靠性。

(3)计算变压器容量，接通电源。

(4)对工地的临时给水排水管道及石灰膏等材料做好保温防冻工作，防止道路积水成冰，及时清扫积雪，保证运输顺利。

（5）做好冬期施工混凝土、砂浆及掺外加剂的试配试验工作，提出施工配合比。

（6）做好室内施工项目的保温工作，如先完成供热系统，安装好门窗玻璃等项目，保证室内其他项目能够顺利施工。

4．安全与防火

（1）冬期施工时，应采取防滑措施。

（2）大雪后必须将架子上的积雪清扫干净，并检查马道平台，如有松动下沉现象，务必及时处理。

（3）施工时如接触气源、热水，应防止烫伤；使用氯化钙、漂白粉时，应防止腐蚀皮肤。

（4）亚硝酸钠有剧毒，应严加保管，防止突发性误食中毒。

（5）对现场火源应加强管理。使用天然气、煤气时，应防止爆炸；使用焦炭炉、煤炉或天然气、煤气时，应注意通风换气，防止煤气中毒。

（6）电源开关、控制箱等设施应加锁，并设专人负责管理，防止漏电、触电。

二、雨期施工准备

（1）合理安排雨期施工。为避免雨期窝工造成的损失，一般情况下，在雨期到来之前应多安排完成基础、地下工程、土方工程、室外及屋面工程等不宜在雨期施工的项目，多留一些适宜在雨期施工的室内工程。

（2）加强施工管理，做好雨期施工的安全教育。要认真编制雨期施工技术措施（如雨期前后的沉降观测措施，保证防水层雨期施工质量的措施，保证混凝土配合比、浇筑质量的措施，钢筋除锈的措施等），认真组织观察实施。加强对职工的安全教育，防止各种事故发生。

（3）防洪排涝，做好现场排水工作。工程地点若在河流附近，上游有大面积山地丘陵，应有防洪排涝准备。施工现场雨期来临前应做好排水沟渠的开挖，准备好抽水设备，防止因场地积水和地沟、基槽、地下室等泡水而造成损失。

（4）做好道路维护，保证运输畅通。雨期前检查道路边坡排水，适当提高路面，防止路面凹陷，保证运输畅通。

（5）做好物资的储存。雨期到来前应多储存物资，减少雨期运输量，以节约费用；应准备必要的防水器材，库房四周要有排水沟渠，防止物资淋雨浸水而变质，仓库应做好地面防潮和屋面防漏雨工作。

（6）做好机具设备等防护。雨期施工，对现场的各种设施、机具应加强检查，特别是脚手架、垂直运输设备等；应采取防倒塌、防雷击、防漏电等一系列技术措施；现场机具设备（焊机、闸箱等）应有防雨措施。

（7）加强施工管理，做好雨期施工的安全教育。应认真编制雨期施工技术措施，并认真组织贯彻实施，加强对职工的安全教育，防止各种事故发生。

建筑工程施工准备工作是工程生产经营管理的重要组成部分，是对拟建工程目标、资源供应和施工方案的选择，以及其空间布置和时间排列等诸方面进行的施工决策。在拟建工程开工之后，每个施工阶段正式开工之前都必须进行施工准备工作。

建筑工程施工准备工作的内容包括调查、收集原始资料、技术资料准备、施工现场准备、季节性施工准备等。

思考与练习

一、填空题

1. "七通一平"是指在拟建工程施工范围内的施工 ＿＿＿＿＿、 ＿＿＿＿＿、 ＿＿＿＿＿、 ＿＿＿＿＿、 ＿＿＿＿＿、 ＿＿＿＿＿和＿＿＿＿＿。

2. 全场性施工准备是以一个＿＿＿＿＿为对象而进行的各项施工准备。

二、单项选择题

1. 原始资料的收集不包括(　　)。

    A. 供水供电资料　　　　　　　　　　B. 交通运输资料

    C. 施工人员资料　　　　　　　　　　D. 建筑材料资料

2. 施工准备工作按拟建工程所处的施工阶段分类，下面叙述不正确的是(　　)。

    A. 开工前的施工准备是在拟建工程正式开工之前所进行的准备工作

    B. 开工前的施工准备其目的是为各施工阶段正式施工创造必要的施工条件

    C. 开工前的施工准备既可能是全场性的施工准备，又可能是单位工程施工条件的准备

    D. 各施工阶段前的施工准备是在拟建工程开工之后，每个施工阶段正式开工之前所进行的一切施工准备工作

三、简答题

1. 原始施工资料的收集包括哪些方面？

2. 简述施工准备工作的重要性。

3. 什么是施工现场准备工作？

第三章　建筑工程流水施工

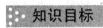 **知识目标**

1. 了解流水施工的概念、组织方式、分类、技术经济效果分析。
2. 熟悉流水施工的划分及表达方式，掌握流水施工的参数计算及确定方法。
3. 了解流水施工组织形式的基本概念，掌握节奏流水施工、异节奏流水施工、无节奏流水施工的组织方法。

 能力目标

1. 通过比较各种施工组织方式，能够选择具有优势的施工组织生产方式。
2. 能够计算流水施工参数，并对流水施工进行分析、计算。
3. 能够独立完成各种流水施工方式的组织设计计算，以及在实际工程建设中的应用。

第一节　流水施工概述

一、基本概念

1. 流水施工

流水施工是指所有的施工过程按一定的时间间隔依次投入施工，各个施工过程陆续开工，陆续竣工，使同一施工过程的专业队保持连续、均衡施工，相邻专业队能最大限度地搭接施工。流水作业法是一种诞生较早、组织生产中行之有效的组织方法，它广泛应用于工业产品的领域中。

2. 施工段

为了实现产品的批量生产，提高劳动生产率，通常将施工对象在平面或空间上划分成劳动量大致相等的若干施工区段，这些施工区段称为施工段。例如，一栋住宅楼有五个单元，则可以将每一个单元作为一个施工段。

3. 施工过程

任何一项工程的施工都可分成若干个部分，每一个部分都称为一个施工过程。一个施工过程的范围可粗可细，既可以是分项工程，也可以是分部工程，甚至可以是一个单位工程。

4. 横道图

横道图也称甘特图，是以图示的方式来表示各项工作的活动顺序和持续时间。在横道图中，横坐标表示施工过程的持续时间；纵坐标表示各施工过程的名称或编号。图中，一条横线条代表一个施工过程，横线条的长度表示作业时间的长短，横线条上的数字表示施工段。如某一混凝土工程，划分为绑扎钢筋、支设模板、浇筑混凝土三个施工过程，每一个施工过程划分为四个施工段。其流水施工的进度横道图如图 3-1 所示。

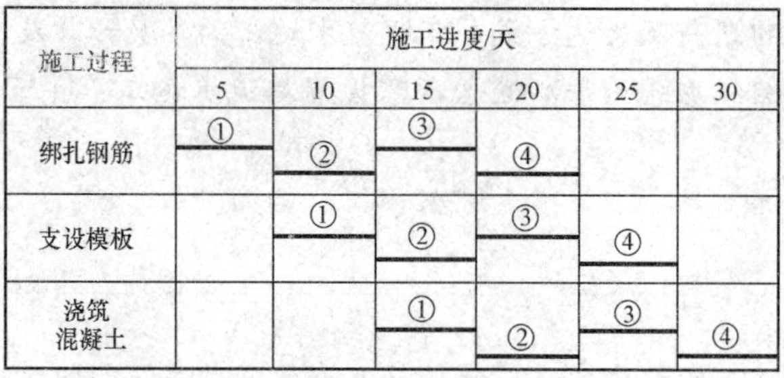

施工过程	施工进度/天					
	5	10	15	20	25	30
绑扎钢筋	①	②	③ ④			
支设模板		①	②	③	④	
浇筑混凝土			①	②	③	④

图 3-1　横道图

二、施工组织方式

工程项目的施工组织方式根据其工程特点、平面及空间布置、工艺流程等要求，可以采用依次施工、平行施工、流水施工等方式组织施工。

1. 依次施工

依次施工方式是将拟建工程项目中的每一个施工对象分解为若干个施工过程，按施工工艺要求依次完成每一个施工过程；当一个施工对象完成后，再按同样的顺序完成下一个施工对象，依次类推，直至完成所有施工对象。

依次施工组织方式具有以下特点：

(1)单位时间内投入的劳动力、机械设备和材料等资源较少，有利于资源的供应和组织。

(2)施工现场的组织、管理比较简单。

(3)没有充分地利用工作面进行施工，施工工期较长。

(4)若采用专业施工班组作业，则施工班组不能连续施工，存在时间间歇，劳动力及物资消耗不连续。

(5)如果由一个工作队完成全部施工任务，则不能实现专业化施工，不利于提高劳动生产率和工程质量。

2. 平行施工

平行施工是指组织多个施工班组使所有施工段的同一个施工过程，在同一时间、不同空间同时施工，同时竣工的施工组织方式。

平行施工组织方式具有以下特点：

(1)充分利用了工作面，工期最短。

(2)若采用一个施工队伍完成一个工程的全部施工任务，则不能实现专业化生产，不利于提高劳动生产率和工程质量。

(3)如果每一个施工对象均按专业成立工作队，则各专业队不能连续作业，劳动力及施工机具等资源无法均衡使用。

(4)因为同一个施工过程在各工作面同时进行，所以，单位时间内投入的劳动力、机械设备和材料等资源消耗量成倍增加，给资源供应的组织带来压力。

(5)施工现场的组织、管理复杂。

平行施工能够实现多个施工段同时施工，因此适用于工期要求紧、工作面充足、资源供应有保证的工程或规模较大的建筑群。

3. 流水施工

流水施工是将拟建工程的建造过程按照工艺先后顺序划分成若干施工过程，每一个施工过程由专业施工班组负责施工，同时，将施工对象在平面或空间上划分成劳动量大致相等的施工段。各专业施工班组需依次连续完成各施工段的施工任务，同时相邻两个专业施工班组应最大限度地平行搭接。

流水施工组织方式具有以下特点：

(1)尽可能地利用工作面进行施工，工期比较短。

(2)各工作队实现了专业化施工，有利于提高技术水平和劳动生产率，也有利于提高工程质量。

(3)专业工作队能够连续施工，同时使相邻专业队的开工时间能够最大限度地搭接。

(4)单位时间内投入的劳动力、施工机具、材料等资源量较为均衡，有利于资源供应的组织。

(5)为施工现场的文明施工和科学管理创造了有利条件。

【例 3-1】 某建设单位拟建三栋住宅楼，楼号分别为Ⅰ、Ⅱ、Ⅲ。每栋建筑物的基础工程量相等，其基础工程可划分为挖基槽、垫层、砌基础和回填土四个施工过程，并成立相应的专业施工队伍。挖基槽施工队由 10 人组成，垫层施工队由 6 人组成，砌基础施工队由16 人组成，回填土施工队由 8 人组成。每个施工队完成一栋楼的相应工作任务所需时间均为 4 天。采用不同的施工组织方式，其工期和效果不同。试绘制施工组织方式图。

【解】 (1)依次施工如图 3-2 所示。

(2)平行施工如图 3-3 所示。

(3)流水施工如图 3-4 所示。

通过对依次施工进度图、平行施工进度图、流水施工进度图的对比分析，三种施工组织方式都有各自的特点，在实际工程的施工组织过程中，可根据工程自身特点、施工现场条件等要求，决定采用某一种组织方式或同时采用多种组织方式。如群体工程的施工组织，对于单体工程可采用流水施工组织，各单体工程之间可采用平行施工的组织方式。

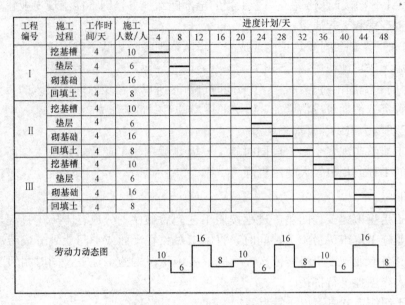

工程编号	施工过程	工作时间/天	施工人数/人	进度计划/天											
				4	8	12	16	20	24	28	32	36	40	44	48
I	挖基槽	4	10	▬											
	垫层	4	6		▬										
	砌基础	4	16			▬									
	回填土	4	8				▬								
II	挖基槽	4	10					▬							
	垫层	4	6						▬						
	砌基础	4	16							▬					
	回填土	4	8								▬				
III	挖基槽	4	10									▬			
	垫层	4	6										▬		
	砌基础	4	16											▬	
	回填土	4	8												▬

劳动力动态图　10　16　6　8　10　16　6　8　10　16　6　8

图 3-2　依次施工进度图

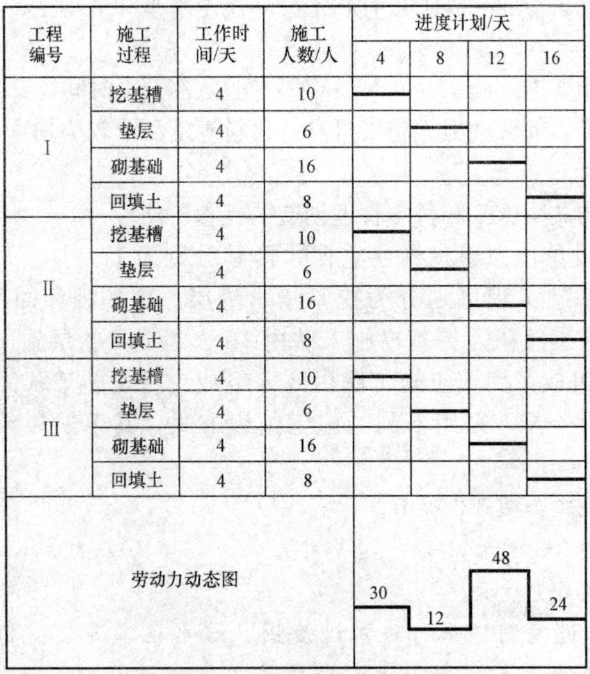

工程编号	施工过程	工作时间/天	施工人数/人	进度计划/天			
				4	8	12	16
I	挖基槽	4	10	▬			
	垫层	4	6		▬		
	砌基础	4	16			▬	
	回填土	4	8				▬
II	挖基槽	4	10	▬			
	垫层	4	6		▬		
	砌基础	4	16			▬	
	回填土	4	8				▬
III	挖基槽	4	10	▬			
	垫层	4	6		▬		
	砌基础	4	16			▬	
	回填土	4	8				▬

劳动力动态图　30　12　48　24

图 3-3　平行施工进度图

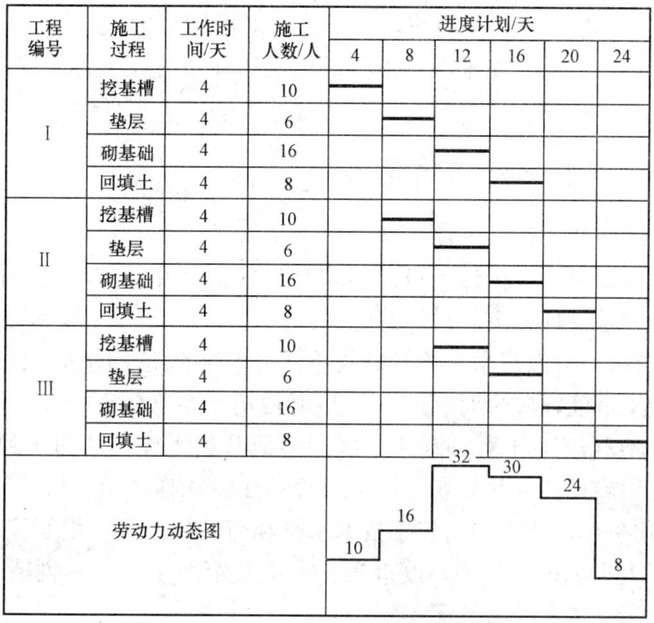

工程编号	施工过程	工作时间/天	施工人数/人	进度计划/天 4	8	12	16	20	24
I	挖基槽	4	10						
	垫层	4	6						
	砌基础	4	16						
	回填土	4	8						
II	挖基槽	4	10						
	垫层	4	6						
	砌基础	4	16						
	回填土	4	8						
III	挖基槽	4	10						
	垫层	4	6						
	砌基础	4	16						
	回填土	4	8						
劳动力动态图				10	16	32	30	24	8

图 3-4　流水施工进度图

三、流水施工分类

根据流水施工组织的范围不同，流水施工可分为分项工程流水施工、分部工程流水施工、单位工程流水施工和群体工程流水施工等。

1. 分项工程流水施工

分项工程流水施工也称为细部流水施工，是在一个专业工程内部组织起来的流水施工。在项目施工进度计划表上，它由一组标有施工段或工作队编号的水平进度指示线段表示。例如，浇筑混凝土的工作队依次连续地在各施工区域完成浇筑混凝土的工作。

2. 分部工程流水施工

分部工程流水施工也称为专业流水施工，是在一个分部工程内部、各分项工程之间组织起来的流水施工。在项目施工进度计划表上，它由一组标有施工段或工作队编号的水平进度指示线段来表示。例如，某办公楼的基础工程是由基槽开挖、混凝土垫层、砌砖基础和回填土四个在工艺上有密切联系的分项工程组成的分部工程。施工时，将该办公楼的基础在平面上划分为几个区域，组织四个专业工作队，依次连续地在各施工区域中各自完成同一施工过程的工作，即分部工程流水施工。

3. 单位工程流水施工

单位工程流水施工也称为综合流水施工，是在一个单位工程内部、各分部工程之间组织起来的流水施工。在项目施工进度计划表上，它是由若干组分部工程的进度指示线段表示的，并由此构成一张单位工程施工进度计划表。

4. 群体工程流水施工

群体工程流水施工也称为大流水施工，是在若干单位工程之间组织起来的流水施工，反映在项目施工进度计划上，是一张项目施工总进度计划表。

分项工程流水施工与分部工程流水施工是流水施工组织的基本形式。在实际施工中，分项工程流水施工的效果不大，只有将若干个分项工程流水施工组织成分部工程流水施工，才能取得良好的效果。单位工程流水施工与群体工程流水施工实际上是分部工程流水施工的扩大应用。

四、流水施工的技术经济效果

流水施工的连续性和均衡性方便了各种生产资源的组织，使施工企业的生产能力可以得到充分的发挥，劳动力、机械设备可以得到合理的安排和使用，进而提高了生产的经济效率。流水施工方式是一种先进、科学的施工方式。

(1)施工工期较短，可以尽早发挥投资效益。由于流水施工的节奏性、连续性，故可以加快各专业队的施工进度，减少时间间隔。特别是相邻专业队在开工时间上可以最大限度地进行搭接，充分地利用工作面，做到尽可能早地开始工作，从而达到缩短工期的目的，使工程尽快交付使用或投产，尽早获得经济效益和社会效益。

(2)实现专业化生产，可以提高施工技术水平和劳动生产率。由于流水施工实现了专业化的生产，故为工人提高技术水平、改进操作方法及革新生产工具创造了有利条件，从而使施工技术水平和劳动生产率得到了不断提高。

(3)连续施工，可以充分发挥施工机械和劳动力的生产效率。由于流水施工组织合理，工人连续作业，没有窝工现象，机械闲置时间少，故增加了有效劳动时间，从而使施工机械和劳动力的生产效率得以充分发挥。

(4)提高工程质量，可以增加建设工程的使用寿命和节约使用过程中的维修费用。因为流水施工实现了专业化生产，工人技术水平高，而且各专业队之间紧密地搭接作业，互相监督，使工程质量得到提高，所以可以延长建设工程的使用寿命，同时，可以减少建设工程在使用过程中的维修费用。

(5)降低工程成本，可以提高承包单位的经济效益。由于工期缩短、劳动生产率提高、资源供应均衡，各专业施工队连续均衡作业，减少了临时设施数量，从而节约了人工费、机械使用费、材料费和施工管理费等相关费用，有效地降低了工程成本。工程成本的降低可以提高承包单位的经济效益。

第二节　流水施工组织要点

一、流水施工组织的划分

1. 划分施工段

建筑产品体形庞大，施工具有单件性，要实现流水施工"批量"生产的要求，需将单件的建筑产品化整为零，将施工对象划分成多个施工段，每一个施工段就是一个"产品"。例如，一幢四单元住宅楼，在平面上以一个单元作为一个施工段，则可划分为四个施工段。

2. 划分施工过程

组织流水施工的基础是进行分工。通过将拟建工程的建造过程划分为若干个工作内容单一的施工过程，并组建相应的专业施工班组，从而实现分工。对于控制性施工进度计划，施工过程的划分可以粗一些，可以是单位工程，也可以是分部工程；对于实施性进度计划，由于要具体指导施工，故要划分得细一些，施工过程可以是分项工程，甚至可以按照专业划分工序。例如，土建工程可划分为地基与基础工程、主体结构工程、建筑装饰装修工程、建筑屋面工程等分部工程。然后各分部工程还可以继续划分，如现浇钢筋混凝土框架柱工程可分解成绑扎钢筋、支设模板、浇筑混凝土等。

3. 组织专业施工班组

按照所划分的施工过程尽可能组织独立的施工班组，从而实现专业分工，使每个施工班组能够按照施工顺序依次、连续、均衡地完成各个施工段上的工作，实现生产的专业化和批量化。

4. 合理组织施工

通过合理组织，使施工班组在各个施工段上连续施工，相邻的施工班组最大限度地平行搭接，实现施工班组之间高效协作，充分利用工作面，提高施工效率。

二、流水施工的表达方式

流水施工的表达方式一般分为横道图、斜线图和网络图三种。

1. 横道图

横道图也称水平指示图，如图3-5所示。图表中横向用时间坐标轴从左向右表达流水施工的持续时间，竖向从上向下表达开展流水施工的各个施工过程。图表中部区域为施工进度开展区域，由若干条带有编号的水平线段表示各个施工过程或专业班组的施工进度，其编号表示不同的施工段。图表竖向还可以根据需要添加与各个施工过程对应的工程量、时间定额、劳动量、每天工作班制、班组人数、工作延续天数等基础数据。

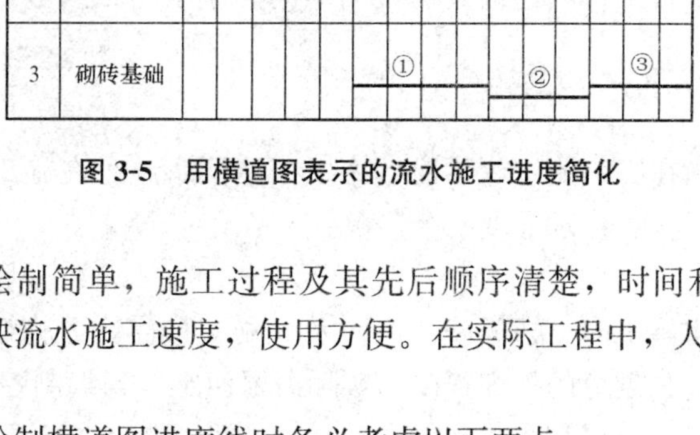

序号	施工过程	施工进度/周														
		1	2	3	4	5	6	7	8	9	10	11	12	13	14	15
1	基槽挖土	①		②			③									
2	做垫层				①		②		③							
3	砌砖基础						①				②			③		

图3-5　用横道图表示的流水施工进度简化

横道图的优点：绘制简单，施工过程及其先后顺序清楚，时间和空间状况形象直观，进度线的长度可以反映流水施工速度，使用方便。在实际工程中，人们常用横道图编制施工进度计划。

安排施工进度，绘制横道图进度线时务必考虑以下两点：

（1）同层同一个施工段上，上一个施工过程（工序）的完工为下一个施工过程（工序）的开工提供工作面。

（2）主体结构工程跨层施工时，下层的最后一个施工过程（工序）的完工为上层对应施工段上的第一个施工过程（工序）的开工提供工作面。

2. 斜线图

斜线图是将横道图中的工作进度线改为斜线表达的一种形式，图 3-6 所示为用斜线图表示的施工进度计划。图 3-6 中横坐标表示流水施工的持续时间；纵坐标表示流水施工所处的空间位置，即施工段的编号。施工段的编号自下而上排列，n 条斜向的线段表示 n 个施工过程或专业施工班组的施工进度，并用编号或名称区分各自表示的对象。

斜线图的优点：施工过程及其先后顺序清楚，时间和空间状况形象直观，斜向进度线的斜率可以明显地表示出各个施工过程的施工速度。

利用斜线图研究流水施工的基本理论比较方便，但编制实际工程进度计划不如横道图方便，一般不用其表示实际工程的流水工进度计划。

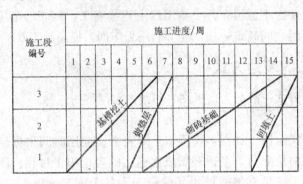

图 3-6　流水施工的斜线图

3. 网络图

用网络图表达的流水施工方式，详见第四章相关内容。

三、流水施工的参数

在组织流水施工时，用以表达流水施工在工艺流程、空间布置和时间排列等方面开展状态的数据，称为流水施工参数。按其性质的不同，流水施工参数可分为工艺参数、空间参数和时间参数三种。

（一）工艺参数

工艺参数主要是指在组织流水施工时，用以表达流水施工在施工工艺方面进展状态的参数，通常包括施工过程和流水强度两个参数。

1. 施工过程

组织建设工程流水施工时，根据施工组织及计划安排需要而将计划任务划分成的子项称为施工过程。施工过程划分的粗细程度因实际需要而定。当编制控制性施工进度计划时，组织流水施工的施工过程可以划分得粗一些，施工过程可以是单位工程，也可以是分部工程；当编制实施性施工进度计划时，施工过程可以划分得细一些，施工过程可以是分项工程，甚至是将分项工程按照专业工种不同分解而成的施工工序。施工过程的数目一般用 n 表示，它是流水施工的主要参数之一。

(1)与施工过程划分的有关因素。施工过程划分的数目多少、粗细程度一般与下列因素有关：

1)施工计划的性质和作用。对工程施工长期性计划与建筑群体规模大、结构复杂、工期长的工程施工控制性进度计划，其施工过程划分粗些、综合性大些；对中、小型单位工程及工期不长的工程施工实施性计划，其施工过程划分细些、具体些，一般划分至分项工程；对月度作业性计划，有些施工过程分解为工序，如安装模板、绑扎钢筋等。

2)施工方案与工程结构。施工过程的划分与工程的施工方案、工程结构形式相关。如厂房的柱基础与设备基础挖土如同时施工，可合并为一个施工过程；若先后施工，则可分为两个施工过程。承重墙与非承重墙的砌筑也是如此。砌体结构、大墙板结构、装配式框架与现浇钢筋混凝土框架等不同的结构体系，其施工过程划分及其内容也各不相同。

3)劳动组织及劳动量大小。施工过程的划分与施工队组织形式有关，例如，安装玻璃、油漆施工可合也可分，因为有的是混合班组，有的是单一工种的班组；施工过程的划分还与劳动量大小有关，劳动量小的施工过程，当组织流水施工有困难时，可与其他施工过程合并，例如，垫层劳动量较小时可与挖土合并为一个施工过程，这样可以使各个施工过程的劳动量大致相等，便于组织流水施工。

(2)施工过程的分类。根据其性质和特点的不同，施工过程一般可分为三类，即制备类施工过程、运输类施工过程和建造类施工过程。

1)制备类施工过程。它是指为了提高建筑工业化程度，发挥机械设备的生产能力制造建筑制品的施工过程，如钢筋加工、制备砂浆、钢构件的预制过程等。

2)运输类施工过程。它是指将施工所需的原材料、构配件和机械设备等运至工地仓库或施工现场使用地点的施工过程。

上述两类施工过程一般不占用施工对象的空间，不影响项目总工期，不反映在进度表上；只有当它们占用施工对象的空间并影响项目总工期时，才会列入项目施工进度计划中。

3)建造类施工过程。它是指在施工对象的空间上直接进行加工并最终形成建筑产品的过程，如地下工程、主体工程、结构安装工程、屋面工程和装饰工程等施工过程。

建造类施工过程占用施工对象的空间，影响着工期的长短，必须列入项目施工进度表，而且是项目施工进度表的主要内容。

2. 流水强度

流水强度是指流水施工的某施工过程(专业工作队)在单位时间内所完成的工程量。流水强度一般用"V_i"表示。

(1)机械施工过程的流水强度：

$$V_i = \sum_{i=1}^{x} R_i S_i \tag{3-1}$$

式中　V_i——某施工过程 i 的机械操作流水强度；

　　　R_i——投入施工过程 i 的某种主要施工机械台数；

　　　S_i——投入施工过程 i 的某种主要施工机械产量定额；

x——投入施工过程 i 的主要施工机械种类数。

（2）人工施工过程的流水强度：

$$V_i = R_i S_i \qquad (3-2)$$

式中 V_i——投入施工过程 i 的人工操作流水强度；

R_i——投入施工过程 i 的工作队人数；

S_i——投入施工过程 i 的工作队的平均产量定额。

（二）空间参数

空间参数是指在组织流水施工时，用以表达流水施工在空间布置上开展状态的参数，通常包括工作面、施工段和施工层。

1. 工作面

工作面是指供某专业工种的工人或某种施工机械进行施工的活动空间。工作面的大小，表明能安排施工人数或机械台数的多少。每个作业的工人或每台施工机械所需工作面的大小，取决于单位时间内其完成的工程量和安全施工的要求。工作面确定得合理与否，直接影响专业工作队的生产效率。因此，必须合理确定工作面。

有关工种的工作面可参考表 3-1。

表 3-1 主要工种工作面参考数据表

工 作 项 目	每个技工的工作面	说　　明
砖基础	7.6 m/人	以 $1\frac{1}{2}$ 砖计 2 砖乘以 0.8 3 砖乘以 0.55
砌砖墙	8.5 m/人	以 1 砖计 $1\frac{1}{2}$ 砖乘以 0.71 2 砖乘以 0.57
毛石墙基	3 m/人	以 60 cm 计
毛石墙	3.3 m/人	以 40 cm 计
混凝土柱、墙基础	8 m³/人	机拌、机捣
混凝土设备基础	7 m³/人	机拌、机捣
现浇钢筋混凝土柱	2.45 m³/人	机拌、机捣
现浇钢筋混凝土梁	3.20 m³/人	机拌、机捣
现浇钢筋混凝土墙	5 m³/人	机拌、机捣
现浇钢筋混凝土楼板	5.3 m³/人	机拌、机捣
预制钢筋混凝土柱	3.6 m³/人	机拌、机捣
预制钢筋混凝土梁	3.6 m³/人	机拌、机捣
预制钢筋混凝土屋架	2.7 m³/人	机拌、机捣
预制钢筋混凝土平板、空心板	1.91 m³/人	机拌、机捣
预制钢筋混凝土大型屋面板	2.62 m³/人	机拌、机捣
混凝土地坪及面层	40 m²/人	机拌、机捣
外墙抹灰	16 m²/人	

工 作 项 目	每个技工的工作面	说 明
内墙抹灰	18.5 m²/人	
卷材屋面	18.5 m²/人	
防水水泥砂浆屋面	16 m²/人	
门窗安装	11 m²/人	

2. 施工段

施工段数一般用 m 表示，它是流水施工的主要参数之一。

(1)划分施工段的目的。其目的是组织流水施工。由于建筑工程形体的庞大性，可以将其划分成若干个施工段，从而为组织流水施工提供足够的空间。在组织流水施工时，专业工作队完成一个施工段上的任务后，遵循施工组织顺序又到另一个施工段上作业，产生连续流动施工的效果。在一般情况下，一个施工段在同一时间内只安排一个专业工作队施工，各专业工作队遵循施工工艺顺序依次投入作业，同一时间内在不同的施工段上平行施工，使流水施工均衡地进行。组织流水施工时，可以划分足够数量的施工段，充分利用工作面，避免窝工，尽可能缩短工期。

(2)划分施工段的要求如下：

1)主要专业工种在各个施工段所消耗的劳动量要大致相等，其相差幅度不宜超过10%～15%。

2)在保证专业工作队劳动组合优化的前提下，施工段大小要满足专业工种对工作面的要求。

3)施工段分界线应尽可能与结构自然界线相吻合，如温度缝、沉降缝或单元界线等处；必须将其设在墙体中间时，可将其设在门窗洞口处，以减少施工留槎。

4)多层施工项目既要在平面上划分施工段，又要在竖向上划分施工层，以组织有节奏、均衡、连续的流水施工。

5)当组织流水施工对象有层间关系时，为使各专业工作队能够连续工作，每层施工段数目应满足 $m \geqslant n$。

①当 $m=n$ 时，各专业工作队能连续施工，工作面能充分利用，无停歇现象，也不会产生工人窝工现象，这是理想化的流水施工方案。

②当 $m>n$ 时，各专业工作队仍是连续施工，虽然有停歇的工作面，但不一定是不利的，有时还是必要的。如利用停歇的时间做养护、备料、放线等工作。

③当 $m<n$ 时，各个专业工作队不能连续施工，这种流水施工是不适宜的。

3. 施工层

在组织流水施工时，为了满足专业工种对操作高度和施工工艺的要求，通常将拟建工程项目在竖向上划分为若干个操作层，这些操作层称为施工层。施工层的划分，要按工程项目的具体情况，根据建筑物的高度、楼层确定。如砌砖墙施工层高度为 1.2 m，装饰工程施工层多以楼层为主。

(三)时间参数

时间参数是指在组织流水施工时，用以表达流水施工在时间排列上所处状态的参数，主要包括流水节拍、流水步距、平行搭接时间、技术间歇时间和组织间歇时间。

1. 流水节拍

流水节拍是指在组织流水施工时，每个专业工作队在各个施工段上完成相应的施工任务所需要的工作持续时间。通常以 t_i 表示，它是流水施工的基本参数之一。

（1）流水节拍的确定。流水节拍的大小可以反映出流水施工速度的快慢、节奏感的强弱和资源消耗量的多少，其数值可按以下方法进行确定。

1）定额计算法。该方法是根据各施工段的工程量、能够投入的资源量（工人数、机械台数和材料量等），按式（3-3）进行计算：

$$t_i^j = \frac{Q_i^j}{S_j R_j N_j} = \frac{P_i^j}{R_j N_j}$$ （3-3）

式中　t_i^j——专业工作队 j 在某施工段 i 上的流水节拍；

　　　Q_i^j——专业工作队 j 在某施工段 i 上的工程量；

　　　S_j——专业工作队 j 的计划产量定额；

　　　R_j——专业工作队 j 的工人数或机械台数；

　　　N_j——专业工作队 j 的工作班次；

　　　P_i^j——专业工作队 j 在某施工段 i 上的劳动量。

2）经验估算法。对于采用新结构、新工艺、新方法和新材料等没有定额可循的工程项目，可以根据以往的施工经验估算流水节拍。一般为了提高其准确程度，往往先估算出该流水节拍的最长、最短和最正常三种时间，然后据此求出期望时间，作为某施工队组在某施工段上的流水节拍。因此，此法也称为三种时间估算法，按式（3-4）进行计算：

$$t = \frac{a + 4c + b}{6}$$ （3-4）

式中　t——某施工过程在某施工段上的流水节拍；

　　　a——某施工过程在某施工段上的最短估算时间；

　　　b——某施工过程在某施工段上的最长估算时间；

　　　c——某施工过程在某施工段上的正常估算时间。

3）工期计算法。对某些施工任务在规定日期内必须完成的工程项目，往往采用倒排进度法。具体步骤如下：

①根据工期倒排进度，确定某施工过程的工作持续时间。

②确定某施工过程在某施工段上的流水节拍。若同一施工过程的流水节拍不相等，则采用估算法；若流水节拍相等，则按式（3-5）进行计算：

$$t = \frac{T}{m}$$ （3-5）

式中　t——流水节拍；

　　　T——某施工过程的工作持续时间；

　　　m——某施工过程划分的施工段数。

（2）影响流水节拍的因素。

1）施工班组人数应符合施工过程最少劳动组合人数的要求。例如，现浇钢筋混凝土施工过程包括上料、搅拌、运输、浇捣等施工操作环节，如果人数太少，则无法组织施工。

2）应考虑工作面的大小或某种条件的限制。施工班组人数也不能太多，每个工人的工作面要符合最小工作面的要求。否则，就不能发挥正常的施工效率或不利于安全生产。工作面是表明施工对象上可能安置多少工人操作或布置施工机械场所的大小。主要工种的最小工作面可参考表 3-1 的有关数据。

3)要考虑各种机械台班的效率或机械台班产量的大小。

4)要考虑各种材料、构件等施工现场堆放量、供应能力及其他有关条件的制约。

5)要考虑施工方案及技术条件的要求。例如,不能留施工缝必须连续浇筑的钢筋混凝土工程,有时要按三班制工作的条件决定流水节拍,以确保工程质量。

6)确定一个分部工程各施工过程的流水节拍时,首先应考虑主要的、工程量大的施工过程的节拍(它的节拍最大,对工程起主要作用),其次确定其他施工过程的节拍值。

7)节拍值一般取整数,必要时可保留 0.5 天的小数值。

2. 流水步距

流水步距是指组织流水施工时,相邻两个施工过程(或专业工作队)相继开始施工的最小间隔时间。流水步距一般用 $K_{j,j+1}$ 来表示,其中 $j(j=1,2,\cdots,n-1)$ 为专业工作队或施工过程的编号。流水步距是流水施工的主要参数之一。

(1)流水步距的基本要求。流水步距的数目取决于参加流水的施工过程数。如果施工过程数为 n 个,则流水步距的总数为 $n-1$ 个。流水步距的大小取决于相邻两个施工班组在各个施工段上的流水节拍及流水施工的组织方式。确定流水步距时,一般应满足以下基本要求:

1)各施工过程按各自流水速度施工,始终保持工艺先后顺序。

2)各施工班组投入施工后尽可能保持连续作业。

3)相邻两个施工班组在满足连续施工的条件下,能最大限度地实现合理搭接。

根据以上基本要求,在不同的流水施工组织方式中,可以采用不同的方法确定流水步距。

(2)确定流水步距 $K_{j,j+1}$ 的方法。

1)分析计算法。在流水施工中,如果同一施工过程在各施工段上的流水节拍相等,则各相邻施工过程之间的流水步距可按下式计算:

$$K_{j,j+1}=t_i+(t_j-t_d) \qquad (当\ t_i \leqslant t_{i+1} 时) \qquad (3-6)$$

$$K_{j,j+1}=mt_i-(m-1)t_{i+1}+(t_j-t_d) \qquad (当\ t_i>t_{i+1} 时) \qquad (3-7)$$

式中　　t_i——第 i 个施工过程的流水节拍;

t_{i+1}——第 $i+1$ 个施工过程的流水节拍;

t_j——第 i 个施工过程与第 $i+1$ 个施工过程之间的间歇时间;

t_d——第 $i+1$ 个施工过程与第 i 个施工过程之间的搭接时间。

2)取大差法(累加数列法)。计算步骤如下:

①根据专业工作队在各施工段上的流水节拍,求累加数列。

②根据施工顺序,对所求的相邻两累加数列错位相减。

③根据错位相减的结果,确定相邻专业工作队之间的流水步距,即相减结果中数值最大者为流水步距。

3. 平行搭接时间

在组织流水施工时,有时为了缩短工期,在工作面允许的条件下,如果前一个施工班组完成部分施工任务后,能够提前为后一个施工班组提供工作面,使后者提前进入前一个施工段,两者在同一施工段上平行搭接施工,这个搭接时间称为平行搭接时间或插入时间,通常以 $C_{j,j+1}$ 表示。

4. 技术间歇时间

在组织流水施工时，除要考虑相邻施工班组之间的流水步距外，有时根据建筑材料或现浇构件等的工艺性质，还要考虑合理的工艺等待间歇时间，这个等待时间称为技术间歇时间。如混凝土浇筑后的养护时间、砂浆抹面和油漆面的干燥时间等。技术间歇时间以 $Z_{j,j+1}$ 表示。

5. 组织间歇时间

组织间歇时间是指在流水施工中，由于施工技术或施工组织的原因，造成在流水步距以外增加的间歇时间。如墙体砌筑前的墙身位置弹线，施工人员、机械转移，回填土前的地下管道检查验收等。组织间歇时间以 $G_{j,j+1}$ 表示。

第三节　流水施工组织方法

流水施工的前提是节奏，没有节奏就无法组织流水施工，而节奏是由流水施工的节拍决定的。由于建筑工程的多样性，使得各分项工程的数量差异很大，而要将施工过程在各个施工段的工作持续时间都调整到一样是不可能的，经常遇到的大部分是施工过程流水节拍不相等，甚至一个施工过程在各流水段上流水节拍都不一样，因此形成了各种不同形式的流水施工。通常，根据各个施工过程的流水节拍不同，可分为有节奏流水施工和无节奏流水施工。虽然有的也可将其分为等节拍、异节拍、无节奏流水施工，也只是分类方法不用而已，它们之间的关系可用框图来说明，如图 3-7 所示。

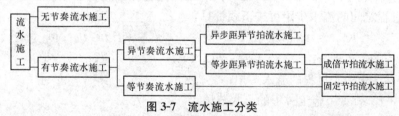

图 3-7　流水施工分类

从图 3-7 中可以看出，流水施工总的可分为无节奏流水施工和有节奏流水施工两大类。而建筑工程流水施工中，有节奏流水施工又可分为等节奏流水施工和异节奏流水施工。异节奏流水施工又可分为等步距异节拍流水施工和异步距异节拍流水施工。

一、等节奏流水施工

等节奏流水施工是指在组织流水施工时，所有的施工过程在各个施工段上的流水节拍彼此相等的流水施工方式。这种流水施工组织方式也称为固定节拍流水施工、全等节拍流水施工或同步距流水施工。

1. 等节奏流水施工的特点

(1)所有施工过程在各个施工段上的流水节拍均相等。

(2)相邻施工过程的流水步距相等，且等于流水节拍。

(3)施工过程的专业施工队数等于施工过程，因为每一个施工段只有一个专业施工队。

(4)各个专业工作队在各个施工段上能够连续作业，施工段之间没有空闲时间。

(5)各个施工过程的施工速度相等。

2. 等节奏流水施工组织

(1)确定施工起点及流向，分解施工过程。

(2)确定施工顺序，划分施工段。划分施工段时，其数目 m 的确定如下：

1)无层间关系或无施工层时，取 $m=n$。

2)有层间关系或有施工层时，施工段数目 m 分下面两种情况确定：

①无技术和组织间歇时，取 $m=n$。

②有技术和组织间歇时，为了保证各个施工班组能连续施工，应取 $m \geqslant n$。此时，每层施工段空闲数为 $m-n$，一个空闲施工段的时间为 t，则每层的空闲时间为

$$(m-n) \cdot t=(m-n) \cdot K \qquad (3-8)$$

若一个楼层内各个施工过程之间的技术、组织间歇时间之和为 $\sum Z_1$，则楼层间技术、组织间歇时间为 Z_2。如果每层的 $\sum Z_1$ 均相等，则 Z_2 也相等，而且为了保证连续施工，施工段上除 $\sum Z_1$ 和 Z_2 外无空闲，则

$$(m-n) \cdot K = \sum Z_1 + Z_2 \qquad (3-9)$$

所以，每层的施工段数 m 可按式(3-10)确定：

$$m = n + \frac{\sum Z_1}{K} + \frac{Z_2}{K} \qquad (3-10)$$

式中　m——施工段数；

　　　n——施工过程数；

　　　$\sum Z_1$——一个楼层内各个施工过程之间技术、组织间歇时间之和；

　　　Z_2——楼层间技术、组织间歇时间；

　　　K——流水步距。

如果每层的 $\sum Z_1$ 不完全相等，则 Z_2 也不完全相等，应取各层中最大的 $\sum Z_1$ 和 Z_2，并按式(3-11)确定施工段数：

$$m = n + \frac{\max \sum Z_1}{K} + \frac{\max Z_2}{K} \qquad (3-11)$$

式中符号意义同前。

(3)确定流水节拍，此时 $t_i^j = t$。

(4)确定流水步距，此时 $K_{j,j+1} = K = t$。

(5)计算流水施工工期。

1)有间歇时间的固定节拍流水施工。间歇时间是指相邻两个施工过程之间由于工艺或组织安排需要而增加的额外等待时间，包括组织间歇时间($G_{j,j+1}$)和技术间歇时间($Z_{j,j+1}$)。对于有间歇时间的固定节拍流水施工，其流水施工工期 T 可按式(3-12)计算：

$$T = (n-1)t + \sum G + \sum Z + m \cdot t$$

$$= (m+n-1)t + \sum G + \sum Z \qquad (3\text{-}12)$$

式中 $\sum G$ ——各个施工过程之间组织间歇时间之和；

$\sum Z$ ——各个施工过程之间技术间歇时间之和。

式中其他符号意义同前。

2)有平行搭接时间的固定节拍流水施工。平行搭接时间($C_{j,j+1}$)是指相邻两个施工班组在同一个施工段上共同作业的时间。在工作面允许和资源有保证的前提下，施工班组平行搭接施工，可以缩短流水施工工期。对于有平行搭接时间的固定节拍流水施工，其流水施工工期 T 可按式(3-13)计算：

$$T = (n-1)t + \sum G + \sum Z - \sum C + m \cdot t$$
$$= (m+n-1)t + \sum G + \sum Z - \sum C \qquad (3\text{-}13)$$

式中 $\sum C$ ——施工过程中平行搭接时间之和。

式中其他符号意义同前。

(6)绘制流水施工指示图表。

3. 等节奏流水施工应用实例

【例3-2】 某分部工程组织流水施工，由四个施工过程即开挖基槽、绑扎钢筋、浇筑混凝土、基础砌砖组成，每个施工过程划分为四个流水段，流水节拍为2天，无间歇和搭接时间。试绘制其流水施工的横道图。

【解】 根据题设条件和要求，该工程只能组织等节奏流水施工。

(1)确定流水步距：$K=t=2$ 天。

(2)确定流水段数 m：$m=4$。

(3)确定计算总工期：$T=(4+4-1)\times2=14$(天)。

(4)绘制流水施工指示图，如图3-8所示。

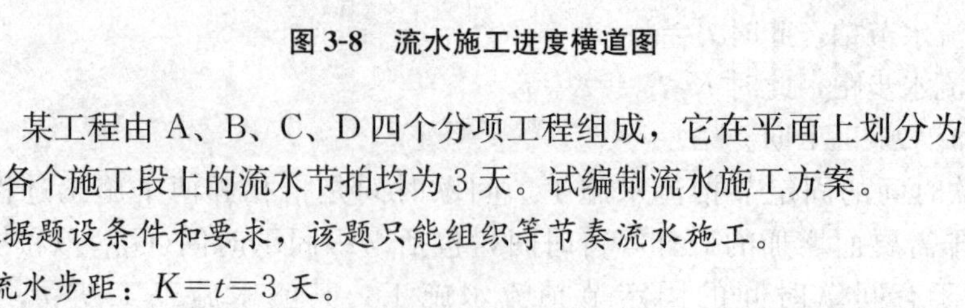

序号	施工过程	施工进度/天						
		2	4	6	8	10	12	14
1	开挖基槽	1	2	3	4			
2	绑扎钢筋	K	1	2	3	4		
3	浇筑混凝土		K	1	2	3	4	
4	基础砌砖			K	1	2	3	4

图 3-8 流水施工进度横道图

【例3-3】 某工程由 A、B、C、D 四个分项工程组成，它在平面上划分为四个施工段，各分项工程在各个施工段上的流水节拍均为3天。试编制流水施工方案。

【解】 根据题设条件和要求，该题只能组织等节奏流水施工。

(1)确定流水步距：$K=t=3$ 天。

(2)确定计算总工期：$T=(4+4-1)\times3=21$(天)。

(3)绘制流水施工指示图，如图3-9所示。

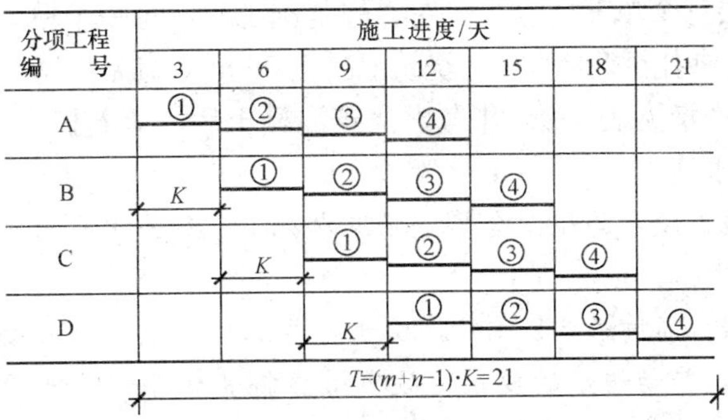

分项工程编号	施工进度/天						
	3	6	9	12	15	18	21
A	①	②	③	④			
B	K	①	②	③	④		
C		K	①	②	③	④	
D			K	①	②	③	④

$$T=(m+n-1)\cdot K=21$$

图 3-9　等节奏专业流水施工进度图

【例 3-4】　某项目由 Ⅰ、Ⅱ、Ⅲ、Ⅳ 四个施工过程组成，划分两个施工层组织流水施工，施工过程 Ⅱ 完成后需要养护 1 天，下一个施工过程才能施工，且层间技术间歇为 1 天，流水节拍均为 1 天。为了保证工作队连续作业，试确定施工段数，计算工期，绘制流水施工进度图。

【解】　(1)确定流水步距：

因为 $t_i = t = 1$ 天，所以 $K = t = 1$ 天。

(2)确定施工段数：

因项目施工时分两个施工层($r=2$)，其施工段数可按式(3-10)确定。

$$m = n + \frac{\sum Z_1}{K} + \frac{Z_2}{K} = 4 + \frac{1}{1} + \frac{1}{1} = 6(段)$$

(3)计算工期：因项目施工时分两个施工层，可按式(3-12)计算工期：

$$T = (6 \times 2 + 4 - 1) \times 1 + 1 = 16(天)$$

(4)绘制流水施工进度图，如图 3-10 所示。

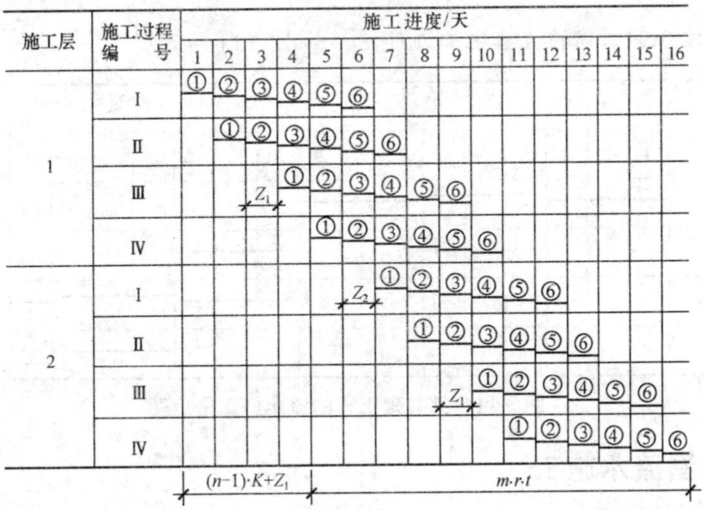

施工层	施工过程编号	施工进度/天															
		1	2	3	4	5	6	7	8	9	10	11	12	13	14	15	16
1	Ⅰ	①②③④⑤⑥															
	Ⅱ		①②③④⑤⑥														
	Ⅲ	Z_1		①②③④⑤⑥													
	Ⅳ			①②③④⑤⑥													
2	Ⅰ					Z_2	①②③④⑤⑥										
	Ⅱ						①②③④⑤⑥										
	Ⅲ						Z_1	①②③④⑤⑥									
	Ⅳ							①②③④⑤⑥									

$$(n-1)\cdot K + Z_1 \qquad m\cdot r\cdot t$$

图 3-10　分层并有技术、组织间歇时的等节奏专业流水施工进度图

【例 3-5】 某五层三个单元砖混结构住宅的基础工程，每一个单元的工程量分别为挖土 187 m³，垫层 11 m³，绑扎钢筋 2.53 t，浇筑混凝土 50 m³，砌基础墙 90 m³，回填土 130 m³。各个施工过程的每工产量见表 3-2，并考虑浇筑混凝土后，应养护 2 天才能进行基础砌筑，试组织全等节拍的流水施工。

【解】 （1）划分施工段：为组织全等节拍流水施工，每一单元为一个施工段，故划分为三个施工段。

（2）划分施工过程：通过表 3-2 比较，由于垫层工作量较小，若按一个独立的施工过程参与流水，则很难满足劳动组织的要求，故可考虑将其合并到挖土的施工过程中，形成混合班组。同样，绑扎钢筋与浇筑混凝土合并，成为混合班组，这样施工过程数 $n=4$。

（3）确定主要施工过程的施工人数并计算流水节拍：考虑砌基础墙为主导工程，施工班组人数为 24 人，则 $t=\dfrac{72}{24}=3$（天）。

（4）确定其他施工过程的施工班组人数，见表 3-2。

表 3-2　各个施工过程工程量、流水节拍及施工人数

施工过程	工程量		每工产量	劳动量/工日	施工班组人数	流水节拍
	数量	单位				
挖　土	187	m³	3.5	54	21	3
垫　层	11	m³	1.2	9		
绑扎钢筋	2.53	t	0.45	6	2	3
浇筑混凝土基础	50	m³	1.5	33	11	
砌基础墙	90	m³	1.25	72	24	3
回填土	130	m³	4	33	11	3

（5）绘制出该分部工程的流水施工进度图，如图 3-11 所示。

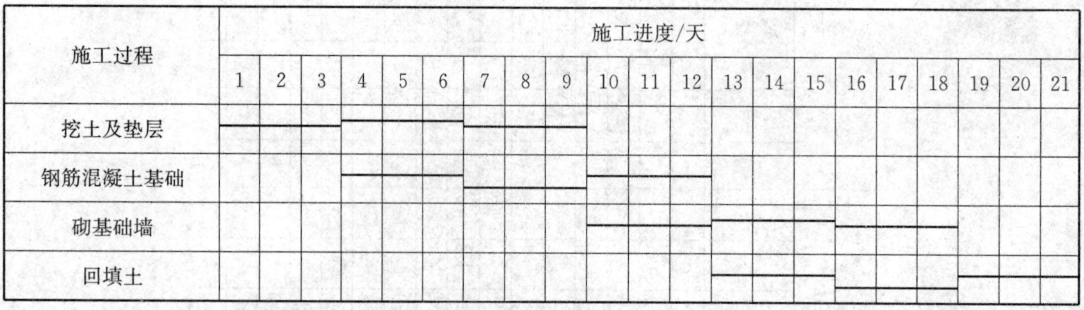

施工过程	施工进度/天																				
	1	2	3	4	5	6	7	8	9	10	11	12	13	14	15	16	17	18	19	20	21
挖土及垫层																					
钢筋混凝土基础																					
砌基础墙																					
回填土																					

图 3-11　某基础工程的流水施工进度图

二、异节奏流水施工

异节奏流水施工是指同一个施工过程在各个施工段上的流水节拍都相等，不同施工过程之间的流水节拍不一定相等的流水施工方式。异节奏流水施工可分为等步距异节拍（也称成倍节拍）流水施工和异步距异节拍流水施工两种方式。

(一)等步距异节拍流水施工

等步距异节拍流水施工，在组织固定节拍流水施工时，可能遇到非主导施工过程所需劳动力、施工机械超过了施工段上工作面所能容纳数量的情况，这时非主导施工过程只能按施工段所能容纳的劳动力或机械的数量来确定流水节拍，可能出现两个或两个以上的专业施工队在同一个施工段内流水作业，而形成成倍节拍流水情况。成倍节拍流水施工是指在组织流水施工时，如果同一个施工过程在各个施工段上的流水节拍彼此相等，而不同施工过程在同一个施工段上的流水节拍之间存在一个最大公约数，为加快流水施工速度，可按最大公约数的倍数确定每个施工过程的施工班组，这样便构成了一个工期最短的等步距异节拍流水施工方案。

1. 等步距异节拍流水施工的特点

(1)同一个施工过程在其各个施工段上的流水节拍均相等；不同施工过程的流水节拍不等，但其值为倍数关系。

(2)相邻施工过程的流水步距相等，且等于流水节拍的最大公约数。

(3)施工班组数大于施工过程数，即有的施工过程只成立一个专业工作队，而对于流水节拍大的施工过程，可按其倍数增加相应专业工作队数目。

(4)各个施工班组在施工段上能够连续作业，施工段之间没有空闲时间。

(5)因增加了专业施工队的数量，故加快了施工过程的速度，从而缩短了总工期。

(6)各个施工过程的持续时间之间也存在公约数。

2. 等步距异节拍流水施工组织

(1)确定施工起点流向，划分施工段。

(2)分解施工过程，确定施工顺序。

(3)按上述要求确定每个施工过程的流水节拍。

(4)确定流水步距：

$$K_b = 最大公约数\{各过程流水节拍\} \tag{3-14}$$

式中　K_b——等步距异节拍流水的流水步距。

(5)确定专业工作队数目：

$$\left. \begin{array}{l} b_j = t_i^i / K_b \\ n_1 = \sum_{j=1}^{n} b_j \end{array} \right\} \tag{3-15}$$

式中　b_j——施工过程 j 的专业班组数目，$n \geqslant j \geqslant 1$；

　　　　n_1——成倍节拍流水的专业班组总和。

式中其他符号意义同前。

(6)确定计算总工期：

$$T = (m + n_1 - 1)K_b + \sum Z_{j,j+1} + \sum G_{j,j+1} - \sum C_{j,j+1} \tag{3-16}$$

式中符号意义同前。

(7)绘制流水施工进度图。

3. 等步距异节拍流水施工应用实例

【例3-6】　某工程由支设模板、绑扎钢筋和浇筑混凝土三个分项工程组成；它在平面上划分为六个施工段；各个施工段的流水节拍依次为 6 天、4 天和 2 天。试编制工期最短的流水施工方案。

【解】 根据题设条件和要求，该题只能组织成倍节拍流水施工。假定题设三个分项工程依次由施工班组Ⅰ、Ⅱ、Ⅲ来完成，其施工段编号依次为①，②，…，⑥。

(1)确定流水步距，由式(3-14)得 $K_b=$ 最大公约数$\{6，4，2\}=2$(天)。

(2)确定施工班组数目，由式(3-15)得

$$b_{\mathrm{I}}=t_i^{\mathrm{I}}/K_b=6/2=3(个)$$
$$b_{\mathrm{II}}=t_i^{\mathrm{II}}/K_b=4/2=2(个)$$
$$b_{\mathrm{III}}=t_i^{\mathrm{III}}/K_b=2/2=1(个)$$
$$n_1=\sum_{j=1}^{3}b_j=3+2+1=6(个)$$

(3)确定计算总工期，由式(3-16)得 $T=(6+6-1)\times2=22$(天)。

(4)绘制流水施工进度图，如图 3-12 所示。

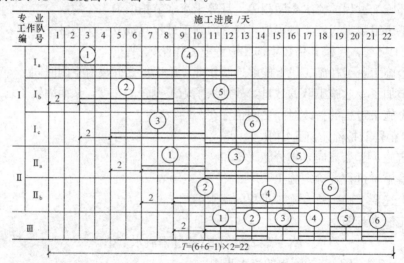

图 3-12 等步距异节拍流水施工进度图

(二)异步距异节拍流水施工

异步距异节拍流水施工是指同一施工过程在各个施工段的流水节拍相等，而不同施工过程之间的流水节拍不完全相等的流水施工方式。

1. 异步距异节拍流水施工的特点

(1)同一个施工过程流水节拍相等，不同施工过程之间的流水节拍不一定相等。

(2)各个施工过程之间的流水步距不一定相等。

(3)各个施工班组能够在施工段上连续作业，但有的施工段之间可能有空闲。

(4)施工班组数(n_1)等于施工过程数(n)。

2. 异步距异节拍流水施工组织

(1)确定施工起点流向，划分施工段。

(2)分解施工过程，确定施工顺序。

(3)确定流水步距。

$$K_{i,i+1}=\begin{cases}t_i & (\text{当 } t_i \leqslant t_{i+1} \text{ 时})\\ mt_i-(m-1)t_{i+1} & (\text{当 } t_i > t_{i+1} \text{ 时})\end{cases} \qquad (3\text{-}17)$$

式中　t_i——第 i 个施工过程的流水节拍;

　　　t_{i+1}——第 $i+1$ 个施工过程的流水节拍。

(4)计算流水施工工期。

$$T=\sum K_{i,i+1}+mt_n+\sum Z_{i,i+1}-\sum C_{i,i+1} \qquad (3\text{-}18)$$

式中　t_n——最后一个施工过程的流水节拍。

式中其他符号意义同前。

(5)绘制流水施工进度图。

3. 异步距异节拍流水施工应用实例

【例3-7】　某工程划分为 A、B、C、D 四个施工过程,分三个施工段组织施工,各个施工过程的流水节拍分别为 $t_A=3$ 天,$t_B=4$ 天,$t_C=5$ 天,$t_D=3$ 天;施工过程 B 完成后有 2 天的技术间歇时间,施工过程 D 与 C 搭接 1 天。试计算各个施工过程之间的流水步距及该工程的工期,并绘制流水施工进度图。

【解】　(1)确定流水步距。

根据题中所述条件及式(3-17),各流水步距计算如下:

因为 $t_A < t_B$,所以 $K_{A,B}=t_A=3$ 天。

因为 $t_B < t_C$,所以 $K_{B,C}=t_B=4$ 天。

因为 $t_C > t_D$,所以 $K_{C,D}=mt_C-(m-1)t_D=3\times5-(3-1)\times3=9$(天)。

(2)计算流水工期。

$$T=\sum K_{i,i+1}+mt_n+\sum Z_{i,i+1}-\sum C_{i,i+1}$$
$$=(3+4+9)+3\times3+2-1=26\text{(天)}$$

(3)绘制施工进度图,如图 3-13 所示。

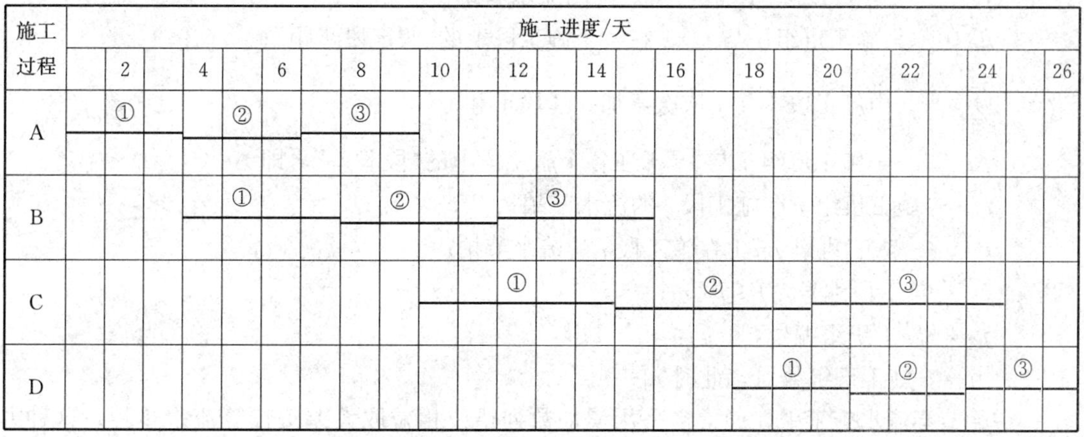

施工过程	施工进度/天												
	2	4	6	8	10	12	14	16	18	20	22	24	26
A	①		②		③								
B			①		②		③						
C						①			②		③		
D										①		②	③

图 3-13　异步距异节拍流水施工进度图

三、无节奏流水施工

在组织流水施工时,经常由于工程结构形式、施工条件不同等,使得各个施工过程在各个施工段上的工程量有较大差异，或因施工班组的生产效率相差较大，导致各个施工过程的流水节拍随施工段的不同而不同，且不同施工过程之间的流水节拍又有很大差异。这时，流水节拍虽无任何规律，但仍可利用流水施工原理组织流水施工，使各个施工班组在满足连续施工的条件下实现最大搭接。由于没有固定的节拍及成倍节拍的时间约束，故在进度安排上既灵活又自由，它是在工程实际中最常见、应用较普遍的一种流水施工组织方式。

1. 无节奏流水施工的特点

(1)无固定规律，各个施工过程在各个施工段上的流水节拍完全自由。

(2)在多数情况下，流水步距彼此不相等，而且流水步距与流水节拍的大小及相邻施工过程在相应施工段的流水节拍之差有关。

(3)各个施工班组都能连续施工，个别施工段可能有空闲。

(4)施工班组数与施工过程数相等。

总之，无节奏流水施工不像固定节拍流水施工和成倍节拍流水施工那样受到很大约束，允许流水节拍自由，从而决定了流水步距也较自由，允许空间的空置，适合各种规模、各种结构形式、各种工程的工程对象，是很普遍的一种施工方式。

2. 无节奏流水施工组织

(1)确定施工起点流向，划分施工段。

(2)分解施工过程，确定施工顺序。

(3)确定流水节拍。

(4)确定流水步距：

$$K_{j,j+1}=\max\{k_i^{j,j+1}=\sum_{i=1}^{i}\Delta t_i^{j,j+1}+t_i^{j+1}\} \tag{3-19}$$

$$(1\leqslant j\leqslant n_1-1;\ 1\leqslant i\leqslant m)$$

式中　$K_{j,j+1}$——施工班组 j 与 $j+1$ 之间的流水步距；

　　　$k_i^{j,j+1}$——施工班组 j 与 $j+1$ 在各个施工段上的"假定段步距"；

　　　$\sum_{i=1}^{i}$——由施工段 1 至 i 依次累加，逐段求和；

　　　$\Delta t_i^{j,j+1}$——施工班组 j 与 $j+1$ 在各个施工段上的"段时差"，即 $\Delta t_i^{j,j+1}=t_i^j-t_i^{j+1}$；

　　　t_i^j——施工班组 j 在施工段 i 的流水节拍；

　　　t_i^{j+1}——施工班组 $j+1$ 在施工段 i 的流水节拍；

　　　i——施工段编号，$1\leqslant i\leqslant m$；

　　　j——施工班组编号，$1\leqslant j\leqslant n_1-1$；

　　　n_1——施工班组数目，此时 $n_1=n$。

在无节奏流水施工中，通常也采用累加数列错位相减取大差法计算流水步距。这种方法又称为潘特考夫斯基法，其简捷、准确，便于掌握。

(5)按式(3-13)计算总工期：

$$T=\sum_{j=1}^{n_1}K_{j,j+1}+\sum_{i=1}^{m}t_i^{n_1}+\sum Z_{j,j+1}+\sum G_{j,j+1}-\sum C_{j,j+1} \tag{3-20}$$

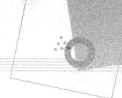

式中 T——流水施工方案的计算总工期;

$t_i^{n_1}$——最后一个施工班组(n_1)在各个施工段上的流水节拍。

(6)绘制流水施工进度图。

3. 无节奏流水施工应用实例

【例 3-8】 某工厂需要修建四台设备的基础工程,施工过程包括基础开挖、基础处理和浇筑混凝土。因设备型号及基础条件等不同,使得四台设备(施工段)的施工过程有着不同的流水节拍,见表 3-3。试绘制该设备基础工程的流水施工图。

周

表 3-3 基础工程流水节拍表

施工过程	施 工 段			
	设备 A	设备 B	设备 C	设备 D
基础开挖	2	3	2	2
基础处理	4	4	2	3
浇筑混凝土	2	3	2	3

【解】 从流水节拍的特点可以看出,本工程应按无节奏流水施工方式组织施工。

(1)确定施工流向由设备 A→B→C→D,施工段数 $m=4$。

(2)确定施工过程数 $n=3$,包括基础开挖、基础处理和浇筑混凝土。

(3)采用"累加数列错位相减取大差法"求流水步距:

$$2, \quad 5, \quad 7, \quad 9$$
$$-) \qquad 4, \quad 8, \quad 10, \quad 13$$
$$\overline{K_{1,2}=\max \{2, \quad 1, \quad -1, \quad -1, \quad -13\}=2}$$

$$4, \quad 8, \quad 10, \quad 13$$
$$-) \qquad 2, \quad 5, \quad 7, \quad 10$$
$$\overline{K_{2,3}=\max \{4, \quad 6, \quad 5, \quad 6, \quad -10\}=6}$$

(4)计算流水施工工期:

$$T=(2+6)+(2+3+2+3)=18(周)$$

(5)绘制非节奏流水施工进度图,如图 3-14 所示。

图 3-14 设备基础工程流水施工进度图

【例 3-9】 某项目经理部拟承建一工程,该工程有Ⅰ、Ⅱ、Ⅲ、Ⅳ、Ⅴ五个施工过程。

施工时在平面上划分成四个施工段，每个施工过程在各个施工段上的流水节拍见表3-4。规定施工过程Ⅱ完成后，其相应施工段至少要养护2天；施工过程Ⅳ完成后，其相应施工段要留有1天的准备时间。为了尽早完工，允许施工过程Ⅰ与Ⅱ之间搭接施工1天，试编制流水施工方案。

表3-4　流水节拍　　　　　　　　　　　　　　　　　天

施 工 段	施 工 过 程				
	Ⅰ	Ⅱ	Ⅲ	Ⅳ	Ⅴ
①	3	1	2	4	3
②	2	3	1	2	4
③	2	5	3	3	2
④	4	3	5	3	1

【解】　根据题设条件，该工程只能组织无节奏专业流水施工。

(1)求流水节拍的累加数列。

Ⅰ：3，5，7，11

Ⅱ：1，4，9，12

Ⅲ：2，3，6，11

Ⅳ：4，6，9，12

Ⅴ：3，7，9，10

(2)确定流水步距。

1) $K_{Ⅰ,Ⅱ}$：

$$
\begin{array}{rrrrr}
 & 3, & 5, & 7, & 11 \\
-) & & 1, & 4, & 9, & 12 \\
\hline
 & 3, & 4, & 3, & 2, & -12
\end{array}
$$

所以　　　　　　　　　$K_{Ⅰ,Ⅱ}=\max\{3,4,3,2,-12\}=4(天)$

2) $K_{Ⅱ,Ⅲ}$：

$$
\begin{array}{rrrrr}
 & 1, & 4, & 9, & 12 \\
-) & & 2, & 3, & 6, & 11 \\
\hline
 & 1, & 2, & 6, & 6, & -11
\end{array}
$$

所以　　　　　　　　　$K_{Ⅱ,Ⅲ}=\max\{1,2,6,6,-11\}=6(天)$

3) $K_{Ⅲ,Ⅳ}$：

$$
\begin{array}{rrrrr}
 & 2, & 3, & 6, & 11 \\
-) & & 4, & 6, & 9, & 12 \\
\hline
 & 2, & -1, & 0, & 2, & -12
\end{array}
$$

所以　　　　　　　　　$K_{Ⅲ,Ⅳ}=\max\{2,-1,0,2,-12\}=2(天)$

4) $K_{Ⅳ,Ⅴ}$：

$$
\begin{array}{rrrrr}
 & 4, & 6, & 9, & 12 \\
-) & & 3, & 7, & 9, & 10 \\
\hline
 & 4, & 3, & 2, & 3, & -10
\end{array}
$$

所以 $$K_{\text{IV},\text{V}} = \max\{4, 3, 2, 3, -10\} = 4(天)$$

(3)计算流水施工工期。

由题设条件可知

$$Z_{\text{II},\text{III}} = 2 天，G_{\text{IV},\text{V}} = 1 天，C_{\text{I},\text{II}} = 1 天$$

代入式(3-20)得

$$T = (4+6+2+4) + (3+4+2+1) + 2 + 1 - 1 = 28(天)$$

(4)绘制流水施工进度图，如图 3-15 所示。

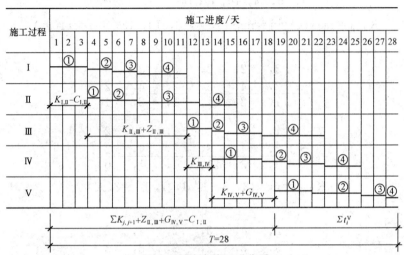

图 3-15　流水施工进度图

【例 3-10】 某工程由 Ⅰ、Ⅱ、Ⅲ、Ⅳ 四个施工过程组成。它在平面上划分为六个施工段，每个施工过程在各个施工段上的流水节拍见表 3-5。为缩短计划总工期，允许施工过程 Ⅰ 与 Ⅱ 有平行搭接时间 1 天；在施工过程 Ⅱ 完成后，其相应施工段至少应有技术间歇时间 2 天；在施工过程 Ⅲ 完成后，其相应施工段至少应有作业准备时间 1 天。试编制流水施工方案。

表 3-5　施工持续时间表

施工过程编号	流水节拍/天					
	①	②	③	④	⑤	⑥
Ⅰ	4	5	4	4	5	4
Ⅱ	3	2	2	3	2	3
Ⅲ	2	4	3	2	4	2
Ⅳ	3	3	2	2	3	3

【解】 根据题设条件和要求，该工程只能组织无节奏流水施工。

(1)确定流水步距。由式(3-19)得：

1)$K_{\text{I},\text{II}}$：

$$
\begin{array}{cccccccl}
4, & 5, & 4, & 4, & 5, & 4\cdots & & t_i^{\text{I}}\\
-)3, & 2, & 2, & 3, & 2, & 3\cdots & & t_i^{\text{II}}\\
\hline
1, & 3, & 2, & 1, & 3, & 1\cdots & & \Delta t_i^{\text{I},\text{II}}
\end{array}
$$

(+) (+) (+) (+) (+)

$$
\begin{array}{cccccccl}
1, & 4, & 6, & 7, & 10, & 11\cdots & & \displaystyle\sum_{i=1}^{i}\Delta t_i^{\text{I},\text{II}}\\
+)3, & 2, & 2, & 3, & 2, & 3\cdots & & t_i^{\text{II}}\\
\hline
4, & 6, & 8, & 10, & 12, & 14\cdots & & k_i^{\text{I},\text{II}}
\end{array}
$$

所以
$$K_{\text{I},\text{II}}=\max\{k_i^{\text{I},\text{II}}\}=\max\{4,\ 6,\ 8,\ 10,\ 12,\ 14\}=14(天)$$

2）$K_{\text{II},\text{III}}$：

$$
\begin{array}{cccccc}
3, & 2, & 2, & 3, & 2, & 3\\
-)2, & 4, & 3, & 2, & 4, & 2\\
\hline
1, & -2, & -1, & 1, & -2, & 1
\end{array}
$$

$$
\begin{array}{cccccc}
1, & -1, & -2, & -1, & -3, & -2\\
+)2, & 4, & 3, & 2, & 4, & 2\\
\hline
3, & 3, & 1, & 1, & 1, & 0
\end{array}
$$

所以
$$K_{\text{II},\text{III}}=\max\{3,\ 3,\ 1,\ 1,\ 1,\ 0\}=3(天)$$

3）$K_{\text{III},\text{IV}}$：

$$
\begin{array}{cccccc}
2, & 4, & 3, & 2, & 4, & 2\\
-)3, & 3, & 2, & 2, & 3, & 3\\
\hline
-1, & 1, & 1, & 0, & 1, & -1
\end{array}
$$

$$
\begin{array}{cccccc}
-1, & 0, & 1, & 1, & 2, & 1\\
+)3, & 3, & 2, & 2, & 3, & 3\\
\hline
2, & 3, & 3, & 3, & 5, & 4
\end{array}
$$

所以
$$K_{\text{III},\text{IV}}=\max\{2,\ 3,\ 3,\ 3,\ 5,\ 4\}=5(天)$$

（2）计算总工期。由题设条件可知：$C_{\text{I},\text{II}}=1$ 天，$Z_{\text{II},\text{III}}=2$ 天，$G_{\text{III},\text{IV}}=1$ 天。代入式(3-20)可得

$$
\begin{aligned}
T &=(14+3+5)+(3+3+2+2+3+3)+2+1-1\\
&=22+16+2=40(天)
\end{aligned}
$$

（3）绘制流水施工进度图，如图3-16所示。

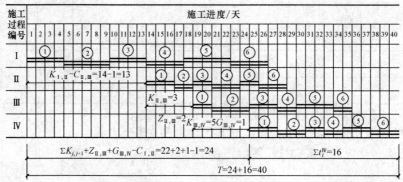

图 3-16　流水施工进度图

第四节　流水施工组织实例

一、工程概况及施工条件

某三层工业厂房，其主体结构为现浇钢筋混凝土框架。框架全部由 6 m×6 m 的单元构成。横向为三个单元，纵向为 21 个单元，划分为三个温度区段。其平面及剖面简图如图 3-17 所示。施工工期为 63 个工作日。施工时平均气温为 15 ℃。劳动力：木工不得超过 20 人，混凝土工与钢筋工可根据计划要求配备。机械设备：J_1-400 混凝土搅拌机 2 台，混凝土振捣器和卷扬机可根据计划要求配备。

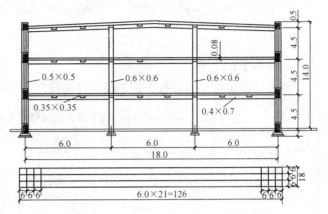

图 3-17　某钢筋混凝土框架结构工业厂房平面、剖面简图(尺寸单位：m)

二、流水作业设计

1. 计算工程量与劳动量

本工程每层每个温度区段的模板、钢筋、混凝土的工程量根据施工图计算；定额根据劳动定额手册和工人实际生产率确定；劳动量按工程量和定额计算。

2. 划分施工过程

本工程框架部分采用的施工顺序：绑扎柱钢筋→支柱模板→支主梁模板→支次梁模板→支板模板→绑扎梁钢筋→绑扎板钢筋→浇筑柱混凝土→浇筑梁、板混凝土。

根据施工顺序和劳动组织，本工程划分为四个施工过程：绑扎柱钢筋；支设模板；绑扎梁、板钢筋；浇筑混凝土。各施工过程中均包括楼梯间部分。

3. 按划分的施工段确定流水节拍及绘制流水指示图

因为本工程三个温度区段大小一致，各层构造基本相同，各施工过程工程量相差均小于 15%，所以，首先考虑组织全等或成倍节拍流水。

(1)划分施工段。考虑结构的整体性，利用温度缝作为分界线，最理想的是每层划分为三个施工段。为了保证各工作队能连续施工，按全等节拍组织流水作业，每层最少施工段数可按式(3-10)进行计算。其中 $n=4$，$K=t$，$Z_2=1.5$(根据气温条件，混凝土达到初凝强度需要 36 h)，$\sum Z_1=0$。代入式(3-10)，得

$$m = 4 + \frac{1.5}{t}$$

所以，每层若划分三个施工段则不能保证工作队连续工作。根据该工程的结构特征，将每个温度区段分为两段，每层划分为六个施工段，施工段数大于计算所需要的段数，则各工作队可以连续工作，各施工层间增加了间歇时间，这是可取的。

(2)确定流水节拍和各工作队人数。根据工期要求，按全等节拍流水工期公式，先初算流水节拍：$T = (jm + n - 1)K + \sum Z_1 - \sum C$，式中 j 为工程的层数。因 $K = t$，$\sum Z_1 = 0$，$\sum C = 0.33t$（只考虑绑扎柱钢筋和支设模板之间可搭接施工，取搭接时间为 $0.33t$），$T = 63$，则

$$t = \frac{T}{jm + n - 1 - 0.33} = \frac{63}{3 \times 6 + 4 - 1 - 0.33} = 3.05(\text{天})$$

故流水节拍选用 3 天。

将各个施工过程每层每个施工段的劳动量汇总于表 3-6 中。

表 3-6 各个施工过程每段需要的劳动量

施工过程	需要劳动量/工日			附 注
	一层	二层	三层	
绑扎柱钢筋	13	12.3	12.3	
支设模板	55.7	54.8	52.3	包括楼梯
绑扎梁、板钢筋	28.1	28.1	27.9	包括楼梯
浇筑混凝土	102.4	100.3	93	包括楼梯

1)确定绑扎柱钢筋的流水节拍和工作队人数。由表 3-6 可知，绑扎柱钢筋所需劳动量为 13 个工日。由劳动定额可知，绑扎柱钢筋工人小组至少需要 5 人。则流水节拍等于 13/5 = 2.6(天)，取 3 天。

2)确定支模板的流水节拍和工作队人数。框架结构支柱、梁、板模板，根据经验一般需要 2～3 天，流水节拍采用 3 天。所需工人数为 55.7/3≈18.6(人)。由劳动定额可知，支模板要求工人小组一般为 5～6 人。本方案木工工作队采用 18 人，分 3 个小组施工。木工人数满足规定的人数条件。

3)确定绑扎梁、板钢筋的流水节拍和工作队人数。流水节拍采用 3 天。所需工人数为 28.1/3≈9.4(人)。由劳动定额可知，绑扎梁、板钢筋要求工人小组一般为 3 或 4 人。本方案钢筋工作队采用 9 人，分 3 个小组施工。

4)确定浇筑混凝土的流水节拍和工作队人数。根据表 3-6 可知，浇筑混凝土工程量最多的施工段的工程量为 (46.1 + 156.2 + 6.6)/2 = 104.5(m³)。每台 J_1-400 混凝土搅拌机搅拌半干硬性混凝土的生产率为 36 m³/台班，故需要台班数 104.5/36≈2.9(台班)。选用一台混凝土搅拌机，流水节拍采用 3 天。所需工人数为 102.4/3≈34.1(人)。根据劳动定额知，浇筑混凝土要求工人小组一般为 20 人左右。本方案混凝土工作队采用 34 人，分 2 个小组施工。

(3)绘制流水施工指示图，如图 3-18 所示。

所需工期 $T = (3 \times 6 + 4 - 1) \times 3 + 0 - 1 = 62(\text{天})$。

| 层次 | 施工过程 | 工程量 | | 时间定额 | 劳动量/工日 | 流水节拍/天 | 工人人数 | 施工进度/天 |
		单位	数量					2 4 6 8 10 12 14 16 18 20 22 24 26 28 30 32 34 36 38 40 42 44 46 48 50 52 54 56 58 60 62 64 66
一	绑扎柱钢筋	t	32.7	2.38	78	3	5	
	支设模板	m²	4 856.4	0.068 5	334.2	3	18	
	绑扎梁、板钢筋	t	49.95	3.38	168.6	3	9	
	浇筑混凝土	m³	627.7	0.97	614.4	3	34	
二	绑扎柱钢筋	t	30.9	2.38	73.8	3	5	
	支设模板	m²	4 793.4	0.068 5	328.8	3	18	
	绑扎梁、板钢筋	t	49.95	3.38	168.6	3	9	
	浇筑混凝土	m³	617.7	0.97	601.8	3	34	
三	绑扎柱钢筋	t	30.9	2.38	73.8	3	5	
	支设模板	m²	46.77	0.066 4	313.8	3	18	
	绑扎梁、板钢筋	t	50.49	3.38	167.4	3	9	
	浇筑混凝土	m³	597.9	0.93	558	3	34	

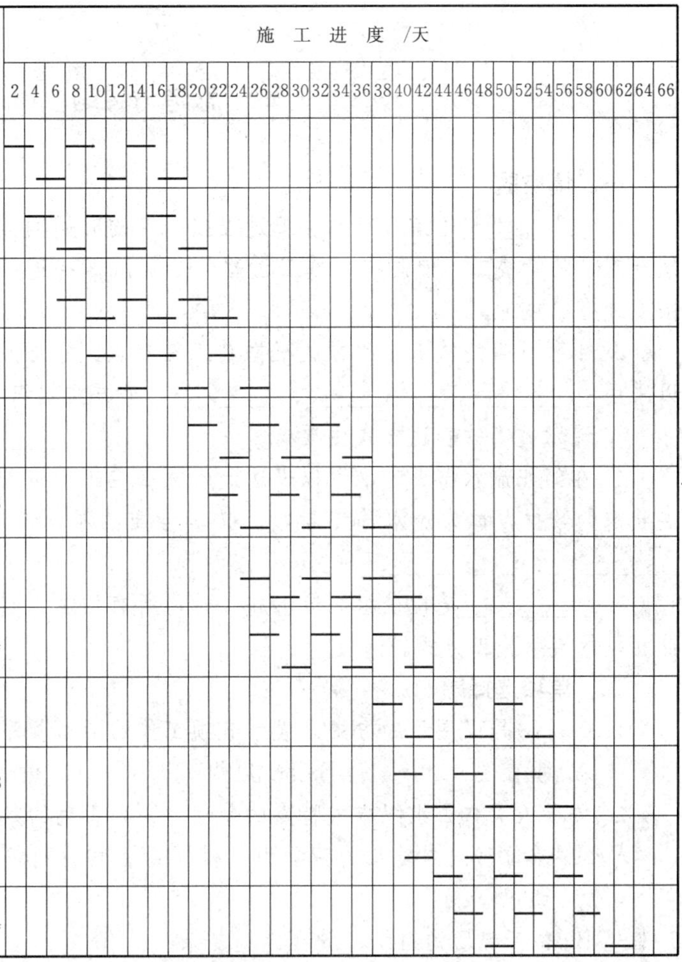

图 3-18 流水施工指示图

本 章 小 结

本章通过流水施工的概念,引出工程项目的施工组织方式:依次施工、平行施工、流水施工等,并介绍了流水施工的分类和技术经济效果。

通过流水施工组织的划分,说明流水施工的表达方式:横道图、斜线图及网络图等。重点讲述了流水施工工艺参数、时间参数及空间参数的确定,并介绍了流水施工组织方式在实践中的应用。

通过本章学习,要掌握等节奏流水施工、异节奏流水施工、无节奏流水施工的组织方式,结合实例灵活应用到实践中。

一、填空题

1. _____是指所有的施工过程按一定的时间间隔依次投入施工，各个施工过程陆续开工，陆续竣工，使同一个施工过程的专业队保持连续、均衡施工，相邻专业队能最大限度地搭接施工。

2. 工程项目的施工组织方式根据其工程特点、平面及空间布置、工艺流程等要求，可以采用_____、_____、_____等方式组织施工。

3. 流水施工的表达方式主要有_____、_____及_____三种。

4. 在组织流水施工时，用以表达流水施工在工艺流程、空间布置和时间排列等方面开展状态的数据，称为流水施工参数。按其性质的不同，流水施工参数可分为_____、_____、_____三种。

5. _____是指在组织流水施工时，所有的施工过程在各个施工段上的流水节拍彼此相等的流水施工方式。

二、单项选择题

1. （　　）是以图示的方式来表示各项工作的活动顺序和持续时间。

　　A. 垂直图　　　　　　B. 网络图　　　　　　C. 横道图　　　　　　D. 直线图

2. 关于依次施工组织方式特点的叙述，下列正确的是（　　）。

　　A. 单位时间内投入的劳动力、机械设备和材料等资源较多，有利于资源的供应和组织

　　B. 施工现场的组织、管理比较复杂

　　C. 没有充分地利用工作面进行施工，施工工期较短

　　D. 若采用专业施工班组作业，施工班组不能连续施工，存在时间间歇，劳动力及物资消耗不连续

3. （　　）是指供某专业工种的工人或某种施工机械进行施工的活动空间。

　　A. 垂直面　　　　　　B. 工作面　　　　　　C. 施工段　　　　　　D. 施工层

4. 关于等步距异节拍流水施工特点的叙述，下列不正确的是（　　）。

　　A. 同一个施工过程在其各个施工段上的流水节拍均相等；不同施工过程的流水节拍不等，但其值为倍数关系

　　B. 相邻施工过程的流水步距相等，且等于流水节拍的最小公约数

　　C. 施工班组数大于施工过程数，即有的施工过程只成立一个专业工作队，而对于流水节拍大的施工过程，可按其倍数增加相应专业工作队数目

　　D. 各个施工班组在施工段上能够连续作业，施工段之间没有空闲时间

5. （　　）因为没有固定的节拍、成倍节拍的时间约束，所以进度安排上既灵活又自由，它是在工程实际中最常见、应用较普遍的一种流水施工组织方式。

　　A. 无节奏流水施工　　　　　　　　　　B. 有节奏流水施工

　　C. 等节奏流水施工　　　　　　　　　　D. 异节奏流水施工

三、简答题

1. 组织施工的方式有哪几种？它们各自的特点是什么？

2. 流水施工的主要参数有哪些？

3. 简述施工段划分的基本要求。

4. 什么是流水节拍、流水步距？

5. 流水施工按节奏不同可分为哪几种？它们各自的特点有哪些？

第四章 工程网络计划技术

1. 了解网络计划技术的基本原理和特点，掌握网络计划的分类。
2. 熟悉单、双代号网络计划的组成和绘制，掌握单、双代号网络计划时间参数的计算。
3. 掌握双代号时标网络计划的绘制方法和时间参数的计算。
4. 掌握单代号搭接网络计划的绘制方法和时间参数的计算。
5. 掌握工期优化、费用优化和资源优化网络计划的优化方法。

能力目标

1. 能够绘制单、双代号网络计划图，并对其进行计算。
2. 能够绘制双代号时标网络计划图，并对其进行计算。
3. 能够绘制单代号搭接网络计划图，并对其进行计算。
4. 能够进行网络计划的优化，选择最优的网络施工计划。

第一节　网络计划技术概述

一、基本概念

1. 网络图

网络图是指由箭线和节点组成的，用来表示工作流程的有向、有序的网状图形。

2. 网络计划

网络计划是指用网络图表达任务构成、工作顺序并加注工作时间参数的进度计划。因此，提出一项具体工程任务的网络计划安排方案，就必须首先要求绘制网络图。

3. 网络计划技术

利用网络图的形式表达各项工作之间的相互制约和相互依赖关系，并分析其内在规律，从而寻求最优方案的方法称为网络计划技术。

4. 工艺关系

工艺关系是指生产工艺上客观存在的先后顺序关系，或者是非生产性工作之间由工作程序决定的先后顺序关系。

5. 组织关系

工作之间由于组织安排需要或资源（劳动力、原材料、施工机具等）调配需要而规定的先后顺序关系称为组织关系。

6. 紧前工作

在网络图中，相对于某工作而言，紧排在本工作之前的工作称为本工作的紧前工作。本工作和紧前工作之间可能有虚工作。

7. 紧后工作

在网络图中，相对于某工作而言，紧排在该工作之后的工作称为该工作的紧后工作。在双代号网络图中，该工作与其紧后工作之间也可能有虚工作存在。

8. 平行工作

在网络图中，相对于某工作而言，可以与该工作同时进行的工作即该工作的平行工作。

9. 先行工作

相对于某工作而言，从网络图的第一个节点（起点节点）开始，顺箭头方向经过一系列箭线与节点到达该工作为止的各条通路上的所有工作，都称为该工作的先行工作。

10. 后续工作

相对于某工作而言，从该工作之后开始，顺箭头方向经过一系列箭线与节点到网络图最后一个节点（终点节点）的各条通路上的所有工作，都称为该工作的后续工作。

二、网络计划的作用和特点

1. 网络计划的作用

(1)利用网络图的形式表达一项工程计划方案中各项工作之间的相互关系和先后顺序关系。

(2)通过网络图各项时间参数的计算，找出计划中关键工作、关键线路和计算工期。

(3)通过网络计划优化，不断改进网络计划的初始安排，找到最优的方案。

(4)在计划实施过程中采取有效措施对其进行控制，以合理使用资源，高效、优质、低耗地完成预定任务。

2. 网络计划的特点

(1)优点。

1)网络图将施工过程中的各有关工作组成了一个有机的整体，能全面而明确地表达出各项工作开展的先后顺序，反映出各项工作之间相互制约和相互依赖的关系。

2)能进行各种时间参数的计算。

3)在名目繁多、错综复杂的计划中找出决定工程进度的关键工作，便于计划管理者集中力量抓主要矛盾，确保工期，避免盲目施工。

4)能够从请多可行方案中，选出最优方案。

5)在计划的执行过程中，某一工作由于某种原因推迟或者提前完成时，可以预见到它对整个计划的影响程度，而且能根据变化的情况迅速进行调整，保证自始至终对计划进行有效的控制与监督。

6)利用网络计划中反映出的各项工作的时间储备,可以更好地调配人力、物力,以达到降低成本的目的。

7)网络计划技术的出现与发展使现代化的计算工具——计算机,在建筑施工计划管理中得以应用。

(2)缺点。

1)表达计划不直观、不形象,从图上很难看出流水作业的情况。

2)很难依据普通网络计划(非时标网络计划)计算资源的日用量,但时标网络计划可以克服这一缺点。

3)编制较难,绘制较麻烦。

三、网络计划的分类

1. 按照绘图符号分

(1)双代号网络计划。双代号网络计划即用双代号网络图表示的网络计划。双代号网络图是以箭线及其两端节点的编号表示工作的网络图。

(2)单代号网络计划。单代号网络计划即用单代号网络图表示的网络计划。单代号网络图是以节点及其编号表示工作,以箭线表示工作之间逻辑关系的网络图。

2. 按照网络计划目标分

(1)单目标网络计划。单目标网络计划是指只有一个终点节点的网络计划,即网络计划只具有一个最终目标。例如,一个建筑物的施工进度计划只具有一个工期目标的网络计划。

(2)多目标网络计划。多目标网络计划是指终点节点不止一个的网络计划,即网络计划具有若干个独立的最终目标。

3. 按照网络计划时间表达方式分

(1)时标网络计划。时标网计划是指以时间坐标为尺度绘制的网络计划。在网络图中,每项工作箭线的水平投影长度与其持续时间成正比。例如,编制资源优化的网络计划即时标网络计划。

(2)非时标网络计划。非时标网络计划是指不按时间坐标绘制的网络计划。在网络图中,工作箭线长度与持续时间无关,可按需要绘制。通常绘制的网络计划都是非时标网络计划。

4. 按照网络计划层次分

(1)局部网络计划。以一个分部工程或施工段为对象编制的网络计划称为局部网络计划。

(2)单位工程网络计划。以一个单位工程为对象编制的网络计划称为单位工程网络计划。

(3)综合网络计划。以一个建筑项目或建筑群为对象编制的网络计划称为综合网络计划。

5. 按照工作衔接特点分

(1)普通网络计划。工作间关系均按首尾衔接关系绘制的网络计划称为普通网络计划,如单代号、双代号和概率网络计划。

(2)搭接网络计划。按照各种规定的搭接时距绘制的网络计划称为搭接网络计划。网络图中既能反映各种搭接关系,又能反映相互衔接关系,如前导网络计划。

(3)流水网络计划。充分反映流水施工特点的网络计划称为流水网络计划,其包括横道流水网络计划、搭接流水网络计划和双代号流水网络计划。

第二节 双代号网络计划

一、双代号网络图的组成

双代号网络图由箭线、节点、节点编号、虚箭线、线路五个基本要素组成。

《工程网络计划技术规程》

1. 箭线

(1)箭线的概念。在网络图中一端带箭头的实线即箭线，一般可分为内向箭线和外向箭线两种。

(2)箭线的表示方法。

1)在双代号网络图中，一根箭线表示一项工作，如图 4-1 所示。

2)每一项工作都要消耗一定的时间和资源。凡是消耗一定时间的施工过程都可以作为一项工作。各个施工过程用实箭线表示。

3)箭线的箭尾节点表示一项工作的开始，而箭头节点表示工作的结束。工作的名称(或字母代号)标注在箭线上方，该工作的持续时间标注于箭线下方。如果箭线以垂直线的形式出现，则工作的名称通常标注于箭线左方，而工作的持续时间则填写于箭线的右方，如图 4-2 所示。

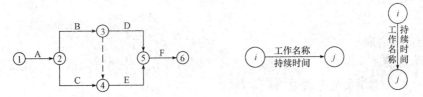

图 4-1　双代号网络图　　　　图 4-2　双代号网络图工作表示法

4)在非时标网络图中，箭线的长度不直接反映工作所占用的时间长短。箭线宜画成水平直线，也可以画成折线或斜线。水平直线投影的方向应自左向右，表示工作的进行方向。

(3)箭线的作用。在双代号网络图中，一条箭线表示一项工作，又称工序、作业或活动，如砌墙、抹灰等。而工作所包括的范围可大可小，既可以是一道工序，也可以是一个分项工程或一个分部工程，甚至是一个单位工程。

2. 节点

(1)节点的概念。在网络图中箭线的出发和交汇处通常画上圆圈，用以标志该圆圈前面一项或若干项工作的结束和允许后面一项或若干项工作的开始的时间点称为节点(也称为结点、事件)。

(2)节点的表示方法。

1)在网络图中，节点不同于工作，它只标志着工作的结束和开始的瞬间，具有承上启下的衔接作用，而不需要消耗时间或资源。

2) 节点可分为起点节点、终点节点、中间节点。网络图的第一个节点为起点节点，表示一项计划的开始；网络图的最后一个节点称为终点节点，表示一项计划的结束；其余节点都称为中间节点。任何一个中间节点既是其紧前各施工过程的结束节点，又是其紧后各施工过程的开始节点。

(3) 节点的作用。在双代号网络图中，节点代表一项工作的开始或结束，用圆圈表示。

3. 节点编号

(1) 节点编号的概念。在网络图中的每个节点都要编号。

(2) 节点编号的表示方法。

1) 节点编号的顺序是：每一个箭线的箭尾节点代号 i 必须小于箭头节点代号 j，且所有节点代号都是唯一的，如图 4-3 所示。

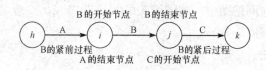

图 4-3   开始节点与结束节点

2) 节点编号宜在绘图完成、检查无误后，顺着箭头方向依次进行。当网络图中的箭线均为由左向右和由上至下时，可采取每行由左向右、由上至下逐行编号的水平编号法；也可采取每列由上至下、由左向右逐列编号的垂直编号法。为了便于修改和调整，可隔号编号。

4. 虚箭线

(1) 虚箭线的概念。虚箭线又称为虚工作，其表示一项虚拟的工作，用带箭头的虚线表示。

(2) 虚箭线的表示方法。

1) 因为虚箭线是虚拟的工作，所以没有工作名称和工作延续时间。箭线过短时可用实箭线表示，但其工作延续时间必须用"0"标出。

2) 因为虚箭线是虚拟的工作，所以既不消耗时间，也不消耗资源。

(3) 虚箭线的作用。虚箭线可起到联系、区分和断路作用，是双代号网络图中表达一些工作之间相互联系、相互制约关系，保证逻辑关系正确的必要手段。

5. 线路

(1) 线路的概念。网络图中从起点节点开始，沿箭头方向顺序通过一系列箭线与节点，最后到达终点节点的通路，称为线路。

(2) 线路的表示方法。

1) 每一条线路都有自己确定的完成时间。线路的完成时间等于该线路上各项工作持续时间的总和，称为线路时间。

2) 根据每条线路的线路时间长短，网络图的线路可分为关键线路和非关键线路两种。

3) 关键线路是指网络图中线路时间最长的线路。其线路时间代表整个网络图的计算总工期。关键线路至少有一条，并以粗箭线或双箭线表示。关键线路上的工作都是关键工作，关键工作都没有时间储备。

4）在网络图中关键线路有时不止一条，可能同时存在几条关键线路，即这几条线路上的持续时间相同且是线路持续时间的最大值。但从管理的角度出发，为了实行重点管理，一般不希望出现太多的关键线路。

5）关键线路并不是一成不变的。在一定的条件下，关键线路和非关键线路可以相互转化。例如，若采用了一定的技术组织措施，缩短了关键线路上各工作的持续时间就有可能使关键线路发生转移，使原来的关键线路变成非关键线路，而原来的非关键线路就变成关键线路。

6）位于非关键线路的工作除关键工作外，其余称为非关键工作，它具有机动时间（即时差）。非关键工作也不是一成不变的，它可以转化为关键工作；利用非关键工作的机动时间可以科学、合理地调配资源和对网络计划进行优化。以图4-4所示为例，列表计算线路时间见表4-1。

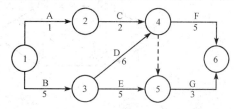

图4-4　双代号网络示意

表4-1　线路时间

序号	线路	线长	序号	线路	线长
1	①→²→④→⑥	8	4	①→³→⑥→④→⑤→⑥	14
2	①→²→④→⑤→⑥	6	5	①→³→⑤→⑥	13
3	①→³→④→⑥	16			

7）由表4-1可知，图4-4中共有五条线路，其中第三条线路即①—③—④—⑥的时间最长，为16天，这条线路即关键线路，该线路上的工作即关键工作。

二、双代号网络图的绘制

1. 双代号网络图绘制的基本原则

在绘制双代号网络图时，一般应遵循以下基本原则：

（1）双代号网络图必须正确表达已定的逻辑关系。因为网络图是有向、有序的网状图形，所以必须严格按照工作之间的逻辑关系绘制，这也是为保证工程质量和资源优化配置及合理使用所必需的。例如，已知工作之间的逻辑关系见表4-2，若绘制出网络图［图4-5(a)］则是错误的，因为工作A不是工作D的紧前工作。此时，可用虚箭线将工作A和工作D的联系断开，如图4-5(b)所示。

表4-2　逻辑关系表

工　作	紧前工作
A	—
B	—
C	A、B
D	B

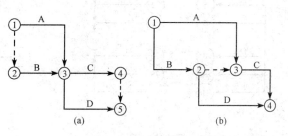

图4-5　双代号网络图（一）

(a)错误画法；(b)正确画法

（2）在双代号网络图中严禁出现循环回路。在网络图中，从一个节点出发沿着某一条线路移动，又回到原出发节点，即在网络图中出现了闭合的循环路线，称为循环回路。如图 4-6(a)中的②—③—⑤—②，就是循环回路。但其表示的网络图在逻辑关系上是错误的，在工艺关系上是矛盾的。双代号网络图的正确画法应如图 4-6(b)所示。

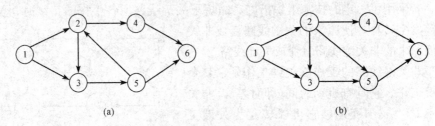

图 4-6　双代号网络图(二)
(a)错误画法；(b)正确画法

（3）在双代号网络图中，在节点之间严禁出现双向箭头和无箭头的连线。图 4-7 所示为错误的工作箭线画法。因为工作进行的方向不明确，所以不能达到网络图有向的要求。

（4）双代号网络图中严禁出现没有箭头节点的箭线或没有箭尾节点的箭线。图 4-8 所示为错误的工作箭线画法。

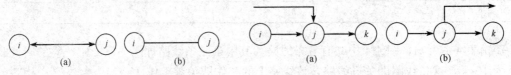

图 4-7　错误的工作箭线画法(一)
(a)双向箭头；(b)无箭头

图 4-8　错误的工作箭线画法(二)
(a)存在没有箭尾节点的箭线；(b)存在没有箭头节点的箭线

（5）当双代号网络图的某些节点有多条外向箭线或多条内向箭线时，在保证一项工作有唯一的一条箭线和对应的一对节点编号的前提下，可使用母线法绘图。当箭线线型不同时，可在从母线上引出的支线上标出，如图 4-9 所示。

（6）当绘制网络图时，箭线不宜交叉，当交叉不可避免时，可用过桥法或指向法，如图 4-10 所示。

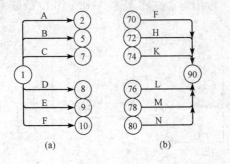

图 4-9　母线法绘图
(a)有多条外向箭线时母线法绘图；
(b)有多条内向箭线时母线法绘图

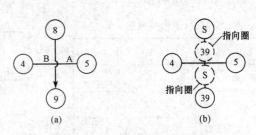

图 4-10　箭线交叉的表示方法
(a)过桥法；(b)指向法

(7)双代号网络图是由许多条线路组成的、环环相套的封闭图形，应只有一个起点节点，在不分期完成任务的网络图中应只有一个终点节点，而其他所有节点均是中间节点(既有指向它的箭线，又有背离它的箭线)。如图 4-11(a)所示网络图中有两个起点节点①和②，两个终点节点⑦和⑧。该网络图的正确画法如图 4-11(b)所示，即将节点①和②合并为一个起点节点，将节点⑦和⑧合并为一个终点节点。

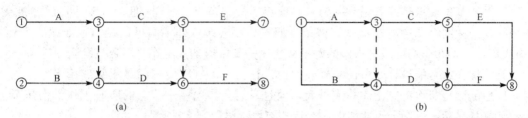

图 4-11　存在多个起点节点和多个终点节点的网络图

(a)错误画法；(b)正确画法

2. 双代号网络图绘制的方法

当已知每一项工作的紧前工作时，可按下述步骤绘制双代号网络图：

(1)绘制没有紧前工作的工作箭线，使它们具有相同的开始节点，以保证网络图只有一个起点节点。

(2)依次绘制其他工作箭线。这些工作箭线的绘制条件是其所有紧前工作箭线都已经绘制出来。在绘制这些工作箭线时，应按下列原则进行。

1)当所要绘制的工作只有一项紧前工作时，则将该工作箭线直接画在其紧前工作箭线之后即可。

2)当所要绘制的工作有多项紧前工作时，应按以下四种情况分别予以考虑：

①对于所要绘制的工作(本工作)而言，如果在其紧前工作中存在一项只作为本工作紧前工作的工作(即在紧前工作栏目中，该紧前工作只出现一次)，则应将本工作箭线直接画在该紧前工作箭线之后，然后用虚箭线将其他紧前工作箭线的箭头节点与本工作箭线的箭尾节点分别相连，以表达它们之间的逻辑关系。

②对于所要绘制的工作(本工作)而言，如果在其紧前工作中存在多项只作为本工作紧前工作的工作，应先将这些紧前工作箭线的箭头节点合并，再从合并后的节点开始，画出本工作箭线，最后用虚箭线将其他紧前工作箭线的箭头节点与本工作箭线的箭尾节点分别相连，以表达它们之间的逻辑关系。

③对于所要绘制的工作(本工作)而言，如果不存在情况①和情况②，则应判断本工作的所有紧前工作是否都同时作为其他工作的紧前工作(即在紧前工作栏目中，这几项紧前工作是否均同时出现若干次)。如果上述条件成立，应先将这些紧前工作箭线的箭头节点合并后再从合并后的节点开始画出本工作箭线。

④对于所要绘制的工作(本工作)而言，如果既不存在情况①和情况②，也不存在情况③，则应将本工作箭线单独画在其紧前工作箭线之后的中部，然后用虚箭线将其各紧前工作箭线的箭头节点与本工作箭线的箭尾节点分别相连，以表达它们之间的逻辑关系。

（3）当各项工作箭线都绘制出来之后，应合并没有紧后工作的工作箭线的箭头节点，以保证网络图只有一个终点节点（多目标网络计划除外）。

（4）按照各道工作的逻辑顺序将网络图绘好以后，就要给节点进行编号。编号的目的是赋予每道工作一个代号，以便于进行网络图时间参数的计算。当采用电子计算机来进行计算时，工作代号就显得尤为必要。

编号的基本要求是：箭尾节点的号码应小于箭头节点的号码（即 $i<j$），同时任何号码不得在同一张网络图中重复出现。但是号码可以不连续，即中间可以跳号，如编成 1，3，5…或 10，15，20…均可。这样做的好处是将来需要临时加入工作时不致打乱全图的编号。

为了保证编号能符合要求，编号应这样进行：先用打算使用的最小数编起点节点的代号，以后的编号每次都应比前一代号大，而且只有当指向一个节点的所有工作的箭尾节点全部编好代号后，这个节点才能编一个比所有已编号码都大的代号。

编号的方法可分为水平编号法和垂直编号法两种。

1）水平编号法就是从起点节点开始由上到下逐行编号，每行则自左向右按顺序编排，如图 4-12 所示。

2）垂直编号法就是从起点节点开始自左向右逐列编号，每列则根据编号规则的要求或自上而下，或自下而上，或先上下后中间，或先中间后上下进行编排，如图 4-13 所示。

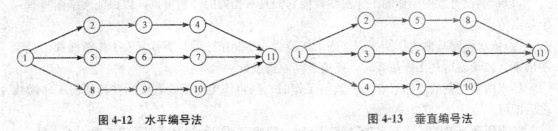

图 4-12　水平编号法　　　　　　　　图 4-13　垂直编号法

以上所述是已知每一项工作的紧前工作时的绘图方法，当已知每一项工作的紧后工作时，也可按类似的方法进行网络图的绘制，只是其绘图顺序由前述的从左向右改为从右向左。

3. 双代号网络图常见错误画法

在双代号网络图绘制过程中，容易出现的错误画法见表 4-3。

表 4-3　双代号网络图常见错误画法

工作约束关系	错误画法	正确画法
A、B、C 都完成后 D 才能开始，C 完成后 E 即可开始		
A、B 都完成后 H 才能开始；B、C、D 都完成后 F 才能开始，C、D 都完成后 G 即可开始		

工作约束关系	错误画法	正确画法
A、B 两项工作，分三段施工		
某混凝土工程，分三段施工		
装修工程在三个楼层交叉施工		
A、B、C 三个工作同时开始，都结束后 H 才能开始		

4. 双代号网络图绘制应注意的问题

(1)在保证网络逻辑关系正确的前提下，图面布局要合理，层次要清晰，重点要突出。

(2)密切相关的工作尽可能相邻布置，以减少箭线交叉；如无法避免箭线交叉时，可采用过桥法表示。

(3)尽量采用水平箭线或折线箭线；关键工作及关键线路要以粗箭线或双箭线表示。

(4)正确使用网络图断路方法，将没有逻辑关系的有关工作用虚工作加以隔断。

(5)为使图面清晰，要尽可能地减少不必要的虚工作。

(6)在正式画图之前应先画一个草图，不要求整齐美观，只要求工作之间的逻辑关系能够得到正确的表达，线条长短曲直、穿插迂回都可不必计较。经过检查无误之后，就可以进行图面的设计。安排好节点的位置，注意箭线的长度，尽量减少交叉，除虚箭线外，所有箭线均采用水平直线或带部分水平直线的折线，保持图面匀称、清晰、美观。最后进行节点编号。

5. 建筑施工进度网络图的排列方法

(1)网络图的布局要条理清楚，重点突出。虽然网络图主要反映各项工作之间的逻辑关系，但为了便于使用，还应安排整齐、条理清楚、突出重点。尽量将关键工作和关键线路布置在中心位置；尽可能将密切相连的工作安排在一起；尽量减少斜箭线而采用水平箭线；尽可能避免交叉箭线出现，当网络图中不可避免地出现交叉时，不能直接相交画出，而应采用过桥法或指向法表示。图 4-14 所示为布置条理不清楚、重点不实出的画法，图 4-15 所示为布置条理清楚、重点突出的画法。

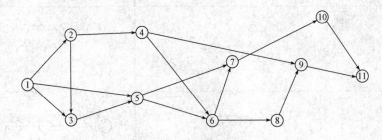

图 4-14 布置条理不清楚、重点不突出的画法

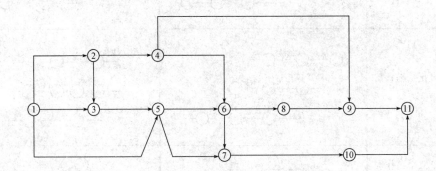

图 4-15 布置条理清楚、重点突出的画法

（2）正确应用虚箭线进行网络图的断路。绘制网络图时必须符合三个要求：一是符合施工顺序的关系；二是符合流水施工的要求；三是符合网络逻辑连接关系。

一般来说，对施工顺序和施工组织上必须衔接的工作，绘图时不易产生错误，但对于不发生逻辑关系的工作就容易产生错误。遇到这种情况时，可采用虚箭线加以处理，用虚箭线在线路上隔断无逻辑关系的各项工作，该方法称为断路法。

应用虚箭线进行网络图断路，是正确表达工作之间逻辑关系的关键。如图 4-16 所示，某双代号网络图出现了多余联系，此时可采用两种方法进行断路：一种方法是在横向用虚箭线切断无逻辑关系的工作之间的联系，称为横向断路法（图 4-17），该方法主要适用于无时间坐标的网络图；另一种方法是在纵向用虚箭线切断无逻辑关系的工作之间的联系，称为纵向断路法（图 4-18），该方法主要适用于有时间坐标的网络图。

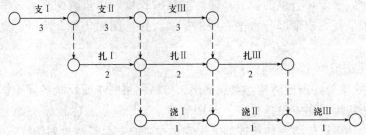

图 4-16 某存在多余联系的双代号网络图

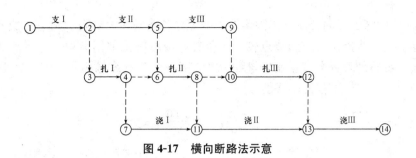

图 4-17 横向断路法示意

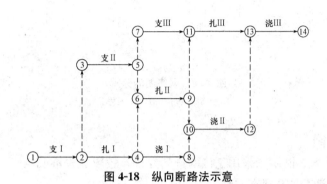

图 4-18 纵向断路法示意

(3)力求减少不必要的箭线和节点。在双代号网络图中，应在满足绘图规则和用两个节点一根箭线代表一项工作的基础上，力求减少不必要的箭线和节点，使网络图图面简洁，减少时间参数的计算量。如图 4-19(a)所示，该图在施工顺序、流水关系及逻辑关系上均是合理的，但表达过于烦琐；如果将不必要的节点和箭线去掉，网络图将更加明快、简洁，同时并不改变原有的逻辑关系，如图 4-19(b)所示。

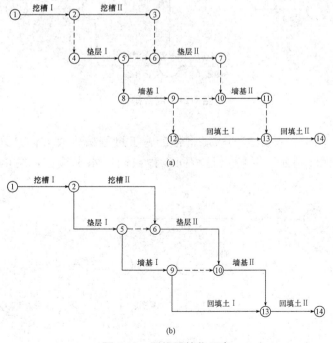

(a)

(b)

图 4-19 网络图简化示意

(a)简化前；(b)简化后

（4）合理运用网络图的分解。当网络图中的工作任务较多时，可以将它分成几个小块来绘制，分界点一般选择在箭线和节点较少的位置，或按施工部门分块，分界点要使用重复号码，即前一块的最后一个节点编号与后一块的第一个节点编号相同。图 4-20 所示为一民用建筑基础工程和主体工程的网络图分解。

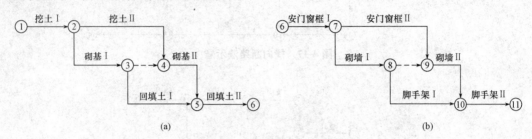

(a)   (b)

图 4-20 网络图的分解

(a)基础工程；(b)主体工程

6. 网络图的拼图

（1）网络图的排列。网络图采用正确的排列方式，逻辑关系准确清晰、形象直观，便于计算与调整。网络图主要排列方式有以下几种：

1）混合排列。对于简单的网络图，可根据施工顺序和逻辑关系将各个施工过程对称排列，如图 4-21 所示。其特点是构图美观、形象、大方。

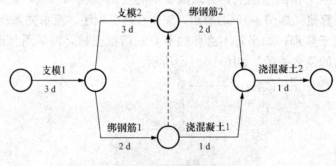

图 4-21 混合排列

2）按施工过程排列。根据施工顺序将各个施工过程按垂直方向排列，施工段按水平方向排列，如图 4-22 所示。其特点是相同工种在同一水平线上，突出不同工种的工作情况。

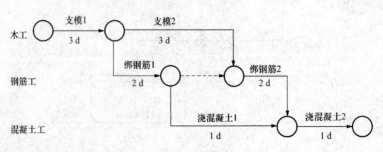

图 4-22 按施工过程排列

3)按施工段排列。同一个施工段上的有关施工过程按水平方向排列，施工段按垂直方向排列，如图 4-23 所示。其特点是同一个施工段的工作在同一水平线上，反映出分段施工的特征，突出工作面的利用情况。

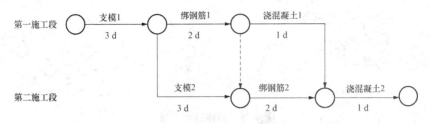

图 4-23　按施工段排列

（2）网络图的工作合并。为了简化网络图，可将较详细的、相对独立的局部网络图变为较概括的少箭线的网络图。网络图工作合并的基本方法是：保留局部网络图中与外部工作相联系的节点，合并后箭线所表达的工作持续时间为合并前该部分网络图中相应最长线路段的工作时间之和，如图 4-24 和图 4-25 所示。

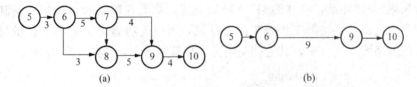

图 4-24　网络图的合并（一）
（a）合并前；（b）合并后

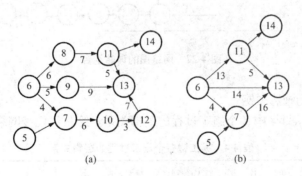

图 4-25　网络图的合并（二）
（a）合并前；（b）合并后

网络图的合并主要适用于群体工作施工控制网络图和施工单位的季度、年度控制网络图的编制。

（3）网络图的连接。绘制较复杂的网络图时，往往先将其分解成若干个相对独立的部分，然后各自分头绘制，最后按逻辑关系进行连接，形成一个总体网络图，如图 4-26 所示。在连接过程中应注意以下几点：

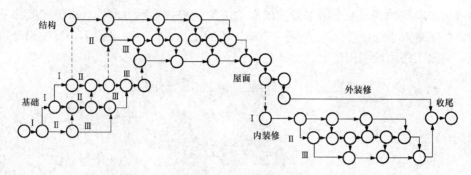

图 4-26　网络图的连接

1)必须有统一的构图和排列形式。

2)整个网络图的节点编号应协调一致。

3)施工过程划分的粗细程度应一致。

4)各分部工程之间应预留连接节点。

(4)网络图的详略组合。在网络图的绘制中,为了简化网络图,更为了突出网络计划的重点,常常采取"局部详细,整体简略"绘制的方式,称为详略组合。例如,编制有标准层的多高层住宅或公寓写字楼等工程施工网络计划,可以先将施工工艺和工程量与其他楼层均相同的标准网络图绘制出来,其他则简略为一根箭线表示,如图 4-27 所示。

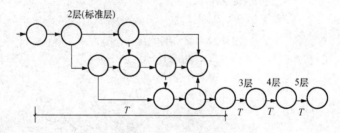

图 4-27　网络图的详略组合

6. 双代号网络图画法举例

【例 4-1】　根据表 4-4 中各个施工过程的逻辑关系,绘制双代号网络图。

表 4-4　某工程各个施工过程的逻辑关系

施工过程名称	A	B	C	D	E	F	G	H
紧前过程	—	—	—	A	A、B	A、B、C	D、E	E、F
紧后过程	D、E、F	E、F	F	G	G、H	H	I	I

【解】　绘制该网络图,可按以下要点进行:

(1)由于 A、B、C 均无紧前工作,A、B、C 必然为平行开工的三个过程。

(2)D 只受 A 控制,E 同时受 A、B 控制,F 同时受 A、B、C 控制,故 D 可直接排在 A 后,E 排在 B 后,但用虚箭线同 A 相连,F 排在 C 后,用虚箭线与 A、B 相连。

(3)G 排在 D 后,但又受控于 E,故 E 与 G 应用虚箭线相连,H 排在 F 后,但也受控于 E，故 E 与 H 应用虚箭线相连。

(4)G、H 交汇于 I。

综上所述，绘制出其网络图如图 4-28 所示。

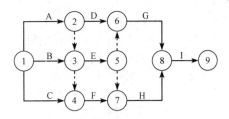

图 4-28　网络图的绘制

三、双代号网络计划时间参数的计算

双代号网络计划时间参数计算的目的是通过计算各项工作的时间参数，确定网络计划的关键工作、关键线路和计算工期。确定关键线路，在工作中才能抓住主要矛盾，向关键线路要时间；计算非关键线路上的富余时间，明确其存在多少机动时间，向非关键线路要劳力、要资源；为网络计划的优化、调整和执行提供明确的时间参数和依据。双代号网络计划时间参数的计算方法很多，一般常用的是按工作计算法和按节点计算法。在计算方法上又有分析计算法、图上计算法、表上计算法、矩阵计算法和计算机计算法等。

(一)时间参数的基本概念

1. 工作持续时间

工作持续时间是指一项工作从开始到完成的时间。在双代号网络计划中，工作 $i-j$ 的持续时间用 D_{i-j} 表示。

2. 工期

工期泛指完成一项任务所需要的时间。在网络计划中，工期一般有以下三种：

(1)计算工期。计算工期是根据网络计划时间参数计算而得到的工期，用 T_c 表示。

(2)要求工期。要求工期是任务委托人所提出的指令性工期，用 T_r 表示。

(3)计划工期。计划工期是指根据要求工期和计算工期所确定的作为实施目标的工期，用 T_p 表示。

1)当已规定了要求工期时，计划工期不应超过要求工期，即

$$T_p \leqslant T_r$$

2)当未规定要求工期时，可令计划工期等于计算工期，即

$$T_p = T_c$$

3. 时间参数的计算内容

(1)节点时间计算：逐一计算每一个节点的最早时间和最迟时间(时刻)，同时得到计划总工期，包括两种时间参数的计算。

(2)工作时间计算：逐一计算每一项工作的最早开始时间与最迟开始时间(时刻)和最早完成时间与最迟完成时间(时刻)，包括四种时间参数的计算。

(3)时差(机动时间)计算：时差有多种类型，这里介绍工作总时差和工作自由时差的计算。

4. 节点的两个时间参数

(1)节点最早时间。节点最早时间是指在双代号网络计划中，以该节点为开始节点的各项工作的最早开始时间。节点 i 的最早时间用 ET_i 表示。

(2)节点最迟时间。节点最迟时间是指在双代号网络计划中，以该节点为完成节点的各项工作的最迟完成时间。节点 i 的最迟时间用 LT_i 表示。

5. 工作的时间参数

(1)最早开始时间。工作的最早开始时间是指在其所有紧前工作全部完成后，本工作有可能开始的最早时刻。工作 $i-j$ 的最早开始时间用 ES_{i-j} 表示。

(2)最早完成时间。工作的最早完成时间是指在其所有紧前工作全部完成后，本工作有可能完成的最早时刻。工作的最早完成时间等于本工作的最早开始时间与其持续时间之和。工作 $i-j$ 的最早完成时间用 EF_{i-j} 表示。

(3)最迟完成时间。工作的最迟完成时间是指在不影响整个任务按期完成的前提下，本工作必须完成的最迟时刻。工作 $i-j$ 的最迟完成时间用 LF_{i-j} 表示。

(4)最迟开始时间。工作的最迟开始时间是指在不影响整个任务按期完成的前提下，本工作必须开始的最迟时刻。工作的最迟开始时间等于本工作的最迟完成时间与其持续时间之差。工作 $i-j$ 的最迟开始时间用 LS_{i-j} 表示。

(5)总时差。工作的总时差是指在不影响总工期的前提下，本工作可以利用的机动时间。但是在网络计划的执行过程中，如果利用某项工作的总时差，则有可能使该工作后续工作的总时差减小。工作 $i-j$ 的总时差用 TF_{i-j} 表示。

(6)自由时差。工作的自由时差是指在不影响其紧后工作最早开始时间的前提下，本工作可以利用的机动时间。在网络计划的执行过程中，工作的自由时差是该工作可以自由使用的时间。工作 $i-j$ 的自由时差用 FF_{i-j} 表示。

(二)时间参数的计算方法

1. 分析计算法

分析计算法是根据各项时间参数计算公式，列式计算时间参数的方法。

(1)节点时间参数的计算。

1)节点最早时间(ET)的计算。节点最早时间是指从该节点开始的各工作可能的最早开始时间，等于以该节点为结束点的各工作可能最早完成时间的最大值。节点最早时间可以统一表明以该节点为开始节点的所有工作最早的可能开工时间。

节点 i 的最早时间 ET_i 应从网络计划的起点节点开始，顺着箭线方向，依次逐项计算，并应符合下列规定：

①起点节点 i 如未规定最早时间 ET_i 时，其值应等于零，即

$$ET_i = 0(i=1) \tag{4-1}$$

②当节点 j 只有一条内向箭线时，其最早时间为

$$ET_j = ET_i + D_{i-j} \tag{4-2}$$

③当节点 j 有多条内向箭线时，其最早时间 ET_j 应为

$$ET_j = \max\{ET_i + D_{i-j}\} \tag{4-3}$$

式中　ET_i——工作 $i-j$ 的开始节点 i 的最早时间；

　　　ET_j——工作 $i-j$ 的完成节点 j 的最早时间；

　　　D_{i-j}——工作 $i-j$ 的持续时间。

2)节点最迟时间(LT)的计算。节点最迟时间是指以某一节点为结束点的所有工作必须全部完成的最迟时间，也就是在不影响计划总工期的条件下，该节点必须完成的时间。由于它可以统一表示到该节点结束的任一工作必须完成的最迟时间，但却不能统一表明从该节点开始的各不同工作最迟必须开始的时间，所以，也可以将它看作节点的各紧前工作最

迟必须完成时间。

①节点 i 的最迟时间 LT_i 应从网络计划的终点节点开始，逆着箭线方向依次逐项计算，当部分工作分期完成时，有关节点的最迟时间必须从分期完成节点开始逆向逐项计算。

②终点节点 n 的最迟时间应按网络计划的计划工期 T_p 确定，即

$$LT_n = T_p \tag{4-4}$$

分期完成节点的最迟时间应等于该节点规定的分期完成时间。

③其他节点 i 的最迟时间 LT_i 应为

$$LT_i = \min\{LT_j - D_{i-j}\} \tag{4-5}$$

式中　LT_i——工作 $i-j$ 开始节点 i 的最迟时间；

　　　LT_j——工作 $i-j$ 完成节点 j 的最迟时间；

　　　D_{i-j}——工作 $i-j$ 的持续时间。

(2)工作时间参数的计算。工作时间是指各工作的开始时间和完成时间，共有四个参数，即最早可能开始时间、最早可能完成时间、最迟必须开始时间、最迟必须完成时间。

工作时间是以工作为对象计算的。计算工作时间必须包括网络图中的所有工作，对虚工作最好也进行计算，否则容易产生错误，给以后分析时差带来不便。

1)工作最早开始时间(ES)的计算。工作的最早开始时间是指各紧前工作(紧排在本工作之前的工作)全部完成后，本工作有可能开始的最早时刻。工作 $i-j$ 的最早开始时间 ES_{i-j} 的计算应符合下列规定：

①工作 $i-j$ 的最早开始时间 ES_{i-j} 应从网络计划的起点节点开始，顺着箭线方向依次逐项计算。

②以起点节点 i 为箭尾节点的工作 $i-j$，当未规定其最早开始时间 ES_{i-j} 时，其值应等于零，即

$$ES_{i-j} = 0 (i=1) \tag{4-6}$$

③当工作 $i-j$ 只有一项紧前工作 $h-i$ 时，其最早开始时间 ES_{i-j} 应为

$$ES_{i-j} = ES_{h-i} + D_{h-i} \tag{4-7}$$

④当工作 $i-j$ 有多项紧前工作时，其最早开始时间 ES_{i-j} 为

$$ES_{i-j} = \max\{ES_{h-i} + D_{h-i}\} \tag{4-8}$$

式中　ES_{i-j}——工作 $i-j$ 的最早开始时间；

　　　ES_{h-i}——工作 $i-j$ 的紧前工作 $h-i$ 的最早开始时间；

　　　D_{h-i}——工作 $i-j$ 的紧前工作 $h-i$ 的持续时间。

2)工作最早完成时间(EF)的计算。工作最早完成时间是指各紧前工作完成后，本工作有可能完成的最早时刻。工作 $i-j$ 的最早完成时间 EF_{i-j} 应按下式进行计算：

$$EF_{i-j} = ES_{i-j} + D_{i-j} \tag{4-9}$$

3)工作最迟完成时间(LF)的计算。工作最迟完成时间是指在不影响整个任务按期完成的前提下，工作必须完成的最迟时刻。

①工作 $i-j$ 的最迟完成时间 LF_{i-j} 应从网络计划的终点节点开始，逆着箭线方向依次逐项计算。

②以终点节点 $(j=n)$ 为箭头节点的工作的最迟完成时间 LF_{i-n}，应按网络计划的计划工期 T_p 确定，即

$$LF_{i-n} = T_p \qquad (4\text{-}10)$$

③其他工作 $i-j$ 的最迟完成时间 LF_{i-j} 应按下式计算：

$$LF_{i-j} = \min\{LF_{j-k} - D_{j-k}\} \qquad (4\text{-}11)$$

式中　LF_{j-k}——工作 $i-j$ 的各项紧后工作 $j-k$ 的最迟完成时间；

　　　D_{j-k}——工作 $i-j$ 的各项紧后工作（紧排在本工作之后的工作）的持续时间。

4）工作最迟开始时间（LS）的计算。工作的最迟开始时间指在不影响整个任务按期完成的前提下，工作必须开始的最迟时刻。工作 $i-j$ 的最迟开始时间 LS_{i-j} 应按下式计算：

$$LS_{i-j} = LF_{i-j} - D_{i-j} \qquad (4\text{-}12)$$

（3）时差计算。时差就是一项工作在施工过程中可以灵活机动使用而又不影响总工期的一段时间。在双代号网络图中，节点是前后工作的交接点，它本身是不占用任何时间的，所以也就无时差可言。所谓时差，就是指工作的时差，只有工作才有时差。任何一个工作都只能在下述两个条件所限制的时间范围内活动：工作有了应有的工作面和人力、设备，因而有了可能开始工作的条件。工作的最后完工不致影响其紧后工作按时完工，从而得以保证整个工作按期完成。

下面介绍较常用的工作总时差和自由时差的计算。

1）总时差（TF）的计算。在网络图中，工作只能在最早开始时间与最迟完成时间内活动。在这段时间内，除满足本工作作业时间所需外，还可能有富余的时间，这段富余的时间是工作可以灵活机动使用的总时间，称为工作的总时差。由此可知，工作的总时差是不影响本工作按最迟开始时间开工而形成的机动时间，其计算公式为

$$TF_{i-j} = LF_{i-j} - EF_{i-j} = LS_{i-j} - ES_{i-j}$$
$$= LT_j - (ET_i + D_{i-j}) \qquad (4\text{-}13)$$

式中　TF_{i-j}——工作 $i-j$ 的总时差。

式中其余符号意义同前。

2）自由时差（FF）的计算。自由时差就是在不影响其紧后工作最早开始时间的条件下，某工作所具有的机动时间。某工作利用自由时差，变动其开始时间或增加其工作持续时间均不影响其紧后工作的最早开始时间。工作自由时差的计算应按以下两种情况分别考虑：

①对于有紧后工作的工作，其自由时差等于本工作的紧后工作最早开始时间与本工作最早完成时间之差的最小值，即

$$FF_{i-j} = \min\{ES_{j-k} - EF_{i-j}\}$$
$$= \min\{ES_{j-k} - ES_{i-j} - D_{i-j}\} \qquad (4\text{-}14)$$

式中　FF_{i-j}——工作 $i-j$ 的自由时差。

式中其余符号意义同前。

②对于无紧后工作的工作，也就是以网络计划终点节点为完成节点的工作，其自由时差等于计划工期与本工作最早完成时间之差，即

$$FF_{i-n} = T_p - EF_{i-n} = T_p - ES_{i-n} - D_{i-n} \qquad (4\text{-}15)$$

式中　FF_{i-n}——以网络计划终点节点 n 为完成节点的工作 $i-n$ 的自由时差；

　　　T_p——网络计划的计划工期；

　　　EF_{i-n}——以网络计划终点节点 n 为完成节点的工作 $i-n$ 的最早完成时间；

　　　ES_{i-n}——以网络计划终点节点 n 为完成节点的工作 $i-n$ 的最早开始时间；

D_{i-n}——以网络计划终点节点 n 为完成节点的工作 $i-n$ 的持续时间。

需要指出的是，对于网络计划中以终点节点为完成节点的工作，其自由时差与总时差相等。另外，因为工作的自由时差是其总时差的构成部分，所以，当工作的总时差为零时，其自由时差必然为零，可不必进行专门计算。

(4)关键工作和关键线路的确定。在网络计划中，总时差最小的工作应为关键工作。当计划工期等于计算工期时，总时差为零（$TF_{i-j}=0$）的工作为关键工作。

在网络计划中，自始至终全部由关键工作组成的线路或线路上总的工作持续时间最长的线路应为关键线路。在关键线路上可能有虚工作存在。

关键线路在网络图上应用粗线、双线或彩色线标注。关键线路上各项工作的持续时间总和应等于网络计划的计算工期，这一特点也是判断关键线路是否正确的准则。

(5)分析计算法示例。

【例4-2】 某工程由挖基槽、砌基础和回填土三个分项工程组成，它在平面上划分为Ⅰ、Ⅱ、Ⅲ三个施工段，各分项工程在各个施工段的持续时间如图4-29所示。试计算该网络图的各项时间参数。

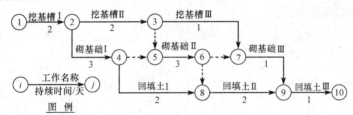

图4-29 某工程双代号网络图

【解】 1)计算 ET_i。假定 $ET_1=0$，按式(4-2)、式(4-3)可得

$$ET_2=ET_1+D_{1-2}=0+2=2$$
$$ET_3=ET_2+D_{2-3}=2+2=4$$
$$ET_4=ET_2+D_{2-4}=2+3=5$$
$$ET_5=\max\begin{Bmatrix}ET_3+D_{3-5}\\ET_4+D_{4-5}\end{Bmatrix}=\max\begin{Bmatrix}4+0\\5+0\end{Bmatrix}=5$$
$$ET_6=ET_5+D_{5-6}=5+3=8$$
$$ET_7=\max\begin{Bmatrix}ET_3+D_{3-7}\\ET_6+D_{6-7}\end{Bmatrix}=\max\begin{Bmatrix}4+1\\8+0\end{Bmatrix}=8$$
$$ET_8=\max\begin{Bmatrix}ET_4+D_{4-8}\\ET_6+D_{6-8}\end{Bmatrix}=\max\begin{Bmatrix}5+2\\8+0\end{Bmatrix}=8$$
$$ET_9=\max\begin{Bmatrix}ET_7+D_{7-9}\\ET_8+D_{8-9}\end{Bmatrix}=\max\begin{Bmatrix}8+1\\8+2\end{Bmatrix}=10$$
$$ET_{10}=ET_9+D_{9-10}=10+1=11$$

2)计算 LT_i。因本计划无规定工期，所以假定 $LT_{10}=ET_{10}=11$，按式(4-5)得

$$LT_9=LT_{10}-D_{9-10}=11-1=10$$

$$LT_8=LT_9-D_{8-9}=10-2=8$$

$$LT_7=LT_9-D_{7-9}=10-1=9$$

$$LT_6=\min\begin{Bmatrix}LT_7-D_{6-7}\\LT_8-D_{6-8}\end{Bmatrix}=\min\begin{Bmatrix}9-0\\8-0\end{Bmatrix}=8$$

$$LT_5=LT_6-D_{5-6}=8-3=5$$

$$LT_4=\min\begin{Bmatrix}LT_5-D_{4-5}\\LT_8-D_{4-8}\end{Bmatrix}=\min\begin{Bmatrix}5-0\\8-2\end{Bmatrix}=5$$

$$LT_3=\min\begin{Bmatrix}LT_7-D_{3-7}\\LT_5-D_{3-5}\end{Bmatrix}=\min\begin{Bmatrix}9-1\\5-0\end{Bmatrix}=5$$

$$LT_2=\min\begin{Bmatrix}LT_3-D_{2-3}\\LT_4-D_{2-4}\end{Bmatrix}=\min\begin{Bmatrix}5-2\\5-3\end{Bmatrix}=2$$

$$LT_1=LT_2-D_{1-2}=2-2=0$$

3)计算工作时间参数 ES_{i-j}、EF_{i-j}、LF_{i-j} 和 LS_{i-j}。分别按式(4-6)～式(4-12)计算得

工作 1—2： $ES_{1-2}=ET_1=0$ $\quad EF_{1-2}=ES_{1-2}+D_{1-2}=0+2=2$

$\qquad\qquad LF_{1-2}=LT_2=2$ $\quad LS_{1-2}=LF_{1-2}-D_{1-2}=2-2=0$

工作 2—3： $ES_{2-3}=ET_2=2$ $\quad EF_{2-3}=ES_{2-3}+D_{2-3}=2+2=4$

$\qquad\qquad LF_{2-3}=LT_3=5$ $\quad LS_{2-3}=LF_{2-3}-D_{2-3}=5-2=3$

工作 2—4： $ES_{2-4}=ET_2=2$ $\quad EF_{2-4}=ES_{2-4}+D_{2-4}=2+3=5$

$\qquad\qquad LF_{2-4}=LT_4=5$ $\quad LS_{2-4}=LF_{2-4}-D_{2-4}=5-3=2$

工作 3—5： $ES_{3-5}=ET_3=4$ $\quad EF_{3-5}=ES_{3-5}+D_{3-5}=4+0=4$

$\qquad\qquad LF_{3-5}=LT_5=5$ $\quad LS_{3-5}=LF_{3-5}-D_{3-5}=5-0=5$

工作 3—7： $ES_{3-7}=ET_3=4$ $\quad EF_{3-7}=ES_{3-7}+D_{3-7}=4+1=5$

$\qquad\qquad LF_{3-7}=LT_7=9$ $\quad LS_{3-7}=LF_{3-7}-D_{3-7}=9-1=8$

工作 4—5： $ES_{4-5}=ET_4=5$ $\quad EF_{4-5}=ES_{4-5}+D_{4-5}=5+0=5$

$\qquad\qquad LF_{4-5}=LT_5=5$ $\quad LS_{4-5}=LF_{4-5}-D_{4-5}=5-0=5$

工作 4—8： $ES_{4-8}=ET_4=5$ $\quad EF_{4-8}=ES_{4-8}+D_{4-8}=5+2=7$

$\qquad\qquad LF_{4-8}=LT_8=8$ $\quad LS_{4-8}=LF_{4-8}-D_{4-8}=8-2=6$

工作 5—6： $ES_{5-6}=ET_5=5$ $\quad EF_{5-6}=ES_{5-6}+D_{5-6}=5+3=8$

$\qquad\qquad LF_{5-6}=LT_6=8$ $\quad LS_{5-6}=LF_{5-6}-D_{5-6}=8-3=5$

工作 6—7： $ES_{6-7}=ET_6=8$ $\quad EF_{6-7}=ES_{6-7}+D_{6-7}=8+0=8$

$\qquad\qquad LF_{6-7}=LT_7=9$ $\quad LS_{6-7}=LF_{6-7}-D_{6-7}=9-0=9$

工作 6—8： $ES_{6-8}=ET_6=8$ $\quad EF_{6-8}=ES_{6-8}+D_{6-8}=8+0=8$

$\qquad\qquad LF_{6-8}=LT_8=8$ $\quad LS_{6-8}=LF_{6-8}-D_{6-8}=8-0=8$

工作 7—9： $ES_{7-9}=ET_7=8$ $\quad EF_{7-9}=ES_{7-9}+D_{7-9}=8+1=9$

$\qquad\qquad LF_{7-9}=LT_9=10$ $\quad LS_{7-9}=LF_{7-9}-D_{7-9}=10-1=9$

工作 8—9： $ES_{8-9}=ET_8=8$ $\quad EF_{8-9}=ES_{8-9}+D_{8-9}=8+2=10$

$\qquad\qquad LF_{8-9}=LT_9=10$ $\quad LS_{8-9}=LF_{8-9}-D_{8-9}=10-2=8$

工作 9—10：$ES_{9-10}=ET_9=10$　　$EF_{9-10}=ES_{9-10}+D_{9-10}=10+1=11$

$LF_{9-10}=LT_{10}=11$　　$LS_{9-10}=LF_{9-10}-D_{9-10}=11-1=10$

4）计算总时差 TF_{i-j} 和自由时差 FF_{i-j}。据式（4-13）和式（4-14）可得

工作 1—2：$TF_{1-2}=LS_{1-2}-ES_{1-2}=2-2=0$

　　　　　$FF_{1-2}=ET_2-EF_{1-2}=2-2=0$

工作 2—3：$TF_{2-3}=LS_{2-3}-ES_{2-3}=3-2=1$

　　　　　$FF_{2-3}=ET_3-EF_{2-3}=4-4=0$

工作 2—4：$TF_{2-4}=LS_{2-4}-ES_{2-4}=2-2=0$

　　　　　$FF_{2-4}=ET_4-EF_{2-4}=5-5=0$

工作 3—5：$TF_{3-5}=LS_{3-5}-ES_{3-5}=5-4=1$

　　　　　$FF_{3-5}=ET_5-EF_{3-5}=5-4=1$

工作 3—7：$TF_{3-7}=LS_{3-7}-ES_{3-7}=8-4=4$

　　　　　$FF_{3-7}=ET_7-EF_{3-7}=8-5=3$

工作 4—5：$TF_{4-5}=LS_{4-5}-ES_{4-5}=5-5=0$

　　　　　$FF_{4-5}=ET_5-ET_{4-5}=5-5=0$

工作 4—8：$TF_{4-8}=LS_{4-8}-ES_{4-8}=6-5=1$

　　　　　$FF_{4-8}=ET_8-EF_{4-8}=8-7=1$

工作 5—6：$TF_{5-6}=LS_{5-6}-ES_{5-6}=5-5=0$

　　　　　$FF_{5-6}=ET_6-EF_{5-6}=8-8=0$

工作 6—7：$TF_{6-7}=LS_{6-7}-ES_{6-7}=9-8=1$

　　　　　$FF_{6-7}=ET_7-EF_{6-7}=8-8=0$

工作 6—8：$TF_{6-8}=LS_{6-8}-ES_{6-8}=8-8=0$

　　　　　$FF_{6-8}=ET_8-EF_{6-8}=8-8=0$

工作 7—9：$TF_{7-9}=LS_{7-9}-ES_{7-9}=9-8=1$

　　　　　$FF_{7-9}=ET_9-EF_{7-9}=10-9=1$

工作 8—9：$TF_{8-9}=LS_{8-9}-ES_{8-9}=8-8=0$

　　　　　$FF_{8-9}=ET_9-EF_{8-9}=10-10=0$

工作 9—10：$TF_{9-10}=LS_{9-10}-ES_{9-10}=10-10=0$

　　　　　$FF_{9-10}=ET_{10}-EF_{9-10}=11-11=0$

5）判断关键工作和关键线路。由 $TF_{i-j}=0$ 可知，工作 1—2、工作 2—4、虚工作 4—5、工作 5—6、虚工作 6—8、工作 8—9、工作 9—10 为关键工作，由这些关键工作所组成的线路①→②→④→⑤→⑥→⑧→⑨→⑩为关键线路。

6）确定计划总工期：$T=ET_n=LT_n=11$ 天。

2. 图上计算法

图上计算法简称图算法，是指按照各项时间参数计算公式的程序，直接在网络图上计算时间参数的方法。因为计算过程在图上直接进行，不需要列计算公式，既快捷又不易出错，计算结果直接标注在网络图上，一目了然，同时，也便于检查和修改，所以比较常用。

（1）各种时间参数在图上的表示方法。节点时间参数通常标注在节点的上方或下方，其标注方法如图 4-30（a）所示。工作时间参数通常标注在工作箭线的上方或左侧，如图 4-30（b）所示。

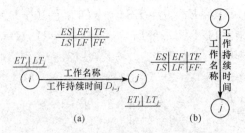

图 4-30 双代号网络图时间参数标注方法

(a)节点时间参数标准；(b)工作时间参数标准

(2)计算方法。

1)计算节点最早时间(*ET*)。与分析计算法一样，从起点节点顺箭头方向逐节点计算，起点节点的最早时间规定为零，其他节点的最早时间可采用"沿线累加、逢圈取大"的计算方法。也就是从网络的起点节点开始，沿着每条线路将各工作的作业时间累加起来，在每一个圆圈(即节点)处选取到达该圆圈的各条线路累计时间的最大值，这个最大值就是该节点最早的开始时间。终点节点的最早时间是网络图的计划工期，为醒目起见，将计划工期标在终点节点边的方框中。

2)计算节点最迟时间(*LT*)。与分析计算法一样，从终点节点逆箭头方向逐节点计算。终点节点最迟时间等于网络图的计划工期。其他节点的最迟时间可采用"逆线累减、逢圈取小"的计算方法。也就是从网络图的终点节点开始逆着每条线路将计划总工期依次减去各工作的作业时间，在每一圆圈处取其后续线路累减时间的最小值，就是该节点的最迟时间。

3)工作时间参数与时差的计算方法与分析计算法相同，计算时将计算结果填入图中相应位置即可。

(3)计算时间参数。

1)计算工作的最早开始时间和最早完成时间。工作最早开始时间和最早完成时间的计算应从网络计划的起点节点开始，顺着箭线方向依次进行。其计算步骤如下：

①以网络计划起点节点为开始节点的工作，当未规定其最早开始时间时，其最早开始时间为零。

②工作的最早完成时间可利用式(4-16)进行计算：

$$EF_{i-j}=ES_{i-j}+D_{i-j} \tag{4-16}$$

式中　EF_{i-j}——工作 $i-j$ 的最早完成时间；

　　　ES_{i-j}——工作 $i-j$ 的最早开始时间；

　　　D_{i-j}——工作 $i-j$ 的持续时间。

③其他工作的最早开始时间应等于其紧前工作(包括虚工作)最早完成时间的最大值，按式(4-17)计算：

$$ES_{i-j}=\max\{EF_{h-i}\}=\max\{ES_{h-i}+D_{h-i}\} \tag{4-17}$$

式中　ES_{i-j}——工作 $i-j$ 的最早开始时间；

　　　EF_{h-i}——工作 $i-j$ 的紧前工作 $h-i$ 的最早完成时间；

　　　ES_{h-i}——工作 $i-j$ 的紧前工作 $h-i$ 的最早开始时间；

　　　D_{h-i}——工作 $i-j$ 的紧前工作 $h-i$ 的持续时间。

④网络计划的计算工期应等于以网络计划终点节点为完成节点的工作的最早完成时间

的最大值，按式(4-18)计算：

$$T_c = \max\{EF_{i-n}\} = \max\{ES_{i-n} + D_{i-n}\} \tag{4-18}$$

式中 T_c——网络计划的计算工期；

EF_{i-n}——以网络计划终点节点 n 为完成节点的工作的最早完成时间；

ES_{i-n}——以网络计划终点节点 n 为完成节点的工作的最早开始时间；

D_{i-n}——以网络计划终点节点 n 为完成节点的工作的持续时间。

2)确定网络计划的计划工期。网络计划的计划工期应按式 $T_p \leqslant T_r$ 或 $T_p = T_c$ 确定。

3)计算工作的最迟完成时间和最迟开始时间。工作最迟完成时间和最迟开始时间的计算应从网络计划的终点节点开始，逆着箭线方向依次进行，其计算步骤如下：

①以网络计划终点节点为完成节点的工作，其最迟完成时间等于网络计划的计划工期，按式(4-19)计算：

$$LF_{i-n} = T_p \tag{4-19}$$

式中 LF_{i-n}——以网络计划终点节点 n 为完成节点的工作的最迟完成时间；

T_p——网络计划的计划工期。

②工作的最迟开始时间可利用式(4-20)进行计算：

$$LS_{i-j} = LF_{i-j} - D_{i-j} \tag{4-20}$$

式中 LS_{i-j}——工作 $i-j$ 的最迟开始时间；

LF_{i-j}——工作 $i-j$ 的最迟完成时间；

D_{i-j}——工作 $i-j$ 的持续时间。

③其他工作的最迟完成时间应等于其紧后工作(包括虚工作)最迟开始时间的最小值，即

$$LF_{i-j} = \min\{LS_{j-k}\} = \min\{LF_{j-k} - D_{j-k}\} \tag{4-21}$$

式中 LF_{i-j}——工作 $i-j$ 的最迟完成时间；

LS_{j-k}——工作 $i-j$ 的紧后工作 $j-k$ 的最迟开始时间；

LF_{j-k}——工作 $i-j$ 的紧后工作 $j-k$ 的最迟完成时间；

D_{j-k}——工作 $i-j$ 的紧后工作 $j-k$ 的持续时间。

4)计算工作的总时差。工作的总时差是指在不影响总工期的前提下，本工作可以利用的机动时间。

工作的总时差等于该工作最迟完成时间与最早完成时间之差，或该工作最迟开始时间与最早开始时间之差，按式(4-22)计算：

$$TF_{i-j} = LF_{i-j} - EF_{i-j} = LS_{i-j} - ES_{i-j} \tag{4-22}$$

式中 TF_{i-j}——工作 $i-j$ 的总时差。

式中其余符号意义同前。

5)计算工作的自由时差。工作的自由时差是指在不影响其紧后工作最早开始时间的前提下，本工作可以利用的机动时间。工作自由时差的计算应按以下两种情况分别考虑：

①对于有紧后工作的工作，其自由时差等于本工作之紧后工作最早开始时间减本工作最早完成时间之差，即

$$FF_{i-j} = ES_{j-k} - EF_{i-j} = ES_{j-k} - ES_{i-j} - D_{i-j} \tag{4-23}$$

式中 FF_{i-j}——工作 $i-j$ 的自由时差；

ES_{j-k}——工作 $i-j$ 的紧后工作 $j-k$ 的最早开始时间；

EF_{i-j}——工作 $i-j$ 的最早完成时间；

ES_{i-j}——工作 $i-j$ 的最早开始时间；

D_{i-j}——工作 $i-j$ 的持续时间。

②对于无紧后工作的工作，也就是以网络计划终点节点为完成节点的工作，其自由时差等于计划工期与本工作最早完成时间之差，即

$$FF_{i-n}=T_p-EF_{i-n}=T_p-ES_{i-n}-D_{i-n} \tag{4-24}$$

式中　FF_{i-n}——以网络计划终点节点 n 为完成节点的工作 $i-n$ 的自由时差；

T_p——网络计划的计划工期；

EF_{i-n}——以网络计划终点节点 n 为完成节点的工作 $i-n$ 的最早完成时间。

式中其余符号意义同前。

需要指出的是，对于网络计划中以终点节点为完成节点的工作，其自由时差与总时差相等。另外，因为工作的自由时差是其总时差的构成部分，所以，当工作的总时差为零时，其自由时差必然为零，可不必进行专门计算。

6)确定关键工作和关键线路。在网络图计划中，总时差最小的工作为关键工作。当网络计划的计划工期等于计算工期时，总时差为零的工作就是关键工作。

找出关键工作之后，将这些关键工作首尾相连，便至少构成一条从起点节点到终点节点的通路，通路上各项工作的持续时间总和最大的就是关键线路。在关键线路上可能有虚工作存在。

关键线路一般可以用粗箭线或双线箭线标出，也可以用彩色箭线标出。关键线路上各项工作的持续时间总和应等于网络计划的计算工期，这一特点也是判别关键线路是否正确的准则。

(4)图上计算法示例。

【例4-3】 按工作计算法计算图4-31所示的双代号网络计划的各项时间参数。

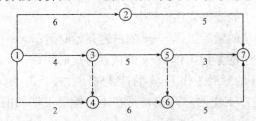

图4-31　双代号网络计划图

【解】 1)计算工作的最早开始时间和最早完成时间

①工作 1-2、工作 1-3 和工作 1-4 的最早开始时间都为零，即

$$ES_{1-2}=ES_{1-3}=ES_{1-4}=0$$

②工作 1-2、工作 1-3 和工作 1-4 的最早完成时间分别为

工作 1-2：$EF_{1-2}=ES_{1-2}+D_{1-2}=0+6=6$

工作 1-3：$EF_{1-3}=ES_{1-3}+D_{1-3}=0+4=4$

工作 1-4：$EF_{1-4}=ES_{1-4}+D_{1-4}=0+2=2$

③工作 3-5 和工作 4-6 的最早开始时间分别为

$$ES_{3-5}=EF_{1-3}=4$$

$$ES_{4-6}=\max\{EF_{3-4}, EF_{1-4}\}=\{4, 2\}=4$$

④网络计划的计算工期为

$$T_c = \max\{EF_{2-7}, EF_{5-7}, EF_{6-7}\} = \max\{11, 12, 15\} = 15(天)$$

2)确定网络计划的计划工期。假设未规定要求工期，则其计划工期就等于计算工期，即

$$T_p = T_c = 15 \text{ 天}$$

计划工期应标注在网络计划终点节点的右上方，如图4-32所示。

3)计算工作的最迟完成时间和最迟开始时间。

①工作2—7、工作5—7和工作6—7的最迟完成时间为

$$LF_{2-7} = LF_{5-7} = LF_{6-7} = T_p = 15$$

②工作2—7、工作5—7和工作6—7的最迟开始时间分别为

$$LS_{2-7} = LF_{2-7} - D_{2-7} = 15 - 5 = 10$$
$$LS_{5-7} = LF_{5-7} - D_{5-7} = 15 - 3 = 12$$
$$LS_{6-7} = LF_{6-7} - D_{6-7} = 15 - 5 = 10$$

③工作3—5和工作4—6的最迟完成时间分别为

$$LF_{3-5} = \min\{LS_{5-7}, LS_{5-6}\} = \min\{12, 10\} = 10$$
$$LF_{4-6} = LS_{6-7} = 10$$

4)计算工作的总时差。工作3—5的总时差为

$$TF_{3-5} = LF_{3-5} - EF_{3-5} = 10 - 9 = 1$$

或

$$TF_{3-5} = LS_{3-5} - ES_{3-5} = 5 - 4 = 1$$

5)计算工作的自由时差。

①工作1—4和工作5—6的自由时差分别为

$$FF_{1-4} = ES_{4-6} - EF_{1-4} = 4 - 2 = 2$$
$$FF_{5-6} = ES_{6-7} - EF_{5-6} = 10 - 9 = 1$$

②工作2—7、工作5—7和工作6—7的自由时差分别为

$$FF_{2-7} = T_p - EF_{2-7} = 15 - 11 = 4$$
$$FF_{5-7} = T_p - EF_{5-7} = 15 - 12 = 3$$
$$FF_{6-7} = T_p - EF_{6-7} = 15 - 15 = 0$$

工作1—3、工作4—6和工作6—7的总时差全部为零，故其自由时差也全部为零。

6)关键工作。工作1—3、工作4—6和工作6—7的总时差全部为零，故它们都是关键工作。

7)关键线路。线路①—③—④—⑥—⑦即关键线路。

8)确定计划总工期并标注在网络图上，如图4-32所示。

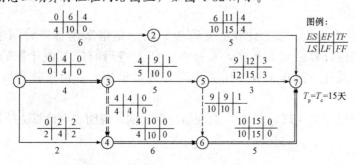

图4-32　双代号网络计划(六时标注法)

【例 4-4】 试按图算法计算图 4-33 所示双代号网络计划的各项时间参数。

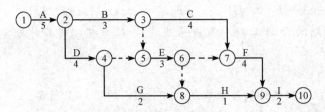

图 4-33 双代号网络图

【解】 1)画出各项时间参数计算图例，并标注在网络图上。

2)计算节点时间参数。

①节点最早时间 ET。假定 $ET_1=0$，利用式(4-2)、式(4-3)，按节点编号递增顺序，从前向后计算，并随时将计算结果标注在图例中 ET 所示位置。

②节点最迟时间 LT。假定 $LT_{10}=ET_{10}=11$，利用式(4-4)、式(4-5)，按节点编号递减顺序，由后向前进行，并随时将结果标注在图例中 LT 所示位置。

③工作时间参数。工作时间参数可根据时间参数，分别利用式(4-6)~式(4-12)计算，并分别标在图例中所示相应位置。

3)确定计划总工期并标注在图 4-34 上。

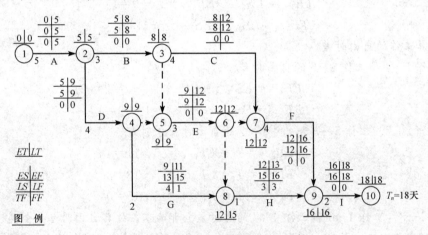

图 4-34 双代号网络图时间参数的计算

3. 表上计算法

(1)表上计算法概念。表上计算法简称表算法，是指采用各项时间参数计算表格，按照时间参数相应计算公式和程序，直接在表格上进行时间参数计算的方法。表算法的规律性很强，其计算过程很容易用算法语言进行描述，是由手算法向电算法过渡的一种方法。

(2)表上计算法示例。现以图 4-35 的网络计划为例，说明表上计算法的步骤(表 4-5)。

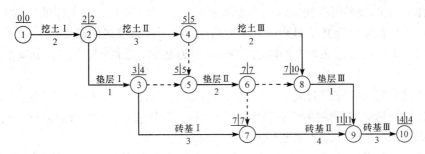

图 4-35 网络图节点时间参数的计算

表 4-5 表上计算法

节点号码	ET_i	LT_i	工作代码	D_{i-j}	ES_{i-j}	EF_{i-j}	LS_{i-j}	LF_{i-j}	TF_{i-j}	FF_{i-j}
1	0	0	1—2	2	0	2	0	2	0	0
2	2	2	2—3	1	2	3	3	4	1	0
			2—4	3	2	5	2	5	0	0
3	3	4	3—5	0	3	3	5	5	2	2
			3—7	3	3	6	4	7	1	1
4	5	5	4—5	0	5	5	5	5	0	0
			4—8	2	5	7	8	10	3	0
5	5	5	5—6	2	5	7	5	7	0	0
6	7	7	6—7	0	7	7	7	7	0	0
			6—8	0	7	7	10	10	3	0
7	7	7	7—9	4	7	11	7	11	0	0
8	7	10	8—9	1	7	8	10	11	3	3
9	11	11	9—10	3	11	14	11	14	0	0
10	14	14								

1)将网络图各项填入表中的相应栏目：将节点号码填入第一栏，工作代码填入第四栏，工作的持续时间填入第五栏。

2)自上而下计算各节点的最早时间 ET_i，填入第二栏。

①设起点节点的最早时间为 D。

②其后各节点的最早时间的计算方法是：找出以此节点为尾节点的所有工作，计算这些工作的开始节点与本工作持续时间之和，取其中最大者为该节点的最早时间。

3)自下而上计算各节点的最迟时间 LT_i，填入第三栏。

①设终点节点的最迟时间等于其最早时间，即 $LT_n = ET_n$。

②前面各节点的最迟时间的计算方法是：找出以该节点为开始节点的所有工作，计算这些工作的尾节点的最迟时间与本工作持续时间之差，取其中最小者为该节点的最迟时间。

4)计算各工作的最早可能开始时间 ES_{i-j} 及最早可能完成时间 EF_{i-j}，分别填入第六栏、第七栏。

①工作 $i-j$ 的最早可能开始时间等于其开始节点的最早时间，可从第二栏相应节点中查出。

②工作 $i-j$ 的最早可能完成时间等于其最早可能开始时间加上工作的持续时间，可以由第六栏的工作最早可能开始时间加上该行第五栏的工作持续时间求得。

5）计算各工作的最迟必须开始时间 LS_{i-j} 和最迟必须完成时间 LF_{i-j}，分别填入第八栏、第九栏。

①工作的最迟必须完成时间等于其结束节点的最迟时间，可从第三栏相应节点中找出。

②工作的最迟必须开始时间等于其最迟必须完成时间减去工作持续时间，可由第九栏的工作最迟必须完成时间减去第五栏的工作持续时间求得。

6）计算工作的总时差 TF_{i-j}，填入第十栏。工作的总时差等于其最迟必须开始时间减去最早可能开始时间，可由第八栏的 LS_{i-j} 减去对应第六栏的 ES_{i-j} 而得。

7）计算各工作的自由时差 FF_{i-j}，填入第十一栏。工作的自由时差等于其紧后工作的最早可能开始时间 ES_{j-k} 减去本工作的最早可能完成时间 EF_{i-j}。

第三节 单代号网络计划

单代号网络计划是在工作流程图的基础上演绎而成的网络计划形式。因为它具有绘图简便、逻辑关系明确、易于修改等优点，所以在国内外日益受到重视，其应用范围和表达功能也在不断发展和壮大。单代号网络图与双代号网络图一样，均由节点和箭线两种基本符号组成。不同的是，单代号网络图用节点表示工序，用箭线表达工序之间的逻辑关系。在单代号网络图中，每一个节点表示一道工序，且有唯一的编号，因此，可用一个节点编号表示唯一的工序。

一、单代号网络图的组成

单代号网络图由节点、箭线和节点编号三个基本要素组成。

1. 节点

在单代号网络图中，通常将节点画成一个圆圈或方框，一个节点代表一项工作。节点所表示的工作名称、持续时间和节点编号都标注在圆圈和方框内，如图 4-36 所示。

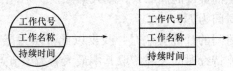

图 4-36 单代号网络图中节点表示方法

2. 箭线

在单代号网络图中，箭线既不占用时间，也不消耗资源，只表示紧邻工作之间的逻辑关系，箭线应画成水平直线、折线或斜线，箭线的箭头指向为工作进行方向，箭尾节点表示的工作为箭头节点工作的紧前工作。单代号网络图中无虚箭线。

3. 节点编号

单代号网络图的节点编号用一个单独编号表示一项工作，编号原则和双代号相同，也应从小到大，从左往右，箭头编号大于箭尾编号；一项工作只能有一个代号，不得重号，如图 4-37 所示。

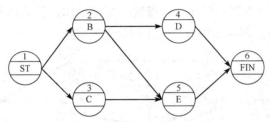

图 4-37　单代号网络图节点编号
ST——开始节点；FIN——完成节点

二、单代号网络图的绘制

1. 单代号网络图绘制的基本原则

在绘制单代号网络图时，一般应遵循以下基本原则：

(1)正确表达已确定的逻辑关系。在单代号网络图中，工作之间逻辑关系的表示方法比较简单，表 4-6 是用单代号表示的几种常见逻辑关系。

表 4-6　单代号网络图逻辑关系表示方法

序　号	工作间的逻辑关系	单代号网络图的表示方法
1	A、B、C 三项工作依次完成	A → B → C
2	A、B 完成后进行 D	A、B → D
3	A 完成后，B、C 同时开始	A → B、C
4	A 完成后进行 C，A、B 完成后进行 D	A → C，B → D

(2)在单代号网络图中，严禁出现循环回路。

(3)在单代号网络图中，严禁出现双向箭头或无箭头的连线。

(4)在单代号网络图中，严禁出现没有箭尾节点的箭线和没有箭头节点的箭线。

(5)绘制网络图时，箭线不宜交叉。当交叉不可避免时，可采用过桥法和指向法绘制。

(6)单代号网络图应只有一个起点节点和一个终点节点；当网络图中有多个起点节点或多个终点节点时，应在网络图的两端分别设置一项虚工作，作为该网络图的起点节点和终点节点，如图4-38所示。网络图中应再无任何其他虚工作。

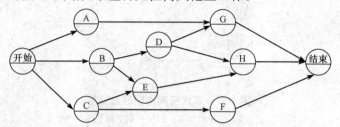

图4-38　带虚拟起点节点和终点节点的单代号网络图

2. 单代号网络图绘制的基本方法

(1)在保证网络逻辑关系正确的前提下，图面布局要合理，层次要清晰，重点要突出。

(2)尽量避免交叉箭线。交叉箭线容易造成线路逻辑关系混乱，绘图时应尽量避免。无法避免时，对于较简单的相交箭线，可采用过桥法处理。如图4-39(a)所示，C、D是A、B的紧后工作，不可避免地出现了交叉，用过桥法处理后的网络图如图4-39(b)所示。对于较复杂的相交线路可采用增加中间虚拟节点的办法进行处理，以简化图面。如图4-40(a)所示，D、F、G是A、B、C的紧后工作，出现了较复杂的交叉箭线，这时可增加一个中间虚拟节点(一个空圈)，化解交叉箭线，如图4-40(b)所示。

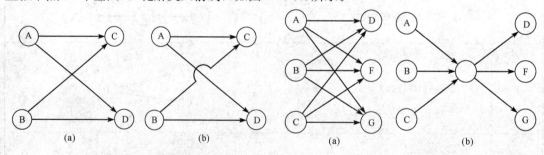

图4-39　用过桥法处理交叉箭线
(a)处理前；(b)处理后

图4-40　用虚拟中间节点处理交叉箭线
(a)处理前；(b)处理后

3. 单代号网络图绘制示例

【例4-5】　已知各工作之间的逻辑关系见表4-7，试绘制单代号网络图。

表4-7　工作逻辑关系表

工　作	A	B	C	D	E	G	H	I
紧前工作	—	—	—	—	A、B	B、C、D	C、D	E、G、H

【解】　绘制单代号网络图的过程如图4-41所示。

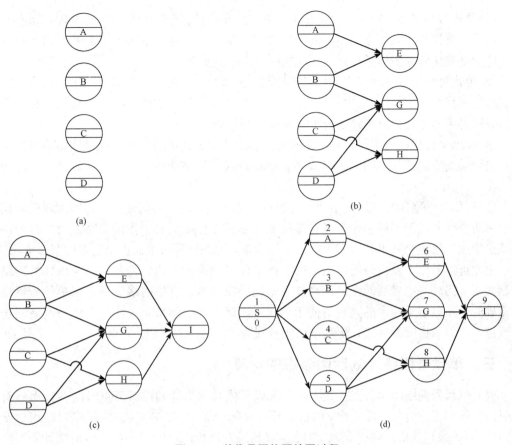

图 4-41　单代号网络图绘图过程

(a)绘制起始工作 A、B、C、D；(b)绘制紧后工作 E、G、H；(c)绘制虚拟终点节点；(d)绘制虚拟开始节点

【例 4-6】　某大型钢筋混凝土基础工程，分三段施工，包括支设模板、绑扎钢筋、浇筑混凝土三道工序，每道工序安排一个施工队进行施工，且各工作在一个施工段上的作业时间分别为3 天、2天、1天，试绘制单代号网络图。

【解】　通过作图绘制的单代号网络图如图 4-42 所示。

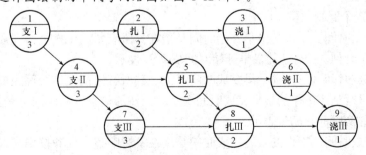

图 4-42　单代号网络图绘制示例

4. 单代号网络图与双代号网络图的比较

(1)单、双代号网络图的符号虽然一样，但含义正好相反。单代号网络图以节点表示工作，双代号网络图以箭线表示工作。

（2）单代号网络图逻辑关系表达简单，只使用实箭线指明工作之间的关系即可，有时要用虚拟节点进行构图和简化图面，其用法也很简单；双代号网络图逻辑关系处理相对较复杂，特别是要用好虚工作进行构图和处理好逻辑关系。

（3）单代号网络图在使用中不如双代号网络图直观、方便。双代号网络图形象直观，绘制成时标网络图后工作历时、机动时间、工作的开始时间与结束时间、关键线路长度等都可以表示得一清二楚，便于绘制资源需用量动态曲线。

（4）根据单代号网络图的编号不能确定工作之间的逻辑关系，而双代号网络图可以通过节点编号明确确定工作之间的逻辑关系。如在双代号网络图中，②—③一定是③—⑥的紧前工作。

（5）双代号网络图在应用电子计算机进行计算和优化时更为简便。这是因为双代号网络图中用两个代号代表不同工作，可直接反映其紧前工作或紧后工作的关系。而单代号网络图就必须按工序逐个列出其紧前、紧后工作关系，这在计算机中需占用更多的存储单元。

由此可以看出，双代号网络图的优点比单代号网络图突出。但是，因为单代号网络图绘制简便，另外一些发展起来的网络技术，如决策网络、搭接网络等都是以单代号网络图为基础的，所以越来越多的人开始使用单代号网络图。近年来，人们对单代号网络图进行了改进，可以画成时标形式，更利于单代号网络图的推广与应用。

三、单代号网络计划时间参数的计算

因为单代号网络图的节点代表工作，所以单代号网络计划没有节点时间参数而只有工作时间参数和工作时差，即工作 i 的最早开始时间（ES_i）、最早完成时间（EF_i）、最迟开始时间（LS_i）、最迟完成时间（LF_i）、总时差（TF_i）和自由时差（FF_i）。单代号网络计划时间参数的计算方法和顺序与双代号网络计划的工作时间参数计算相同。同样，单代号网络计划的时间参数计算应在确定工作持续时间之后进行。

（一）时间参数的基本概念

1. 工作持续时间

工作持续时间是指一项工作从开始到完成的时间。在单代号网络计划中，工作 i 的持续时间用 D_i 表示。

2. 工作的六个时间参数

（1）最早开始时间。工作的最早开始时间是指在其所有紧前工作全部完成后，本工作有可能开始的最早时刻。工作 i 的最早开始时间用 ES_i 表示。

（2）最早完成时间。工作的最早完成时间是指在其所有紧前工作全部完成后，本工作有可能完成的最早时刻。工作的最早完成时间等于本工作的最早开始时间与其持续时间之和。工作 i 的最早完成时间用 EF_i 表示。

（3）最迟完成时间。工作的最迟完成时间是指在不影响整个任务按期完成的前提下，本工作必须完成的最迟时刻。工作 i 的最迟完成时间用 LF_i 表示。

（4）最迟开始时间。工作的最迟开始时间是指在不影响整个任务按期完成的前提下，本工作必须开始的最迟时刻。工作的最迟开始时间等于本工作的最迟完成时间与其持续时间之差。工作 i 的最迟开始时间用 LS_i 表示。

（5）总时差。工作的总时差是指在不影响总工期的前提下，本工作可以利用的机动时间。但是在网络计划的执行过程中，如果利用某项工作的总时差，则有可能使该工作后续工作的总时差减小。工作 i 的总时差用 TF_i 表示。

(6)自由时差。工作的自由时差是指在不影响其紧后工作最早开始时间的前提下，本工作可以利用的机动时间。在网络计划的执行过程中，工作的自由时差是该工作可以自由使用的时间。工作 i 的自由时差用 FF_i 表示。

(二)时间参数的计算方法

1. 分析计算法

(1)工作最早可能开始时间和最早可能结束时间的计算。

1)工作 i 的最早开始时间 ES_i 应从网络计划的起点节点开始，顺着箭线方向依次逐项计算。

2)起点节点 i 的最早开始时间 ES_i 如无规定时，其值应等于零，即

$$ES_i = 0(i=1) \qquad (4\text{-}25)$$

3)各项工作最早开始和结束时间的计算公式为

$$ES_j = \max\{ES_i + D_i\} = \max\{EF_i\}$$
$$EF_j = ES_j + D_j \qquad (4\text{-}26)$$

式中　ES_j——工作 j 最早可能开始时间；

　　　EF_j——工作 j 最早可能结束时间；

　　　D_j——工作 j 的持续时间；

　　　ES_i——工作 j 的紧前工作 i 最早可能开始时间；

　　　EF_i——工作 j 的紧前工作 i 最早可能结束时间；

　　　D_i——工作 j 的紧前工作 i 的持续时间。

(2)相邻两项工作之间时间间隔的计算。相邻两项工作之间存在着时间间隔，i 工作与 j 工作的时间间隔记为 $LAG_{i,j}$。时间间隔是指相邻两项工作之间，后项工作的最早开始时间与前项工作的最早完成时间之差。其计算公式为

$$LAG_{i,j} = ES_j - EF_i \qquad (4\text{-}27)$$

式中　$LAG_{i,j}$——工作 i 与其紧后工作 j 之间的时间间隔；

　　　ES_j——工作 i 的紧后工作 j 的最早开始时间；

　　　EF_i——工作 i 的最早完成时间。

(3)工作总时差的计算。工作总时差的计算应从网络计划的终点节点开始，逆着箭线方向按节点编号从大到小的顺序依次进行。

1)网络计划终点节点 n 所代表的工作的总时差（TF_n）应等于计划工期 T_p 与计算工期 T_c 之差，即

$$TF_n = T_p - T_c \qquad (4\text{-}28)$$

当计划工期等于计算工期时，该工作的总时差为零。

2)其他工作的总时差应等于本工作与其各紧后工作之间的时间间隔加该紧后工作的总时差所得之和的最小值，即

$$TF_i = \min\{LAG_{i,j} + TF_j\} \qquad (4\text{-}29)$$

式中　TF_i——工作 i 的总时差；

　　　$LAG_{i,j}$——工作 i 与其紧后工作 j 之间的时间间隔；

TF_j——工作 i 的紧后工作 j 的总时差。

(4)自由时差的计算。工作 i 的自由时差 FF_i 的计算应符合下列规定：

1)终点节点所代表的工作 n 的自由时差 FF_n 应为

$$FF_n = T_p - EF_n \qquad (4-30)$$

式中　FF_n——终点节点 n 所代表的工作的自由时差；

　　　T_p——网络计划的计划工期；

　　　EF_n——终点节点 n 所代表的工作的最早完成时间（即计算工期）。

2)其他工作 i 的自由时差 FF_i 应为

$$FF_i = \min\{LAG_{i,j}\} \qquad (4-31)$$

(5)工作最迟完成时间的计算。

1)工作 i 的最迟完成时间 LF_i 应从网络计划的终点节点开始，逆着箭线方向依次逐项计算。当部分工作分期完成时，有关工作的最迟完成时间应从分期完成的节点开始，逆向逐项计算。

2)终点节点所代表的工作 n 的最迟完成时间 LF_n，应按网络计划的计划工期 T_p 确定，即

$$LF_n = T_p \qquad (4-32)$$

3)其他工作 i 的最迟完成时间 LF_i 应为

$$LF_i = \min\{LS_j\} \qquad (4-33)$$

或

$$LF_i = EF_i + TF_i \qquad (4-34)$$

式中　LF_i——工作 j 的紧前工作 i 的最迟完成时间；

　　　LS_j——工作 i 的紧后工作 j 的最迟开始时间；

　　　EF_i——工作 i 的最早完成时间；

　　　TF_i——工作 i 的总时差。

(6)工作最迟开始时间的计算。工作 i 的最迟开始时间的计算公式为

$$LS_i = LF_i - D_i \qquad (4-35)$$

式中　LS_i——工作 i 的最迟开始时间；

　　　LF_i——工作 i 的最迟完成时间；

　　　D_i——工作 i 的持续时间。

(7)关键工作和关键线路的确定。

1)单代号网络图关键工作的确定同双代号网络图。

2)利用关键工作确定关键线路。如前所述，总时差最小的工作为关键工作。将这些关键工作相连，并保证相邻两项关键工作之间的时间间隔为零而构成的线路就是关键线路。

3)利用相邻两项工作之间的时间间隔确定关键线路。从网络计划的终点节点开始，逆着箭线方向依次找出相邻两项工作之间时间间隔为零的线路就是关键线路。

(8)分析计算法示例。

【例 4-7】 试用分析计算法计算图 4-43 所示的单代号网络图的时间参数。

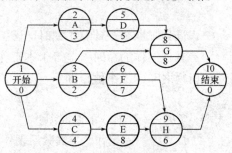

图 4-43　单代号网络图

【解】 1) 工作最早开始与结束时间的计算。

①起点节点：它等价于一个作业时间为 0 的工作，所以

$$ES_1=0, \quad EF_1=0$$

②中间节点：

$$\begin{cases} ES_2=EF_1=0 \\ EF_2=0+3=3 \end{cases} \qquad \begin{cases} ES_3=EF_1=0 \\ EF_3=0+2=2 \end{cases}$$

$$\begin{cases} ES_4=EF_1=0 \\ EF_4=0+4=4 \end{cases} \qquad \begin{cases} ES_5=EF_2=3 \\ EF_5=3+5=8 \end{cases}$$

$$\begin{cases} ES_6=EF_3=2 \\ EF_6=2+7=9 \end{cases} \qquad \begin{cases} ES_7=EF_4=4 \\ EF_7=4+8=12 \end{cases}$$

$$\begin{cases} ES_8=\max\{EF_5, EF_3\}=\max\{8, 2\}=8 \\ EF_8=8+8=16 \end{cases}$$

$$\begin{cases} ES_9=\max\{EF_6, EF_7\}=\max\{9, 12\}=12 \\ EF_9=12+6=18 \end{cases}$$

③终点节点：它等价于一个作业时间为零的工作，所以

$$ES_{10}=EF_{10}=\max\{EF_8, EF_9\}=\max\{16, 18\}=18$$

2) 工作最迟开始与结束时间的计算。

①终点节点：如无指令工期（T_{ap}），则令 LF_n 为计划工期，即

$$LF_{10}=EF_{10}=18, \quad LS_{10}=LF_{10}-D_{10}=18$$

②中间节点：

$$\begin{cases} LF_9=LS_{10}=18 \\ LS_9=18-6=12 \end{cases} \qquad \begin{cases} LF_8=LS_{10}=18 \\ LS_8=18-8=10 \end{cases}$$

$$\begin{cases} LF_7=LS_9=12 \\ LS_7=12-8=4 \end{cases} \qquad \begin{cases} LF_6=LS_9=12 \\ LS_6=12-7=5 \end{cases}$$

$$\begin{cases} LF_5=LS_8=10 \\ LS_5=10-5=5 \end{cases} \qquad \begin{cases} LF_4=LS_7=4 \\ LS_4=4-4=0 \end{cases}$$

$$\begin{cases} LF_3=\min\{LS_6, LS_8\}=\min\{5, 10\}=5 \\ LS_3=5-2=3 \end{cases}$$

$$\begin{cases} LF_2=LS_5=5 \\ LS_2=5-3=2 \end{cases}$$

③起点节点：

$$LF_1=LS_1=\min\{2, 3, 0\}=0$$

3) 工作时差的计算。工作总时差的计算与双代号网络图相同，不再重复。其自由时差计算如下：

$$FF_2=LS_5-EF_2=3-3=0$$

$$FF_3=\min\{ES_8, ES_6\}-EF_3$$
$$\quad=\min\{8, 2\}-2=0$$

$$FF_4=4-4=0 \qquad FF_5=8-8=0$$

$$FF_6=12-9=3 \qquad FF_7=12-12=0$$

$$FF_8=18-16=2 \qquad FF_9=18-18=0$$

2. 图上计算法

单代号网络计划时间参数在网络图上的标注方法，如图 4-44 所示。

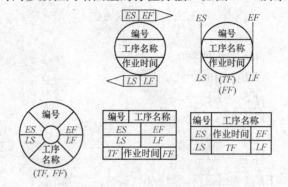

图 4-44 单代号网络图节点标注方法

ES——最早开始时间；EF——最早结束时间；

LS——最迟开始时间；LF——最迟结束时间；

TF——总时差；FF——自由时差

现以图 4-45 所示的网络计划图为例，说明用图上计算法计算单代号网络计划时间参数的步骤。具体如下：

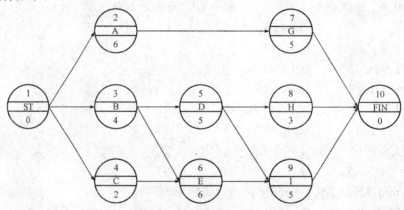

图 4-45 单代号网络计划图

(1)计算 ES_i 和 EF_i。由起点节点开始，首先假定整个网络计划的开始时间为零，此处 $ES_1=0$，然后从左至右按工作(节点)编号递增的顺序，根据式(4-25)和式(4-26)逐个进行计算，直到终点节点为止，并随时将计算结果填入图中的相应位置。

(2)计算 LF_i 和 LS_i。由终点节点开始，假定终点节点的最迟完成时间 $LF_{10}=EF_{10}=15$，根据式(4-33)~式(4-35)从右至左按工作编号递减顺序逐个计算，直到起点节点止，并随时将计算结果填入图中的相应位置。

(3)计算 TF_i、FF_i。从起点节点开始，根据式(4-28)~式(4-31)，对逐个工作进行计算，并随时将计算结果填入图中的相应位置。

(4)判断关键工作和关键线路。根据 $TF_i=0$ 进行判断，用双箭线标出关键线路。

(5)确定计划总工期。本例计划总工期为 15 天，计算结果如图 4-46 所示。

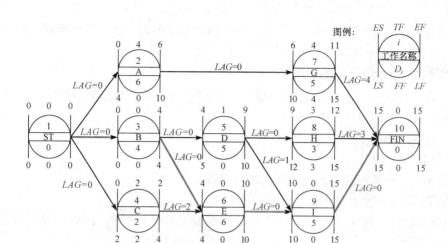

图 4-46　单代号网络计划的时间参数计算结果

第四节　双代号时标网络计划

一、双代号时标网络计划的含义

前面所介绍的双代号网络计划通过标注在箭线下方的数字来表示工作持续时间，因此，在绘制双代号网络图时，并不强调箭线长短的比例关系。这样的双代号网络图必须通过计算各个时间参数才能反映出各个工作进展的具体时间情况，因为网络计划图中没有时间坐标，所以称其为非时标网络计划。如果将横道图中的时间坐标引入非时标网络计划，就可以很直观地从网络图中看出工作最早开始时间、自由时差及总工期等时间参数，它结合了横道图与网络图的优点，应用起来更加方便、直观。这种以时间坐标为尺度编制的网络计划称为时标网络计划。

双代号时标网络计划（以下简称时标网络计划）是以时间坐标为尺度表示工作时间的网络计划。时标的时间单位应根据需要在编制网络计划之前确定，可为小时、天、周、月或季等。由于时标网络计划具有形象直观、计算量小的突出优点，故在工程实践中应用比较普遍。

二、双代号时标网络计划的特点及适用范围

1. 双代号时标网络计划的特点

（1）时标网络计划兼有网络计划与横道计划两者的优点，能够清楚地表明计划的时间进程。

（2）时标网络计划能在图上直接显示各项工作的开始与完成时间、工作自由时差及关键线路。

（3）时标网络计划在绘制中受到时间坐标的限制，因此不易产生循环回路之类的逻辑错误。

（4）利用时标网络计划图可以直接统计资源的需用量，以便进行资源优化和调整。

(5)因为箭线受时标的约束，故绘图不易，修改也较困难，往往要重新绘图。但是在使用计算机以后，这一问题较易解决。

2. 双代号时标网络计划的适用范围

(1)工作项目较少，且工艺过程比较简单的施工计划，能快速绘制与调整。

(2)年、季、月等周期性网络计划。

(3)作业性网络计划。

(4)局部网络计划。

(5)使用实际进度前锋线进行进度控制的网络计划。

3. 双代号时标网络计划的一般规定

(1)时标网络计划应以实箭线表示工作，以虚箭线表示虚工作，以波形线表示工作的自由时差。

(2)时标网络计划中所有符号在时间坐标上的水平投影位置，都必须与其时间参数相对应。

(3)节点中心必须对准相应的时标位置。虚工作必须以垂直方向的虚箭线表示，有自由时差时则加波形线表示。

三、双代号时标网络计划的绘制

1. 双代号时标网络计划的绘制原则

(1)时标网络计划应以实箭线表示工作，以虚箭线表示虚工作，以波形线表示工作的自由时差。无论哪一种箭线，均应在其末端绘制出箭头。

(2)当工作中有时差时，按图4-47所示的方式表达，波形线紧接在实箭线的末端；当虚工作有时差时，按图4-48所示的方式表达，不得在波形线之后画实线。

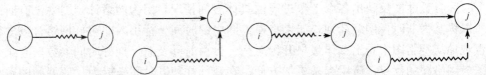

图 4-47　时标网络计划的箭线画法　　　图 4-48　虚工作含有时差时的表示方法

(3)时标网络计划中所有符号在时间坐标上的水平投影位置，都必须与其时间参数相对应；节点中心必须对准相应的时标位置；虚工作必须以垂直方向的虚箭线表示，有自由时差时加波形线表示。

2. 双代号时标网络计划的绘制方法

时标网络计划宜按各项工作的最早开始时间编制。为此，在编制时标网络计划时应使每一个节点和每一项工作(包括虚工作)尽量向左靠，直至不出现从右向左的逆向箭线为止。在编制时标网络计划之前，应先按已经确定的时间单位绘制时标网络计划表，时间坐标可以标注在时标网络计划表的顶部或底部。当网络计划的规模比较大，且比较复杂时，可以在时标网络计划表的顶部和底部同时标注时间坐标，必要时还可以在顶部时间坐标之上或底部时间坐标之下同时加注日历时间。时标网络计划表见表4-8。表中部的刻度线宜为细线。为使图面清晰简洁，刻度线也可以不画或少画。

表 4-8　时标网络计划表

日　历																
（时间单位）	1	2	3	4	5	6	7	8	9	10	11	12	13	14	15	16
网络计划																
（时间单位）	1	2	3	4	5	6	7	8	9	10	11	12	13	14	15	16

（1）间接绘制法。间接绘制法是先计算网络计划的时间参数，再根据时间参数在时间坐标上进行绘制的方法。现以图 4-49 所示的网络图为例，说明用间接绘制法绘制时标网络计划的步骤。

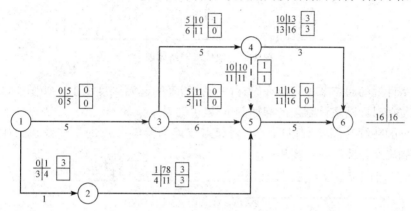

图 4-49　双代号网络计划

1）按逻辑关系绘制双代号网络计划草图，如图 4-49 所示。

2）计算工作最早时间。

3）绘制时标表。时标表如图 4-50 所示。

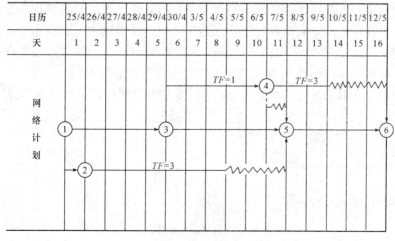

图 4-50　时标表

4）在时标表上，按最早开始时间确定每项工作的开始节点位置（图形尽量与草图一致）。

5）按各工作的时间长度绘制相应工作的实线部分，使其在时间坐标上的水平投影长度等于工作时间；虚工作因为不占时间，故只能以垂直虚线表示。

6)用波形线将实线部分与其紧后工作的开始节点连接起来，以表示自由时差。完成后的时标网络计划如图4-50所示。

（2）直接绘制法。直接绘制法是不计算网络计划的时间参数，直接按草图在时标表上编绘（即直接绘制法）。现以图4-51所示的网络图为例，说明用直接绘制法绘制时标网络计划的步骤。

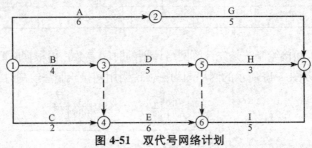

图4-51　双代号网络计划

1)将网络计划的起点节点定位在时标网络计划表的起始刻度线上。如图4-52所示，节点①就是定位在时标网络计划表的起始刻度线"0"位置上。

2)按工作的持续时间绘制以网络计划起点节点为开始节点的工作箭线。如图4-52所示，分别绘制出工作箭线A、B和C。

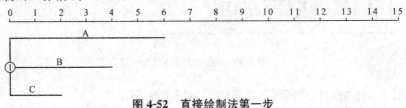

图4-52　直接绘制法第一步

3)除网络计划的起点节点外，其他节点必须在所有以该节点为完成节点的工作箭线均绘出后，定位在这些工作箭线中最迟的箭线末端。当某些工作箭线的长度不足以到达该节点时，须用波形线补足，箭头画在与该节点的连接处。在本例中，节点②直接定位在工作箭线A的末端；节点③直接定位在工作箭线B的末端；节点④的位置需要在绘出虚箭线③—④之后，定位在工作箭线C和虚箭线③—④中最迟的箭线末端，即坐标"4"的位置上。此时，工作箭线C的长度不足以到达节点④，因而用波形线补足，如图4-53所示。

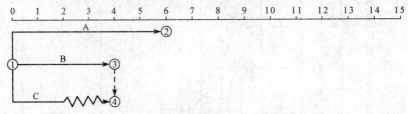

图4-53　直接绘制法第二步

4)当某个节点的位置确定之后，即可绘制以该节点为开始节点的工作箭线。在本例中，在图4-53的基础之上可以分别以节点②、节点③和节点④为开始节点绘制工作箭线G、工作箭线D和工作箭线E，如图4-54所示。

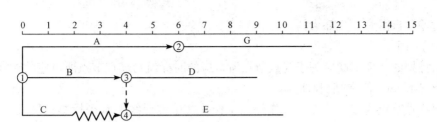

图 4-54　直接绘制法第三步

5)利用上述方法从左至右依次确定其他各个节点的位置,直至绘制出网络计划的终点节点。在本例中,在图 4-54 的基础之上,可以分别确定节点⑤和节点⑥的位置,并在它们之后分别绘制工作箭线 H 和工作箭线 I,如图 4-55 所示。

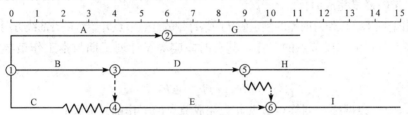

图 4-55　直接绘制法第四步

6)根据工作箭线 G、工作箭线 H 和工作箭线 I 确定出终点节点的位置。本例所对应的时标网络计划如图 4-56 所示,图中双箭线表示的线路为关键线路。

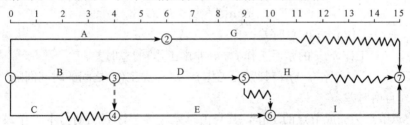

图 4-56　双代号时标网络计划

3. 关键线路的确定

时标网络计划关键线路可自终点节点逆箭线方向朝起点节点逐次进行判定。自始至终都不出现波形线的线路即关键线路,其原理在于:如果某条线路自始至终都没有波形线,则这条线路就不存在自由时差,也就不存在总时差,自然就没有机动余地,所以就是关键线路;或者这条线路上的各工作的最迟开始时间与最早开始时间是相等的,这样的线路特征也只有关键线路才具备。

四、双代号时标网络计划时间参数的计算

1. 关键线路

时标网络计划中的关键线路可从网络计划的终点节点开始,逆着箭线方向进行判定。凡自始至终不出现波形线的线路即关键线路。因为不出现波形线,就说明在这条线路上相邻两项工作之间的时间间隔全部为零,也就是在计算工期等于计划工期的前提下,这些工

作的总时差和自由时差全部为零。

2. 计算工期

网络计划的计算工期应等于终点节点所对应的时标值与起点节点所对应的时标值之差。

3. 相邻两项工作之间时间间隔

除以终点节点为完成节点的工作外，工作箭线中波形线的水平投影长度表示工作与其紧后工作之间的时间间隔。

4. 工作的时间参数

(1)工作最早开始时间和最早完成时间。工作箭线左端节点中心所对应的时标值为该工作的最早开始时间。当工作箭线中不存在波形线时，其右端节点中心所对应的时标值为该工作的最早完成时间；当工作箭线中存在波形线时，工作箭线实线部分右端点所对应的时标值为该工作的最早完成时间。

(2)工作总时差。工作总时差的判定应从网络计划的终点节点开始，逆着箭线方向依次进行。

1)以终点节点为完成节点的工作，其总时差应等于计划工期与本工作最早完成时间之差，即

$$TF_{i-n}=T_p-EF_{i-n} \tag{4-36}$$

式中　TF_{i-n}——以网络计划终点节点 n 为完成节点的工作的总时差；

T_p——网络计划的计划工期；

EF_{i-n}——以网络计划终点节点 n 为完成节点的工作的最早完成时间。

2)其他工作的总时差等于其紧后工作的总时差加本工作与该紧后工作之间的时间间隔所得之和的最小值，即

$$TF_{i-j}=\min\{TF_{j-k}+LAG_{i-j,j-k}\} \tag{4-37}$$

式中　TF_{i-j}——工作 $i-j$ 的总时差；

TF_{j-k}——工作 $i-j$ 的紧后工作 $j-k$（非虚工作）的总时差；

$LAG_{i-j,j-k}$——工作 $i-j$ 与其紧后工作 $j-k$（非虚工作）之间的时间间隔。

(3)工作自由时差。

1)以终点节点为完成节点的工作，其自由时差应等于计划工期与本工作最早完成时间之差，即

$$FF_{i-n}=T_p-EF_{i-n} \tag{4-38}$$

式中　FF_{i-n}——以网络计划终点节点 n 为完成节点的工作的总时差；

T_p——网络计划的计划工期；

EF_{i-n}——以网络计划终点节点 n 为完成节点的工作的最早完成时间。

2)其他工作的自由时差就是该工作箭线中波形线的水平投影长度。但当工作之后只紧接虚工作时，则该工作箭线上一定不存在波形线，而其紧接的虚箭线中波形线水平投影长度的最短者为该工作的自由时差。

(4)工作最迟开始时间和最迟完成时间。

1)工作的最迟开始时间等于本工作的最早开始时间与其总时差之和，即

$$LS_{i-j}=ES_{i-j}+TF_{i-j} \tag{4-39}$$

式中　LS_{i-j}——工作 $i-j$ 的最迟开始时间；

ES_{i-j}——工作 $i-j$ 的最早开始时间；

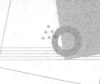

TF_{i-j}——工作 $i-j$ 的总时差。

2)工作的最迟完成时间等于本工作的最早完成时间与其总时差之和，即

$$LF_{i-j}=EF_{i-j}+TF_{i-j} \qquad (4\text{-}40)$$

式中　LF_{i-j}——工作 $i-j$ 的最迟完成时间；

　　　EF_{i-j}——工作 $i-j$ 的最早完成时间；

　　　TF_{i-j}——工作 $i-j$ 的总时差。

5. 时标网络计划的坐标体系

时标网络计划的坐标体系有计算坐标体系、工作日坐标体系和日历坐标体系三种。

(1)计算坐标体系。计算坐标体系主要用作网络计划时间参数的计算。采用该坐标体系便于时间参数的计算，但不够明确。如按照计算坐标体系，网络计划所表示的计划任务从第 0 天开始，就不容易理解。实际上应从第 1 天开始或明确标示出开始日期。

(2)工作日坐标体系。工作日坐标体系可明确标示出各项工作在整个工程开工后第几天（上班时刻）开始和第几天（下班时刻）完成，但不能示出整个工程的开工日期和完工日期，以及各项工作的开始日期和完成日期。

在工作日坐标体系中，整个工程的开工日期和各项工作的开始日期分别等于计算坐标体系中整个工程的开工日期和各项工作的开始日期加 1，而整个工程的完工日期和各项工作的完成日期就等于计算坐标体系中整个工程的完工日期和各项工作的完成日期。

(3)日历坐标体系。日历坐标体系可以明确标示出整个工程的开工日期和完工日期，以及各项工作的开始日期和完成日期，同时，还可以考虑扣除节假日休息时间。

图 4-57 所示的时标网络计划同时标出了三种坐标体系。其中上面为计算坐标体系，中间为工作日坐标体系，下面为日历坐标体系。这里假定 4 月 24 日（星期三）开工，星期六、星期日和"五一"国际劳动节休息。

0	1	2	3	4	5	6	7	8	9	10	11	12	13	14	15
1	2	3	4	5	6	7	8	9	10	11	12	13	14	15
24/4	25/4	26/4	29/4	30/4	6/5	7/5	8/5	9/5	10/5	13/5	14/5	15/5	16/5	17/5
三	四	五	一	二	一	二	三	四	五	一	二	三	四	五

图 4-57　双代号时标网络计划

【例 4-8】　根据图 4-58 所示，计算时标网络计划中各项时间参数。

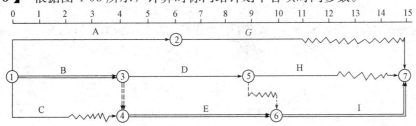

图 4-58　双代号时标网络计划

【解】 (1)关键线路。在时标网络计划中，关键线路为①—③—④—⑥—⑦。

(2)工期。$T_c = 15 - 0 = 15$（天）

(3)相邻两项工作之间时间间隔。在时标网络计划中，工作 C 和工作 E 之间的时间间隔为 2；工作 D 和工作 I 之间的时间间隔为 1；其他工作之间的时间间隔均为零。

(4)工作最早开始时间和最早完成时间。在时标网络计划中，工作 A 和工作 H 的最早开始时间分别为 0 和 9，而它们的最早完成时间分别为 6 和 12。

(5)工作总时差。

1)在时标网络计划中，假设计划工期为 15，则工作 G、工作 H 和工作 J 的总时差分别为

$$TF_{2-7} = T_p - EF_{2-7} = 15 - 11 = 4$$
$$TF_{5-7} = T_p - EF_{5-7} = 15 - 12 = 3$$
$$TF_{6-7} = T_p - EF_{6-7} = 15 - 15 = 0$$

2)在时标网络计划中，工作 A、工作 C 和工作 D 的总时差分别为

$$TF_{1-2} = TF_{2-7} + LAG_{1-2,2-7} = 4 + 0 = 4$$
$$TF_{1-4} = TF_{4-6} + LAG_{1-4,4-6} = 0 + 2 = 2$$
$$TF_{3-5} = \min\{TF_{5-7} + LAG_{3-5,5-7}, \ TF_{6-7} + LAG_{3-5,6-7}\}$$
$$= \min\{3 + 0, \ 0 + 1\}$$
$$= 1$$

(6)工作自由时差。

1)在时标网络计划中，工作 G、工作 H 和工作 J 的自由时差分别为

$$FF_{2-7} = T_p - EF_{2-7} = 15 - 11 = 4$$
$$FF_{5-7} = T_p - EF_{5-7} = 15 - 12 = 3$$
$$FF_{6-7} = T_p - EF_{6-7} = 15 - 15 = 0$$

2)在时标网络计划中，工作 A、工作 B、工作 D 和工作 E 的自由时差均为零，而工作 C 的自由时差为 2。

(7)工作最迟开始时间和最迟完成时间。

1)在时标网络计划中，工作 A、工作 C、工作 D、工作 G 和工作 H 的最迟开始时间分别为

$$LS_{1-2} = ES_{1-2} + TF_{1-2} = 0 + 4 = 4$$
$$LS_{1-4} = ES_{1-4} + TF_{1-4} = 0 + 2 = 2$$
$$LS_{3-5} = ES_{3-5} + TF_{3-5} = 4 + 1 = 5$$
$$LS_{2-7} = ES_{2-7} + TF_{2-7} = 6 + 4 = 10$$
$$LS_{5-7} = ES_{5-7} + TF_{5-7} = 9 + 3 = 12$$

2)在时标网络计划中，工作 A、工作 C、工作 D、工作 G 和工作 H 的最迟完成时间分别为

$$LF_{1-2} = EF_{1-2} + TF_{1-2} = 6 + 4 = 10$$
$$LF_{1-4} = EF_{1-4} + TF_{1-4} = 2 + 2 = 4$$
$$LF_{3-5} = EF_{3-5} + TF_{3-5} = 9 + 1 = 10$$
$$LF_{2-7} = EF_{2-7} + TF_{2-7} = 11 + 4 = 15$$
$$LF_{5-7} = EF_{5-7} + TF_{5-7} = 12 + 3 = 15$$

第五节 单代号搭接网络计划

在建筑工程工作实践中，搭接关系是大量存在的，控制进度的计划图形应该能够表达和处理好这种关系。然而传统的单代号和双代号网络计划却只能表示两项工作首尾相接的关系，即前一项工作结束，后一项工作立即开始，而不能表示搭接关系。遇到搭接情况时，不得不将前一项工作进行分段处理，以符合前面工作不完成、后面工作不能开始的要求，这就使得网络计划变得复杂起来，绘制、调整都不方便。针对这一问题，各国陆续出现了许多表示搭接关系的网络计划，统称这些处理方法为"搭接网络计划法"，它们的共同特点是将前后连续施工的工作互相搭接起来进行，即前一工作提供了一定工作面后，后一工作即可及时插入施工（不必等待前面工作全部完成之后再开始），同时用不同的时距来表达不同的搭接关系。搭接网络计划有双代号和单代号两种表达方式，由于单代号搭接网络计划比较简明，使用也比较方便，故下面仅介绍单代号搭接网络计划。

一、搭接关系表示方法

在单代号搭接网络计划（以下简称搭接网络计划）中，各项工作之间的逻辑关系是靠相邻工作的开始或结束之间的一个规定时间来相互约束的，这些规定的约束时间称为时距。时距即按照工艺条件、工作性质等特点规定的相邻工作间的约束条件。单代号搭接网络计划中的时距共有五种，如图 4-59 所示。

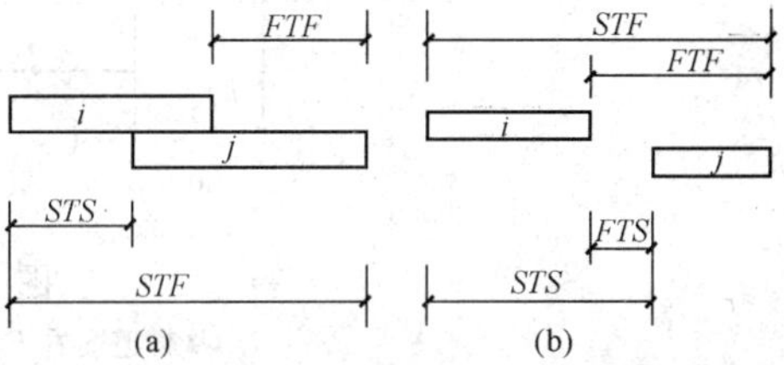

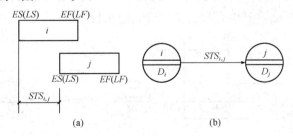

图 4-59　搭接关系

(a)FTF、STS 和 STF 的搭接关系；
(b)STF、FTF、FTS 和 STS 的搭接关系

1. 开始到开始时距

相邻工作 i 与 j，如果紧前工作 i 开始后，经过一段时间，紧后工作 j 才能开始。表达从 i 开始到 j 开始的搭接时距称为开始到开始时距，以符号 $STS_{i,j}$ 表示（图 4-60）。

图 4-60　STS 时距示意

(a)从横道图看 STS；(b)用单代号网络计划表示 STS

2. 开始到结束时距

相邻工作 i 与 j，如果紧前工作 i 开始以后，经过一段时间，紧后工作 j 必须结束。表

达从 i 开始到 j 结束的搭接时距称为开始到结束时距，以符号 $STF_{i,j}$ 表示（图 4-61）。

3. 结束到结束时距

相继施工的两工作 i 与 j，如果紧前工作 i 结束后，经过一段时间，紧后工作 j 也必须结束。表达从 i 结束到 j 结束的搭接时距称为结束到结束时距，以符号 $FTF_{i,j}$ 表示（图 4-62）。

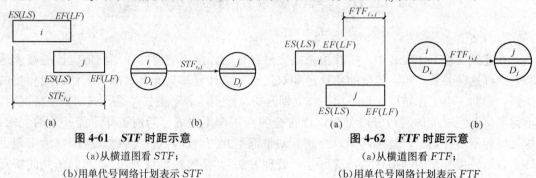

图 4-61　**STF** 时距示意

（a）从横道图看 STF；

（b）用单代号网络计划表示 STF

图 4-62　**FTF** 时距示意

（a）从横道图看 FTF；

（b）用单代号网络计划表示 FTF

4. 结束到开始时距

相邻工作 i 与 j，如果紧前工作 i 结束后，经过一段时间，紧后工作 j 才能开始。表达从 i 结束到 j 开始的搭接时距称为结束到开始时距，以符号 $FTS_{i,j}$ 表示（图 4-63）。

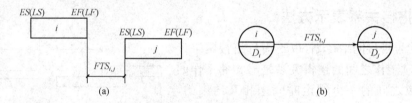

图 4-63　**FTS** 时距示意

（a）从横道图看 FTS；（b）用单代号网络计划表示 FTS

5. 混合搭接时距

以上四种搭接时距是最基本的搭接关系，有时只用其中一种搭接时距不能完全表明相邻工作 i 与 j 的搭接关系，这时就需要同时用两种基本时距组合（称为混合搭接时距）才能表明搭接关系（图 4-64）。根据组合原理，四种基本时距两两组合可出现六种混合搭接时距，即 $STS_{i,j}$ 和 $FTF_{i,j}$、$STS_{i,j}$ 和 $FTS_{i,j}$、$STS_{i,j}$ 和 $STF_{i,j}$、$STF_{i,j}$ 和 $FTF_{i,j}$、$STF_{i,j}$ 和 $FTS_{i,j}$、$FTF_{i,j}$ 和 $FTS_{i,j}$，其中 $STS_{i,j}$ 和 $FTF_{i,j}$ 应用较多。

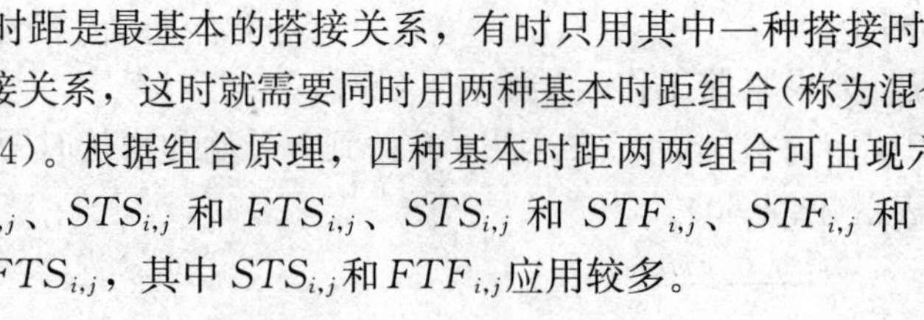

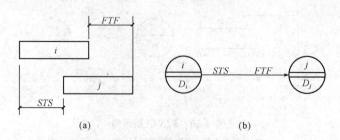

图 4-64　混合时距示意图

（a）从横道图看混合时距；（b）用单代号网络计划表示混合时距

二、单代号搭接网络图的绘制

搭接网络图的绘制与单代号网络图的绘制方法基本相同，也要经过任务分解、逻辑关系的确定和工作持续时间的确定等程序；然后绘制工作逻辑关系表，确定相邻工作的搭接类型与搭接时距；再根据工作逻辑关系表，绘制单代号网络图；最后再将搭接类型与时距标注在箭线上即可。其标注方法如图 4-65 所示。

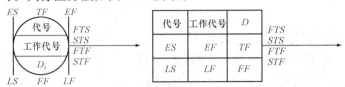

图 4-65　常用的搭接网络节点表示方法

搭接网络图的绘制应符合下列要求：

(1)根据工作顺序依次建立搭接关系，正确表达搭接时距。

(2)只允许有一个起点节点和一个终点节点。因此，有时要设置一个虚拟的起点节点和一个虚拟的终点节点，并在虚拟的起点节点和终点节点中分别标注"开始"和"完成"字样或分别标注英文字样"ST"和"FIN"。

(3)一个节点表示一道工作，节点编号不能重复。

(4)箭线表示工作之间的顺序及搭接关系。

(5)不允许出现逻辑循环。

(6)在搭接网络图中，每道工作的开始都必须直接或间接地与起点节点建立联系，并受其制约。

(7)每道工作的结束都必须直接或间接地与终点节点建立联系，并受其控制。

(8)在保证各工作之间的搭接关系和时距的前提下，应尽可能做到图面布局合理、层次清晰和重点突出。关键工作和关键线路，均要用粗箭线或双箭线画出，以区别于非关键线路。

(9)密切相关的工作，应尽可能相邻布置，避免交叉箭线。如果无法避免，则应采用过桥法表示。

三、单代号搭接网络计划时间参数的计算

单代号搭接网络计划时间参数计算的内容与单代号网络计划时间参数计算的内容是相同的，都需要计算工作时间参数和工作时差。但因为搭接网络具有几种不同形式的搭接关系，所以其计算过程相对比较复杂，需要特别仔细和小心，否则很容易出错。

1. 工作最早时间的计算

(1)计算最早时间参数必须从起点节点开始依次进行。只有紧前工作计算完毕后才能计算本工作。

(2)计算最早时间应按下列步骤进行。

1)凡与起点节点相连的工作最早开始时间都应为零，即

$$ES_i = 0 \tag{4-41}$$

2)其他工作 j 的最早开始时间根据时距应按下列规定计算：

相邻时距为 $STS_{i,j}$ 时，

$$ES_j = ES_i + STS_{i,j} \tag{4-42}$$

相邻时距为 $FTF_{i,j}$ 时，

$$ES_j = ES_i + D_i + FTF_{i,j} - D_j \tag{4-43}$$

相邻时距为 $STF_{i,j}$ 时，

$$ES_j = ES_i + STF_{i,j} - D_j \tag{4-44}$$

相邻时距为 $FTS_{i,j}$ 时，

$$ES_j = ES_i + D_i + FTS_{i,j} \tag{4-45}$$

式中　　ES_j——工作 i 紧后工作 j 的最早开始时间；

　　　　D_i，D_j——相邻的 i、j 两项工作的持续时间；

　　　　$STS_{i,j}$——i、j 两项工作开始到开始的时距；

　　　　$FTF_{i,j}$——i、j 两项工作完成到完成的时距；

　　　　$STF_{i,j}$——i、j 两项工作开始到完成的时距；

　　　　$FTS_{i,j}$——i、j 两项工作完成到开始的时距。

（3）计算工作最早时间，当出现最早开始时间为负值时，应将该工作与起点节点用虚箭线相连接，并确定其时距为

$$STS = 0 \tag{4-46}$$

（4）当某节点（工作）有多个紧前节点（工作）或与紧前节点（工作）混合搭接时，应分别计算并得到多组最早开始时间，取其中最大值作为该节点（工作）的最早开始时间。

（5）工作 j 的最早完成时间 EF_j 应按下式计算：

$$EF_j = ES_j + D_j \tag{4-47}$$

（6）最早完成时间的最大值的中间工作与终点节点应用虚箭线相连接，并确定其时距为

$$FTF = 0 \tag{4-48}$$

2. 工期的计算

（1）搭接网络计划的计算工期 T_c 由与终点节点相联系的工作的最早完成时间的最大值决定。

（2）搭接网络计划的计划工期 T_p 的确定与单代号、双代号的规定相同。

3. 时差的计算

（1）总时差（TF_i）。总时差的计算与一般网络计划无区别，可用最迟开始时间减最早开始时间或用最迟完成时间减最早完成时间求得。

（2）自由时差（FF_i）。自由时差的计算比较复杂，需分别按不同的时距关系计算后取最小值，所以要分别根据其与紧后工作的不同时距关系逐个进行计算。

当与唯一的紧后工作关系为 STS 时，按式（4-42）计算，此时若出现 $ES_j > ES_i + STS_{i,j}$，则自由时差可按式（4-49）计算：

$$FF_i = ES_j - (ES_i + STS_{i,j}) = ES_j - ES_i - STS_{i,j} \tag{4-49}$$

如图 4-66 所示，当紧后工作只有唯一的一项工作且它们之间的关系为 FTF 时，则依公式可以推出：

$$FF_i = EF_j - EF_i - FTF_{i,j} \tag{4-50}$$

当紧后工作只有唯一的一项工作且它们之间的关系为 STF 时，则可以推出：

$$FF_i = EF_j - ES_i - STF_{i,j} \tag{4-51}$$

当紧后工作只有唯一的一项工作且它们之间的关系为 FTS 时，则可以推出：

$$FF_i = ES_j - EF_i - FTS_{i,j} \tag{4-52}$$

当工作有多项紧后工作时，工作的自由时差将受各工作计算值中的最小值的控制，而且由其决定，故可得到自由时差的一般公式为

$$FF_i = \min \begin{cases} ES_j - ES_i - STS_{i,j} \\ EF_j - EF_i - FTF_{i,j} \\ EF_j - ES_i - STF_{i,j} \\ ES_j - EF_i - FTS_{i,j} \end{cases} \tag{4-53}$$

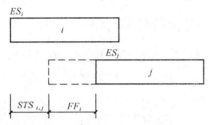

图 4-66　自由时差计算示意图

4. 工作最迟时间的计算

（1）在 STS 时距下，紧前工作的最迟时间为

$$LS_i = LS_j - STS_{i,j} \tag{4-54}$$
$$LF_i = LS_i + D_i \tag{4-55}$$

式中　LS_i——工作 j 的紧前工作 i 的最迟开始时间；

LS_j——工作 j 的最迟开始时间；

LF_i——工作 i 的最迟完成时间；

D_i——工作 i 的持续时间。

（2）在 FTF 时距下，紧前工作的最迟时间为

$$LF_i = LF_j - FTF_{i,j} \tag{4-56}$$
$$LS_i = LF_i - D_i \tag{4-57}$$

式中　LF_i——工作 j 的最迟完成时间。

式中其余符号意义同前。

（3）在 STF 时距下，紧前工作的最迟时间为

$$LS_i = LF_j - STF_{i,j} \tag{4-58}$$
$$LF_i = LS_i + D_i \tag{4-59}$$

（4）在 FTS 时距下，紧前工作的最迟时间为

$$LF_i = LS_j - FTS_{i,j} \tag{4-60}$$
$$LS_j = LF_i - D_i \tag{4-61}$$

（5）当某节点（工作）有多个紧后节点（工作）或与紧后节点（工作）混合搭接时，应分别计算并得到多组最迟完成时间，取其中最小值作为该节点的最迟完成时间。

（6）当某节点（工作）的最迟完成时间大于计划工期时，则取该节点的最迟完成时间为计划工期，并重新设置一虚拟的终点节点（其最迟、最早完成时间均为计划工期），标示"完

成"或"FIN"字样，该节点与虚拟终点节点之间用虚箭线连接，原来的终点节点与虚拟终点节点之间为衔接关系（$FTS=0$）。

四、关键工作和关键线路的确定

（1）在搭接网络计划中工作总时差最小的工作，其具有的机动时间最小，如果延长其持续时间就会影响计划工期，因此为关键工作。

（2）在搭接网络计划中，从起点节点 ST 开始总时差为最小的工作，沿时间间隔为零（$LAG=0$）的线路贯通至终点节点 FIN，则该条线路即关键线路。

五、搭接网络计划时间参数计算示例

【例 4-9】 某工程搭接网络计划如图 4-67 所示，试用分析计算法演示该单代号搭接网络计划的时间参数的计算过程，用图上计算法的标注方法在图上标注时间参数。

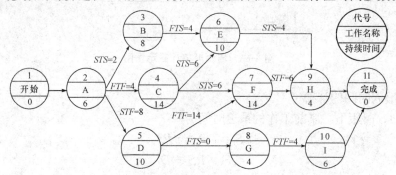

图 4-67 某工程搭接网络计划

【解】 （1）最早时间的计算。

A：$ES_A=0$，$EF_A=ES_A+D_A=0+6=6$（天）

B：$ES_B=ES_A+STS_{A,B}=0+2=2$（天），$EF_B=ES_B+D_B=2+8=10$（天）

C：$ES_C=EF_A+FTF_{A,C}-D_C=6+4-14=-4$（天）

最早开始时间出现负值，应取 $ES_C=0$，则 $EF_C=ES_C+D_C=0+14=14$（天），用一虚箭线将起点节点与 C 连接，如图 4-68 所示。

D：$ES_D=ES_A+STF_{A,D}-D_D=0+8-10=-2$（天）

最早开始时间出现负值，应取 $ES_D=0$，则 $EF_D=ES_D+D_D=0+10=10$（天），用一虚箭线将起点节点与 D 连接，如图 4-68 所示。

E：工作 E 有两个紧前工作 B、C，因此有两组计算结果。

与 B 为 FTS 关系，则 $ES_E=ES_B+D_B+FTS_{B,E}=2+8+4=14$（天）

与 C 为 STS 关系，则 $ES_E=ES_C+STS_{C,E}=0+6=6$（天）

两组结果取最大值，得 $ES_E=14$ 天，故 $EF_E=ES_E+D_E=14+10=24$（天）

F：工作 F 有两个紧前工作 C、D，因此有两组计算结果。

与 C 为 STS 关系，则 $ES_F=ES_C+STS_{C,F}=0+6=6$（天）

与 D 为 FTF 关系，则 $ES_F=EF_D+FTF_{D,F}-D_F=10+14-14=10$（天）

两组结果取最大值，得 $ES_F=10$ 天，故 $EF_F=ES_F+D_F=10+14=24$（天）

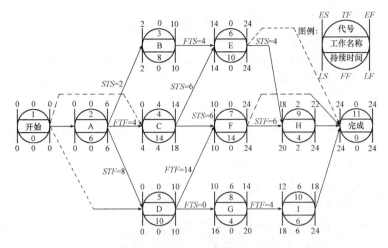

图 4-68　单代号搭接网络计划的时间参数计算

G：$ES_G=EF_D+FTS_{D,G}=10+0=10$（天）。$EF_G=ES_G+D_G=10+4=14$（天）

H：工作 H 有两个紧前工作 E、F，因此有两组计算结果。

与 E 为 STS 关系，则 $ES_H=ES_E+STS_{E,H}=14+4=18$（天）

与 F 为 STF 关系，则 $ES_H=ES_F+STF_{F,H}-D_H=10+6-4=12$（天）

两组结果取最大值，得 $ES_H=18$ 天，故 $EF_H=ES_H+D_H=18+4=22$（天）

I：$ES_I=EF_G+FTF_{G,I}-D_I=14+4-6=12$（天），$EF_I=ES_I+D_I=12+6=18$（天）

经以上计算可知，工作 E 和工作 F 的最早完成时间均为 24 天，为最大值，故分别用虚箭线将工作 E 和工作 F 与终点节点相连接，如图 4-68 所示。

(2)工期的计算。计算工期 T_c 由与终点节点相联系的工作的最早完成时间的最大值决定，即 $T_c=24$ 天。计划工期 $T_P=T_c=24$ 天。

(3)最迟时间的计算。

I：$LF_I=24$ 天，$LS_I=LF_I-D_I=24-6=18$（天）

H：$LF_H=24$ 天，$LS_H=LF_H-D_H=24-4=20$（天）

G：$LF_G=LF_I-FTF_{G,I}=24-4=20$（天），$LS_G=LF_G-D_G=20-4=16$（天）

F：$LF_F=24$ 天，$LS_F=LF_F-D_F=24-14=10$（天）

E：$LF_E=24$ 天，$LS_E=LF_E-D_E=24-10=14$（天）

D：工作 D 有两个紧后工作 F、G，因此有两组计算结果。

与 F 为 FTF 关系，则 $LF_D=LF_F-FTF_{D,F}=24-14=10$（天）

与 G 为 FTS 关系，则 $LF_D=LS_G-FTS_{D,G}=16-0=16$（天）

两组结果比较取最小值，得 $LF_D=10$ 天，故 $LS_D=LF_D-D_D=10-10=0$（天）

C：工作 C 有两个紧后工作 E、F，因此有两组计算结果。

与 E 为 STS 关系，则 $LS_C=LS_E-STS_{C,E}=14-6=8$（天）

与 F 为 STS 关系，则 $LS_C=LS_F-STS_{C,F}=10-6=4$（天）

两组结果比较取最小值，得 $LS_C=4$ 天，故 $LF_C=LS_C+D_C=4+14=18$（天）

B：$LF_B=LS_E-FTS_{B,E}=14-4=10$（天），$LS_B=LF_B-D_B=10-8=2$（天）

A：工作 A 有三个紧后工作 B、C、D，因此有三组计算结果。

与 B 为 STS 关系，则 $LF_A=LS_B-STS_{A,B}+D_A=2-2+6=6$（天）

与 C 为 FTF 关系，则 $LF_A=LF_C-FTF_{A,C}=18-4=14$（天）

与 D 为 STF 关系，则 $LF_A=LF_D-STF_{A,D}+D_A=10-8+6=8$（天）

三组结果比较取最小值，得 $LF_A=6$ 天，则 $LS_A=LF_A-D_A=6-6=0$（天）

(4) 总时差的计算。

A：$TF_A=LS_A-ES_A=0$（天）

B：$TF_B=LS_B-ES_B=2-2=0$（天）

C：$TF_C=LS_C-ES_C=4-0=4$（天）

D：$TF_D=LS_D-ES_D=0$（天）

E：$TF_E=LS_E-ES_E=14-14=0$（天）

F：$TF_F=LS_F-ES_F=10-10=0$（天）

G：$TF_G=LS_G-ES_G=16-10=6$（天）

H：$TF_H=LS_H-ES_H=20-18=2$（天）

I：$TF_I=LS_I-ES_I=18-12=6$（天）

(5) 自由时差的计算。

A：工作 A 有三个紧后工作 B、C、D，有三种时距关系，因此有三组计算结果。

$$FF_A=\min\begin{cases}ES_B-ES_A-STS_{A,B}=2-0-2=0（天）\\EF_C-EF_A-FTF_{A,C}=14-6-4=4（天）\\EF_D-ES_A-STF_{A,D}=10-0-8=2（天）\end{cases}=0\ 天$$

B：$FF_B=ES_E-EF_B-FTS_{B,E}=14-10-4=0$（天）

C：工作 C 有两个紧后工作 E、F，因此有两组计算结果。

$$FF_C=\min\begin{cases}ES_E-ES_C-STS_{C,E}=14-0-6=8（天）\\ES_F-ES_C-STS_{C,F}=10-0-6=4（天）\end{cases}=4\ 天$$

D：工作 D 有两个紧后工作 F、G，因此有两组计算结果。

$$FF_D=\min\begin{cases}EF_F-EF_D-FTF_{D,F}=24-10-14=0（天）\\ES_G-EF_D-FTS_{D,G}=10-10-0=0（天）\end{cases}=0\ 天$$

E：$FF_E=0$ 天

F：$FF_F=0$ 天

G：$FF_G=EF_I-EF_G-FTF_{G,I}=18-14-4=0$（天）

H：$FF_H=ES_终-EF_H=24-22=2$（天）

I：$FF_I=ES_终-EF_I=24-18=6$（天）

第六节 网络计划优化

网络计划的优化是指在一定约束条件下，按既定目标对网络计划进行不断改进，以寻求满意方案的过程。网络计划的优化目标应按计划任务的需要和条件选定，包括工期目标、资源目标和费用目标。根据优化目标的不同，网络计划的优化可分为工期优化、费用优化和资源优化三种。

一、工期优化

网络计划的工期优化，是指当计算工期不能满足要求工期时，可通过压缩关键工作的持续时间来满足工期要求的过程。但在优化过程中不能将关键工作压缩成为非关键工作；在优化过程中出现多条关键线路时，必须同时压缩各条关键线路的持续时间，否则不能有效地缩短工期。

1. 工期优化的步骤

(1)计算网络计划时间参数，确定关键工作与关键线路。

(2)根据计划工期，确定应缩短时间，即

$$\Delta T = T_c - T_r \tag{4-62}$$

式中　T_c——网络计划的计算工期；

　　　T_r——要求工期。

(3)将选择的关键工作压缩到最短的持续时间，重新计算工期，找出关键线路。此时，必须注意两点才能达到缩短工期的目的：一是不能将关键工作变成非关键工作；二是出现多条关键线路时，其总的持续时间应相等。

(4)若计算工期仍超过计划工期，则重复上述步骤，直至满足工期要求或工期已不可能再压缩时为止。

(5)当所有关键工作的持续时间都压缩到极限，工期仍不能满足要求时，应对计划的原技术方案、组织方案进行调整或对要求工期重新审定。

2. 工期优化的计算方法

因为在优化过程中，不一定需要全部时间参数值，只需寻求出关键线路，所以在此只介绍关键线路直接寻求法之一的标号法。根据计算节点最早时间的原理，设网络计划起点节点①的标号值为 0，即 $b_1 = 0$；中间节点 j 的标号值 b_j 等于该节点的所有内向工作(即指向该节点的工作)的开始节点 i 的标号值 b_i 与该工作的持续时间 $D_{i,j}$ 之和的最大值，即

$$b_j = \max[b_i + D_{i,j}] \tag{4-63}$$

能求得最大值的节点 i 称为节点 j 的源节点，将源节点及 b_j 标注于节点上，直至最后一个节点。从网络计划终点开始，自右向左按源节点寻求关键线路，终节点的标号值即网络计划的计算工期。

3. 工期优化的示例

【例 4-10】 已知网络计划如图 4-69 所示，当要求工期为 40 天时，试进行优化。

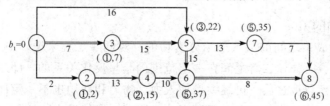

图 4-69　优化前的网络计划

【解】 (1)用标号法确定关键线路及正常工期。

(2)计算应缩短的时间为

$$\Delta T = T_c - T_r = 45 - 40 = 5(\text{天})$$

(3)缩短关键工作的持续时间。先将⑤→⑥缩短5天，即由15天缩至10天，用标号法计算，计算工期为42天，如图4-70所示，总工期仍有42天，故⑤→⑥工作只需缩短3天，其网络图用标号法计算，如图4-71所示，可知有两条关键线路，两条线路上均需缩短42-40=2(天)。

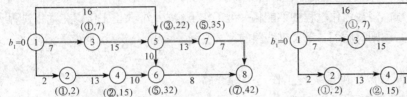

图 4-70　第一次优化后的网络计划

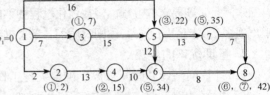

图 4-71　第二次优化后的网络计划

(4)进一步缩短关键工作的持续时间。将③→⑤工作缩短2天，即由15天缩至13天，则两条线路均缩短2天。用标号法计算后得工期为40天，满足要求。优化后的网络计划如图4-72所示。

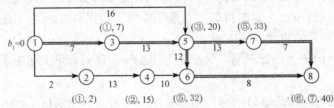

图 4-72　优化后的网络计划

二、费用优化

费用优化是以满足工期要求的施工费用最低为目标的施工计划方案的调整过程。通常，在寻求网络计划的最佳工期大于规定工期或在执行计划需要加快施工进度时，需要进行工期与成本优化。

(一)费用与工期的关系

在建设工程施工过程中，完成一项工作通常可以采用多种施工方法和组织方法，而不同的施工方法和组织方法又会有不同的持续时间和费用。因为一项建设工程往往包含许多工作，所以在安排建设工程进度计划时就会出现许多方案。进度方案不同，所对应的总工期和总费用也就不同。为了能从多种方案中找出总成本最低的方案，必须首先分析费用和时间之间的关系。

1. 工期与成本的关系

时间(工期)和成本之间的关系是十分密切的。对同一工程来说，施工时间长短不同，其成本(费用)也不会一样，二者之间在一定范围内是呈反比关系的，即工期越短、成本越高。工期缩短到一定程度之后，再继续增加人力、物力和费用也不一定能使之再短，而工期过长则非但不能相应地降低成本，反而会造成浪费，增加成本，这是就整个工程的总成本而言的。如果具体分析成本的构成要素，则它们与时间的关系又各有其自身的变化规律。一般的情况是材料、人工、机具等称作直接费用的开支项目，将随着工期的缩短而增加，因为工期越压缩则增加的额外费用也必定越多。如果改变施工方法，改用费用更昂贵的设备，就会额外地增加材料或设备费用；实行多班制施工，就会额外地增加许多夜班支出，如照明费、夜餐费等，甚至工作效率也会有所降低。工期越短则这些额外费用的开支也会急剧增加。但是，如果工期缩短得不算太紧，增加的费用还是较低的。对于通常称作间接费的那部分费用，如管理人员工资、办公费、房屋租金、仓储费等，则是与时间成正比的，时间越长则花的费用也越多。这两种费用与时间的关系可以用图4-73表示。如果将两种费用叠加起来，就能够得到一条新的曲线，即总成本曲线。总成本曲线的特点是两头高而中间低，从这条曲线最低点的坐标可以找到

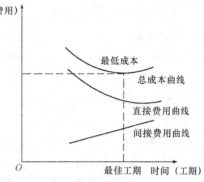

图4-73 工程成本-工期关系曲线

工程的最低成本及与之相应的最佳工期，同时，也能利用它来确定不同工期条件下的相应成本。

2. 工作直接费用与持续时间的关系

在网络计划中，工期的长短取决于关键线路的持续时间，而关键线路是由许多持续时间和费用各不相同的工作所构成的。为此，必须研究各项工作的持续时间与直接费用的关系。一般情况下，随着工作时间的缩短、费用的逐渐增加，则会形成如图4-74所示的连续曲线。

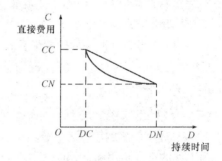

图4-74 直接费用-持续时间曲线

DN——工作的正常持续时间；
CN——按正常持续时间完成工作时所需的直接费用；
DC——工作的最短持续时间；
CC——按最短持续时间完成工作时所需的直接费用

实际上，直接费用曲线并不像图中那样圆滑，而是由一系列线段所组成的折线，并且越接近最高费用（极限费用，用 CC 表示），其曲线越陡。确定曲线是一件很麻烦的事情，而且就工程而言，也不需要如此精确，所以为了简化计算，一般都将曲线近似表示为直线，其斜率称为费用斜率，表示单位时间内直接费用的增加（或减少）量。

直接费用率可按式(4-64)计算：

$$\Delta C_{i-j} = \frac{CC_{i-j} - CN_{i-j}}{DN_{i-j} - DC_{i-j}} \tag{4-64}$$

式中 ΔC_{i-j}——工作 $i-j$ 的直接费用率；

  CC_{i-j}——按最短持续时间完成工作 $i-j$ 时所需的直接费用；

  CN_{i-j}——按正常持续时间完成工作 $i-j$ 时所需的直接费用；

  DN_{i-j}——工作 $i-j$ 的正常持续时间；

  DC_{i-j}——工作 $i-j$ 的最短持续时间。

从式(4-64)可以看出，工作的直接费用率越大，说明将该工作的持续时间缩短一个时间单位所需增加的直接费用就越多；反之，将该工作的持续时间缩短一个时间单位，所需增加的直接费用就越少。因此，在压缩关键工作的持续时间以达到缩短工期的目的时，应将直接费用率最小的关键工作作为压缩对象。当有多条关键线路出现并需要同时压缩多个关键工作的

持续时间时，应将它们的直接费用率之和(组合直接费用率)的最小者作为压缩对象。

(二)费用优化的方法

费用优化的基本方法就是从组成网络计划的各项工作的持续时间与费用关系中，找出能使计划工期缩短而又能使直接费用增加最少的工作，不断地缩短其持续时间，然后考虑间接费用随着工期缩短而减少的影响，将不同工期下的直接费用和间接费用分别叠加起来，即可求得工程成本最低时的相应最优工期和工期一定时相应的最低工程成本。

费用优化的步骤如下：

(1)按工作正常持续时间找出关键工作及关键线路。

(2)按规定计算各项工作的费用率。

(3)在网络计划中找出费用率(或组合费用率)最低的一项关键工作或一组关键工作，作为缩短持续时间的对象。

(4)当需要缩短关键工作的持续时间时，其缩短值的确定必须符合下列两条原则：

1)缩短后工作的持续时间不能小于其最短持续时间。

2)缩短持续时间的工作不能变成非关键工作。

(5)计算相应的费用增加值。

(6)考虑工期变化带来的间接费用及其他损益，在此基础上计算总费用。

(7)重复上述步骤(3)～(6)，直到总费用至最低为止。

(三)费用优化示例

【例4-11】已知待优化网络计划如图4-75所示，试求出费用最少的工期。在图4-75中，箭线上方为工作的正常费用和最短时间的费用(以千元为单位)，箭线下方为工作的正常持续时间和最短的持续时间。已知间接费用率为120元/天。

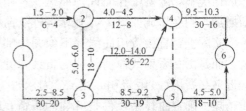

图4-75 待优化网络计划

【解】 (1)简化网络图。简化网络图的目的是在缩短工期过程中，删去那些不能变成关键工作的非关键工作，使网络图简化，减少计算工作量。

首先按持续时间计算，找出关键线路及关键工作，如图4-76所示。

其次，从图4-76中可以看出，关键线路为①—③—④—⑥，关键工作为1—3、3—4、4—6。用最短的持续时间置换那些关键工作的正常持续时间，重新计算，找出关键线路及关键工作。重复本步骤，直至不能增加新的关键线路为止。

经计算，图4-76中的工作2—4不能转变为关键工作，故删去它，重新整理成新的网络计划，如图4-77所示。

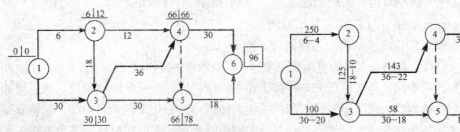

图4-76 按正常持续时间计算的网络计划　　　图4-77 新的网络计划

(2)计算各工作费用率。按式(4-64)计算工作1—2的费用率 ΔC_{1-2} 为

$$\Delta C_{1-2}=\frac{CC_{1-2}-CN_{1-2}}{DN_{1-2}-DC_{1-2}}=\frac{2\,000-1\,500}{6-4}=250(元/天)$$

其他工作费用率均按式(4-64)计算,将它们标注在图4-77中的箭线上方。

(3)找出关键线路上工作费用率最低的关键工作。在图4-78中,关键线路为①—③—④—⑥,工作费用率最低的关键工作是④—⑥。

(4)确定缩短时间大小的原则是原关键线路不能变为非关键线路。已知关键工作4—6的持续时间可缩短14天,因为工作5—6的总时差只有12天(96－18－66＝12),所以,第一次缩短只能是12天,工作4—6的持续时间应改为18天。计算第一次缩短工期后增加费用 C_1 为

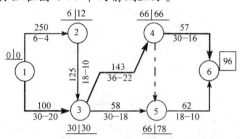

图4-78 按新的网络计划确定关键线路

$$C_1=57\times12=684(元)$$

通过第一次缩短后,在图4-79中关键线路变成两条,即①—③—④—⑥和①—③—④—⑤—⑥。如果使该图的工期再缩短,必须同时缩短两条关键线路上的时间。为了减少计算次数,关键工作1—3、4—6及5—6都缩短时间,工作5—6持续时间只能允许再缩短2天,故该工作的持续时间缩短2天。工作1—3持续时间可允许缩短10天,但考虑工作1—2和2—3的总时差有6天(12－0－6＝6或30－18－6＝6),因此,工作1—3持续时间缩短6天,共计缩短8天,计算第二次缩短工期后增加的费用 C_2 为

$$C_2=C_1+100\times6+(57+62)\times2=684+600+238=1\,522(元)$$

(5)第三次缩短:从图4-80中可以看出,工作4—6的持续时间不能再缩短,工作费用率用∞表示,关键工作3—4的持续时间缩短6天,因工作3—5的总时差为6天(60－30－24＝6),故计算第三次缩短工期后,增加的费用 C_3 为

$$C_3=C_2+143\times6=1\,522+858=2\,380(元)$$

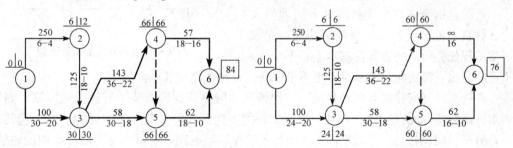

图4-79 第一次工期缩短的网络计划   **图4-80 第二次工期缩短的网络计划**

(6)第四次缩短:从图4-81中可以看出,缩短工作3—4和3—5持续时间为8天,因为工作3—4最短的持续时间为22天,故第四次缩短工期后增加的费用 C_4 为

$$C_4=C_3+(143+58)\times8=2\,380+201\times8=3\,988(元)$$

(7)第五次缩短:从图4-82中可以看出,关键线路有4条,只能在关键工作1—2、1—3、2—3中选择,只能缩短工作1—3和2—3(工作费用率为125＋100),持续时间4天。工

作 1—3 的持续时间已达到最短，不能再缩短，经过五次缩短工期，不能再减少了，不同工期增加直接费用计算结束，第五次缩短工期后共增加费用 C_5 为

$$C_5 = C_4 + (125 + 100) \times 4 = 3\ 988 + 900 = 4\ 888(元)$$

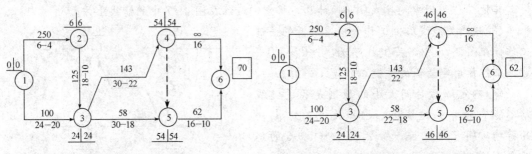

图 4-81　第三次工期缩短的网络计划　　　　　图 4-82　第四次工期缩短的网络计划

考虑不同工期增加费用及间接费用影响，见表 4-9，选择其中组合费用最低的工期作为最佳方案。

表 4-9　不同工期组合费用表

不同工期/天	96	84	76	70	62	58
增加直接费用/元	0	684	1 522	2 380	3 988	4 888
间接费用/元	11 520	10 080	9 120	8 400	7 440	6 960
合计费用/元	11 520	10 764	10 642	10 780	11 428	11 848

从表 4-9 可以中看出，工期 76 天所增加的费用最少，为 10 642 元。费用最低方案如图 4-83 所示。

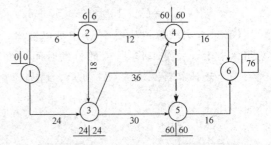

图 4-83　费用最低的网络计划

三、资源优化

资源是指为完成一项计划任务所需的人力、材料、机械设备和资金等的统称。完成一项工程任务所需的资源量基本上是不变的，不可能通过资源优化将其减少，更不可能通过资源优化将其减至最少。

在资源计划安排时有两种情况：一种情况是网络计划所需要的资源受到限制，如果不增加资源数量（如劳动力），有时会迫使工程的工期延长，资源优化的目的是使工期延长最少；另一种情况是在一定时间内如何安排各工作活动时间，使可供使用的资源均衡地消耗。因此，资源优化主要有"资源有限，工期最短"和"工期固定，资源均衡"两种。以下主要介绍"资源有限，工期最短"的优化。

1. 资源优化步骤

（1）"资源有限，工期最短"的优化宜对"时间单位"做资源检查，当出现第 t 个时间单位资源需用量 R_t 大于资源限量 R_a 时，应进行计划调整。

调整计划时，应对资源冲突的诸工作做出新的顺序安排。顺序安排的选择标准是"工期延长时间最短"，其值应按下列公式计算：

1)对双代号网络计划:

$$\Delta D_{m'-n',i'-j'} = \min\{\Delta D_{m-n,i-j}\} \tag{4-65}$$

$$\Delta D_{m-n,i-j} = EF_{m-n} - LS_{i-j} \tag{4-66}$$

式中　$\Delta D_{m'-n',i'-j'}$——在各种顺序安排中,最佳顺序安排所对应的工期延长时间的最小值,它要求将 LS_{i-j} 最大的工作 $i'-j'$ 安排在 $EF_{m'-n'}$ 最小的工作 $m'-n'$ 之后进行;

　　$\Delta D_{m-n,i-j}$——在资源冲突的诸工作中,工作 $i-j$ 安排在工作 $m-n$ 之后进行时工期所延长的时间。

2)对单代号网络计划:

$$\Delta D_{m',i'} = \min\{\Delta D_{m,i}\} \tag{4-67}$$

$$\Delta D_{m,i} = EF_m - LS_i \tag{4-68}$$

式中　$\Delta D_{m',i'}$——在各种顺序安排中,最佳顺序安排所对应的工期延长时间的最小值;

　　$\Delta D_{m,i}$——在资源冲突的诸工作中,工作 i 安排在工作 m 之后进行时工期所延长的时间。

(2)"资源有限,工期最短"的优化,应按下述规定步骤调整工作的最早开始时间。

1)计算网络计划每"时间单位"的资源需用量。

2)从计划开始日期起,逐个检查每个时间单位资源需用量是否超过资源限量,如果在整个工期内每个"时间单位"均能满足资源限量的要求,则可行优化方案就编制完成了。否则必须进行计划调整。

3)分析超过资源限量的时段(每"时间单位"资源需用量相同的时间区段),按式(4-65)计算 $\Delta D_{m'-n',i'-j'}$ 值或按式(4-67)计算 $\Delta D_{m',i'}$ 值,从而确定新的安排顺序。

4)对调整后的网络计划安排重新计算每个时间单位的资源需用量。

5)重复上述 2)~4)步骤,直至网络计划整个工期范围内每个时间单位的资源需用量均满足资源限量为止。

2. 资源优化示例

【例4-12】 已知某工程双代号网络计划如图 4-84 所示,图中箭线上方数字为工作的资源强度,箭线下方数字为工作的持续时间。假定资源限量 $R_a = 12$,试对其进行"资源有限,工期最短"的优化。

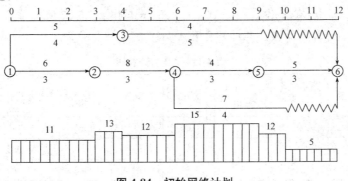

图4-84　初始网络计划

【解】 该网络计划"资源有限,工期最短"的优化可按以下步骤进行:

（1）计算网络计划每个时间单位的资源需用量，绘制出资源需用量动态曲线，如图 4-85 下方曲线所示。

（2）从计划开始日期起，经检查发现第二个时段[3，4]存在资源冲突，即资源需用量超过资源限量，故应首先调整该时段。

（3）在时段[3，4]有工作 1—3 和工作 2—4 两项工作平行作业，利用式（4-65）、式（4-66）计算 ΔD 值，其结果见表 4-10。

表 4-10　ΔD 值计算表　　　　　　　　　天

工作序号	工作代号	最早完成时间	最迟开始时间	$\Delta D_{1,2}$	$\Delta D_{2,1}$
1	1—3	4	3	1	—
2	2—4	6	3	—	3

由表 4-10 可知，$\Delta D_{1,2}=1$ 最小，说明将第 2 号工作（工作 2—4）安排在第 1 号工作（工作 1—3）之后进行，工期延长最短，只延长 1 天。因此，将工作 2—4 安排在工作 1—3 之后进行，调整后的网络计划如图 4-85 所示。

（4）重新计算调整后的网络计划每个时间单位的资源需用量，绘制出资源需用量动态曲线，如图 4-76 下方曲线所示。从图中可知，在第四时段[7，9]存在资源冲突，故应调整该时段。

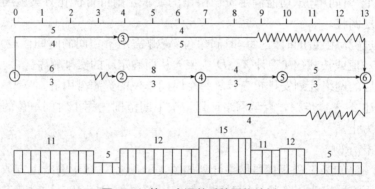

图 4-85　第一次调整后的网络计划

（5）在时段[7，9]有工作 3—6、工作 4—5 和工作 4—6 三项工作平行作业，利用式（4-65）、式（4-66）计算 ΔD 值。其结果见表 4-11。

表 4-11　ΔD 值计算表　　　　　　　　　天

工作序号	工作代号	最早完成时间	最迟开始时间	$\Delta D_{1,2}$	$\Delta D_{1,3}$	$\Delta D_{2,1}$	$\Delta D_{2,3}$	$\Delta D_{3,1}$	$\Delta D_{3,2}$
1	3—6	9	8	2	0	—	—	—	—
2	4—5	10	7	—	—	2	1	—	—
3	4—6	11	9	—	—	—	—	3	4

由表 4-11 可知，$\Delta D_{1,3}=0$ 最小，说明将第 3 号工作（工作 4—6）安排在第 1 号工作（工作 3—6）之后进行，工期不延长。因此，将工作 4—6 安排在工作 3—6 之后进行，调整后的

网络计划如图 4-86 所示。

(6)重新计算调整后的网络计划每个时间单位的资源需用量，绘制出资源需用量动态曲线，如图 4-86 下方曲线所示。由于此时整个工期范围内的资源需用量均未超过资源限量，故图 4-86 所示的方案即最优方案，其最短工期为 13 天。

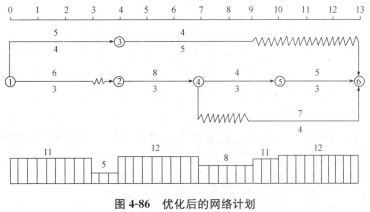

图 4-86　优化后的网络计划

本章小结

网络计划技术是在建筑施工中广泛应用的现代化科学管理方法，是利用网络图的形式表达各项工作之间的相互制约和相互依赖关系，并分析其内在规律，从而寻求最优方案的方法。通过对计划的优化、调整和控制，达到缩短工期、提高效率、节约劳动力、降低消耗的施工目标，是施工组织设计的重要组成部分。

本章主要介绍了双代号网络计划、单代号网络计划的基本概念和绘制方法、时间参数的计算、关键工作和关键线路的确定等。

双代号网络图由箭线、节点、节点编号、虚箭线、线路五个基本要素组成。双代号网络计划时间参数的计算方法很多，一般常用有按工作计算法和按节点计算法；在计算方式上有分析计算法、图上计算法、表上计算法、矩阵计算法和计算机计算法等。

单代号网络图由节点、箭线和节点编号三个基本要素组成。单代号网络计划时间参数的计算方法和顺序与双代号网络计划的工作时间参数计算相同，同样，单代号网络计划的时间参数计算应在确定工作持续时间之后进行。

双代号时标网络计划是以时间坐标为尺度表示工作时间的网络计划。时标的时间单位应根据需要在编制网络计划之前确定，可为小时、天、周、月或季等。

单代号搭接网络计划中，各项工作之间的逻辑关系是靠相邻工作的开始或结束之间的一个规定时间来相互约束的，这些规定的约束时间称为时距。

网络计划的优化是指在一定约束条件下，按既定目标对网络计划进行不断改进，以寻求满意方案的过程。网络计划的优化可分为工期优化、费用优化和资源优化三种。

一、填空题

1._____是指用网络图表达任务构成、工作顺序并加注工作时间参数的进度计划，因此，提出一项具体工程任务的网络计划安排方案，就必须首先要求绘制网络图。

2. 网络图中一端带箭头的实线即为箭线，一般可分为_____和_____两种。

3. 在网络图中箭线的出发和交汇处通常画上圆圈，用以标志该圆圈前面一项或若干项工作的结束和允许后面一项或若干项工作的开始的时间点称为_____。

4. 网络图中从起点节点开始，沿箭头方向顺序通过一系列箭线与节点，最后到达终点节点的通路，称为_____。

5. 网络计划的计算工期应等于_____与_____之差。

二、单项选择题

1. 关于网络计划优点的叙述，下列正确的是(   )。

　　A. 网络图将施工过程中的各有关工作组成了一个有机的整体，能全面而明确地表达出各项工作开展的先后顺序，反映出各项工作之间相互制约和相互依赖的关系

　　B. 表达计划不直观、不形象，从图上很难看出流水作业的情况

　　C. 很难依据普通网络计划(非时标网络计划)计算资源的日用量，但时标网络计划可以克服这一缺点

　　D. 编制较难，绘制较麻烦

2. (   )是指按照各项时间参数计算公式的程序，直接在网络图上计算时间参数的方法。

　　A. 分析计算法　　　　B. 表上计算法　　　　C. 图上计算法　　　　D. 搭接计算法

3. 关于单代号网络图绘制基本原则的叙述，下列不正确的是(   )。

　　A. 单代号网络图中，可以出现循环回路

　　B. 单代号网络图中，严禁出现双向箭头或无箭头的连线

　　C. 单代号网络图中，严禁出现没有箭尾节点的箭线和没有箭头节点的箭线

　　D. 绘制网络图时，箭线不宜交叉。当交叉不可避免时，可采用过桥法和指向法绘制

4. 关于时标网络计划适用范围的叙述，下列正确的是(   )。

　　A. 工作项目较多，且工艺过程比较简单的施工计划，能快速绘制与调整

　　B. 年、季、月等周期性网络计划

　　C. 工作性网络计划

　　D. 全局网络计划

5. (   )是以满足工期要求的施工费用最低为目标的施工计划方案的调整过程。

A. 工期优化　　　　　　　　　　B. 费用优化

C. 资源优化　　　　　　　　　　D. 单代号网络优化

三、简答题

1. 网络计划的基本原理有哪些？

2. 双代号网络图有哪些要素？其绘制规则有哪些？

3. 单代号网络图中关键工作和关键线路如何确定？

4. 简述双代号时标网络计划的特点。

5. 费用优化的步骤有哪些？

第五章　施工方案的选择

知识目标

1. 熟悉施工方法和施工机械的选择、施工顺序及如何划分施工段；掌握施工方案的制定步骤。

2. 了解专项施工方案的内容、编制依据；熟悉专项施工方案的编制方法及危险性较大的分部分项工程安全专项施工方案的内容和编制方法。

能力目标

1. 能对施工技术方案进行选择。
2. 能确定施工组织方案。

第一节　施工方案的制定步骤

施工方案是施工组织设计的核心，一般包含在施工组织设计中。施工方案制定步骤流程如图 5-1 所示。

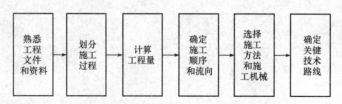

图 5-1　施工方案制定步骤流程图

施工方案制定步骤的有关说明如下：

（1）熟悉工程文件和资料。制定施工方案之前，应广泛收集工程有关文件及资料，包括政府的批文、有关政策和法规、业主方的有关要求、设计文件及技术和经济等方面的文件和资料。当缺乏某些技术参数时，应进行工程试验以取得第一手资料。

(2)划分施工过程。划分施工过程是进行施工管理的基础工作，施工过程划分的方法可以与项目分解结构、工作分解结构结合进行。施工过程划分后，就可以对各个施工过程的技术进行分析。

(3)计算工程量。计算工程量应结合施工方案按工程量计算规则来进行。

(4)确定施工顺序和流向。施工顺序和流向的安排应符合施工的客观规律，并且处理好各个施工过程之间的关系和相互影响。

(5)选择施工方法和施工机械。拟订施工方法时，应着重考虑影响整个单位工程施工的分部分项工程的施工方法，对于常规做法的分项工程则不必详细拟订。在选择施工机械时，应首先选择主导工程的机械，然后根据建筑特点及材料、构件种类配备辅助机械。最后确定与施工机械相配套的专用工具设备。例如，垂直运输机械的选择，它直接影响工程的施工进度。一般根据标准层垂直运输量来编制垂直运输量表，然后据此选择垂直运输方式和机械数量，再确定水平运输方式和与之配套的辅助机械数量。最后布置运输设施的位置及水平运输路线。垂直运输量表见表5-1。

表 5-1　垂直运输量表

序号	项目	单位	数量		需要吊次
			工程量	每吊工程量	

(6)确定关键技术路线。关键技术路线的确定是对工程环境和条件及各种技术选择的综合分析的结果。

关键技术路线是指在大型、复杂工程中对工程质量、工期、成本影响较大且施工难度又大的分部分项工程所采用的施工技术的方向和途径。其包括施工所采取的技术指导思想、综合的系统施工方法及重要的技术措施等。

大型工程关键技术难点往往不止一个，这些关键技术是工程中的主要矛盾，关键技术路线的正确应用与否，直接影响到工程的质量、安全、工期和成本。施工方案的制定应紧紧抓住施工过程中的各个关键技术路线的制定。例如，在高层建筑施工方案制定时，应着重考虑的关键技术问题有：深基坑的开挖及支护体系；高耸结构混凝土的输送及浇捣；高耸结构垂直运输；结构平面复杂的模板体系；高层建筑的测量、机电设备的安装和装修的交叉施工安排等。

第二节　施工方案制定的具体内容

一、确定施工方法和施工机械

正确选择施工方法和施工机械，是制定施工方案的关键。单位工程各个分部分项工程均可采用不同的施工方法和施工机械，而每一种施工方法和施工机械又都有其优缺点。因此，必须从先进、经济、合理的角度出发进行选择，以达到提高工程质量、降低成本、提高劳动生产率和加快进度的预期效果。

1. 施工方法主要内容

拟订主要的操作过程和方法，包括施工机械的选择、提出质量要求和达到质量要求的技术措施、制定切实可行的安全施工措施等。

2. 确定施工方法的重点

确定施工方法时应着重考虑影响整个单位工程施工的分部分项工程的施工方法。例如，在单位工程中占重要地位的分部分项工程，施工技术复杂或采用新工艺、新材料、新技术对工程质量起关键作用的分部分项工程，不熟悉的特殊结构工程或由专业施工单位施工的特殊专业工程等的施工方法。而对于按照常规做法和工人熟悉的分部分项工程，只要提出应注意的特殊问题即可，不必详细拟订施工方法。对于下列一些项目的施工方法则应详细、具体：

（1）工程量大，在单位工程中占重要地位，对工程质量起关键作用的分部分项工程。如基础工程、钢筋混凝土工程等隐蔽工程。

（2）施工技术复杂、施工难度大，或采用新技术、新工艺、新结构、新材料的分部分项工程。如大体积混凝土结构施工、模板早拆体系、无粘结预应力混凝土等。

（3）施工人员不太熟悉的特殊结构，专业性很强、技术要求很高的工程。如仿古建筑、大跨度空间结构、大型玻璃幕墙、薄壳、悬索结构等。

3. 施工机械的选择

施工机械对施工工艺、施工方法有直接的影响。施工机械化是现代化大生产的显著标志，对加快建设速度、提高工程质量、保证施工安全、节约工程成本起着至关重要的作用。因此，选择施工机械成为确定施工方案的一个重要内容。

（1）大型机械设备选择原则。机械化施工是施工方法选择的中心环节，施工方法和施工机械的选择是紧密联系的，一定的方法配备一定的机械，在选择施工方法时应当协调一致。大型机械设备的选择主要是选择施工机械的型号和确定其数量，在选择其型号时应符合以下原则：

1）满足施工工艺的要求。

2）有获得的可能性。

3）经济、合理且技术先进。

（2）大型机械设备选择应考虑的因素。

1）选择施工机械应首先根据工程特点，选择适宜主导工程的施工机械。例如，在选择装配式单层厂房结构安装用的起重机械时，若工程量大而集中，则可选用生产效率高的塔式起重机或桅杆式起重机；若工程量较小或虽然较大但却较分散，则采用无轨自行式起重机械。在选择起重机型号时，应使起重机性能满足起重量、起重高度、起重半径和起重臂长等的要求。

2）施工机械之间的生产能力应协调一致。要充分发挥主导施工机械的效率，同时，在选择与之配套的各种辅助机械和运输工具时，应注意它们之间的协调。例如，挖土机与运土汽车配套协调，可使挖土机能充分发挥其生产效率。

3）在同一建筑工地上的施工机械的种类和型号应尽可能少。

为了便于现场施工机械的管理及减少转移，对于工程量大的工程应采用专用的施工机械；对于工程量小而分散的工程，则应尽量采用多用途的施工机械。例如，挖土机既可用于挖土也可用于装卸、起重和打桩。

4)在选用施工机械时，应尽量选用施工单位现有的机械，以减少资金的投入，充分发挥现有机械效率。若施工单位现有的机械不能满足工程需要，则可以考虑租赁或购买。

5)对于高层建筑或结构复杂的建筑物(构筑物)，其主体结构施工的垂直运输机械最佳方案往往是多种机械的组合。例如，塔式起重机和施工电梯；塔式起重机、施工电梯和混凝土泵；塔式起重机、施工电梯和井架；井架、快速提升机和施工电梯等。

(3)大型机械设备选择确定。根据工程特点，按施工阶段正确选择最适宜的主导工程的大型施工机械设备，在各种机械型号、数量确定之后，列出设备的规格、型号、主要技术参数及数量，可汇总成表，参见表5-2。

表 5-2　大型机械设备选择汇总表

项目	大型机械名称	机械型号	主要技术参数	数量	进、退场日期
基础阶段					
结构阶段					
装修阶段					

二、确定施工顺序

确定施工顺序是指确定施工过程或分项工程之间施工的先后次序。施工顺序的确定既是为了按照客观的施工规律组织施工，也是为了解决工种之间在时间上的搭接问题，从而在保证质量与安全施工的前提下，以期达到充分利用空间、争取时间、缩短工期的目的，取得较好的经济效益。组织单位工程施工时，应将其划分为若干个分部工程或施工阶段，每一分部工程又划分为若干个分项工程(施工过程)，并对各个分部分项工程的施工顺序做出合理安排。

(1)确定施工顺序的原则。

1)施工工艺要求。各个施工过程之间存在着一定的工艺顺序，这是由客观规律所决定的。工艺顺序会因施工对象、结构部位、构造特点、使用功能及施工方法不同而变化。即在确定施工顺序时，应着重分析该施工对象各个施工过程的工艺关系。工艺关系是指施工过程与施工过程之间存在的相互依赖、相互制约的关系。

2)施工方法和施工机械的要求。例如，在建造装配式单层工业厂房时，如果采用分件吊装法，施工顺序应该是先吊柱，后吊起重机梁，最后吊屋架和屋面板；如果采用综合吊装方法，则施工顺序应该是吊装完一个节间的柱、起重机梁、屋架、屋面板之后，再吊装另一节间的构件。另外，如果一幢大楼采用逆作法施工，就和顺作法施工的程序完全不一样了。

3)考虑施工工期的要求。合理的施工顺序与施工工期有较密切的关系，施工工期会影响到施工顺序的确定。有些建筑物由于工期要求紧，采用逆作法施工，这样便导致施工顺序发生较大变化。一般情况下，满足施工工艺条件的施工方案可能有多个，因此，应通过对方案的分析、对比，选择经济、合理的施工顺序。

4)施工组织顺序的要求。在建造某些重型车间时，由于这种车间内通常都有较大、较深的设备基础，如果先建造厂房，然后再建造设备基础，则在设备基础挖土时可能破坏厂房的柱基础，在这种情况下，必须先进行设备基础的施工，然后进行厂房柱基础的施工，或者两者同时进行。

5)施工质量的要求。例如，基坑的回填土，特别是从一侧进行的回填土，必须在砌体达到必要的强度以后才能开始，否则砌体的质量会受到影响。又如卷材屋面，必须在找平层充分干燥后铺设。

6)当地的气候条件。例如，在广东、中南地区施工时，应当考虑雨期施工的特点；在华北、东北、西北地区施工时，应当考虑冬期施工的特点。土方、砌墙、屋面等工程应当尽量安排在雨季或冬季到来之前施工，而室内工程则可以适当推后。

7)安全技术的要求。合理的施工顺序，必须使各个施工过程的搭接不至于引起安全事故。例如，不能在同一个施工段上一面铺设屋面板，一面又进行其他作业。多层房屋施工，只有在已经有层间楼板或坚固的临时铺板将一个一个楼层分隔开的条件下，才允许同时在各个楼层展开工作。

(2)确定总的施工顺序。一般工业和民用建筑总的施工顺序为基础→主体工程→屋面防水工程→装饰工程。

(3)施工顺序的分析。按照房屋各分部工程的施工特点一般可分为地下工程、主体结构工程、装饰与屋面工程三个阶段。一些分项工程通常采用的施工顺序如下：

1)地下工程是指室内地坪(±0.000)以下所有的工程。浅基础的施工顺序为清除地下障碍物→软弱地基处理(需要时)→挖土→垫层→砌筑(或浅筑)基础→回填土。其中，基础常用砖基础和钢筋混凝土基础(条形基础或筏形基础)。在进行砖基础的砌筑中有时要穿插进行地梁的浇筑，砖基础的顶面还要浇筑防潮层。钢筋混凝土基础则包括支撑模板→绑扎钢筋→浇筑混凝土→养护→拆模。如果基础开挖深度较大、地下水水位较高，则在挖土前还应进行土壁支护及降水工作。

桩基础的施工顺序为打桩(或灌注桩)→挖土→垫层→承台→回填土。承台的施工顺序与钢筋混凝土浅基础类似。

2)主体结构常用的结构形式有混合结构、装配式钢筋混凝土结构(单层厂房居多)、现浇钢筋混凝土结构(框架、剪力墙、筒体)等。

混合结构的主导工程是砌墙和安装楼板。混合结构标准层的施工顺序为弹线→砌筑墙体→浇过梁及圈梁→板底找平→安装楼板(浇筑楼板)。

装配式结构的主导工程是结构安装。单层厂房的柱和屋架一般在现场预制，预制构件达到设计要求的强度后可进行吊装。单层厂房结构安装可以采用分件吊装法或综合吊装法，但基本安装顺序都是相同的，即吊装柱→吊装基础梁、连系梁、起重机梁等，扶直屋架→吊装屋架、天窗架、屋面板。支撑系统穿插在其中进行。

现浇框架、剪力墙、筒体等结构的主导工程均是现浇钢筋混凝土。标准层的施工顺序为弹线→绑扎墙体钢筋→支墙体模板→浇筑墙体混凝土→拆除墙模→搭设楼面模板→绑扎楼面钢筋→浇筑楼面混凝土。其中，柱、墙的钢筋绑扎在支模之前完成，而楼面的钢筋绑扎则在支模之后进行。另外，施工中应考虑技术间歇。

3）一般的装饰及屋面工程包括抹灰、勾缝、饰面、喷浆、门窗扇安装、玻璃安装、油漆、屋面找平、屋面防水层等。其中，抹灰和屋面防水层是主导工程。

装饰工程没有严格一定的顺序。同一楼层内的施工顺序一般为地面→顶棚→墙面，有时可以采用顶棚→墙面→地面的顺序。又如内外装饰施工，两者相互干扰很小，可以先外后内，也可先内后外，或者两者同时进行。

卷材屋面防水层的施工顺序为铺保温层（如需要）→铺找平层→刷冷底子油→铺卷材→撒绿豆砂。屋面工程在主体结构完成后开始，并应尽快完成，为顺利进行室内装饰工程创造条件。

三、划分施工段

划分施工段的目的是适应流水施工的需要，单位工程划分施工段时还应注意以下四点要求：

（1）要有利于结构的整体性，尽量利用伸缩缝或沉降缝、平面上有变化处、留槎不影响质量处及可留设施工缝处等作为施工段的分界线。住宅可按单元、楼层划分；厂房可按跨、按生产线划分；建筑群还可按区、栋分段。

（2）要使各段工程量大致相等，以便组织有节奏的流水施工，使劳动组织相对稳定、各班组能连续均衡施工，减少停歇和窝工。

（3）施工段数应与施工过程数相协调，尤其是在组织楼层结构流水施工时，每层的施工段数应大于或等于施工过程数。段数过多可能延长工期或使工作面过窄，段数过少则无法流水，使劳动力窝工或机械设备停歇。

（4）分段施工的大小应与劳动组织（或机械设备）及其生产能力相适应，保证足够的工作面，以便于操作，发挥生产效率。

实际施工时，基础工程和主体工程一般进行分段流水作业，施工段的划分可相同也可不同，为了便于组织施工，基础和主体工程施工段的数目和位置基本一致。屋面工程施工时若没有高低层，或没有设置变形缝，一般不分段施工，而是采用依次施工的方式组织施工。装饰工程平面上一般不分段，立面上分层施工，一个结构层可作为一个施工层。

四、施工方案的技术经济评价

施工方案的技术经济评价是在众多的施工方案中选择出快、好、省、安全的施工方案。施工方案的技术经济评价涉及的因素多而复杂，一般来说，施工方案的技术经济评价有定性分析和定量分析两种。

1. 定性分析

施工方案的定性分析是人们根据自己的个人实践和一般的经验，对若干个施工方案进行优缺点比较，从中选择出比较合理的施工方案。如技术上是否可行、安全上是否可靠、经济上是否合理、资源上能否满足要求等。此方法比较简单，但主观随意性较大。

2. 定量分析

施工方案的定量分析是通过计算施工方案的若干相同的、主要的技术经济指标，进行综合分析比较，选择出各项指标较好的施工方案。这种方法比较客观，但指标的确定和计算比较复杂。

主要的评价指标有以下几种：

（1）工期指标：当要求工程尽快完成以便尽早投入生产或使用时，选择施工方案就要在确保工程质量、安全和成本较低的条件下，优先考虑缩短工期。在钢筋混凝土工程主体施工时，往往采用增加模板的套数来缩短主体工程的施工工期。

（2）机械化程度指标：在考虑施工方案时应尽量提高施工机械化程度，降低工人的劳动强度；积极扩大机械化施工的范围，将机械化施工程度的高低作为衡量施工方案优劣的重要指标。

$$施工机械化程度 = \frac{机械完成的实物工程量}{全部实物工程量} \times 100\%$$

（3）主要材料消耗指标：其反映若干施工方案的主要材料节约情况。

（4）降低成本指标：其综合反映工程项目或分部分项工程由于采用不同的施工方案而产生不同的经济效果。降低成本指标可以用降低成本额和降低成本率来表示。

$$降低成本额 = 预算成本 - 计划成本$$

$$降低成本率 = \frac{降低成本额}{预算成本} \times 100\%$$

第三节　专向施工方案制定

一、专项施工方案的内容

专项施工方案是针对单位工程施工中危险性较大的分部分项工程，专项工程，重点、难点和"四新"（新技术、新材料、新设备、新工艺）技术工程编制的施工方案。

专项施工方案包括土方、降水、护坡工程施工方案，防水工程施工方案，钢筋工程施工方案，模板工程施工方案，混凝土工程施工方案（大体积混凝土施工方案），预应力工程施工方案，钢结构工程施工方案，脚手架及防护施工方案，屋面工程施工方案，二次结构施工方案，水电安装工程施工方案，装饰装修工程施工方案，塔式起重机基础施工方案，塔式起重机安装及拆除施工方案，施工电梯基础施工方案，施工电梯安装及拆除方案，临时用电施工方案，施工试验方案，施工测量方案，冬期施工方案，消防保卫预案，工程资料编制方案，工程质量控制方案，工程创优施工方案等。

专项施工方案的内容包括分部分项工程或特殊过程概况、施工方案、施工方法、劳动力组织、材料及机械设备等供应计划、工期安排及保证措施、质量标准及保证措施、安全标准及保证措施、安全防护和保护环境措施等。

1. 分部分项工程及特殊过程概况

分部分项工程或特殊过程项目名称，建筑、结构等概况及设计要求，工期、质量、安全、环境等要求，施工条件和周围环境情况，项目难点和特点等，必要时应配以图表达。

2. 施工方案

(1)确定项目管理机构及人员组成。

(2)确定施工方法。

(3)确定施工工艺流程。

(4)选择施工机械。

(5)确定劳务队伍。

(6)确定施工物质的采购：建筑材料、预制加工品、施工机具、生产工艺设备等需用量、供应商。

(7)确定安全施工措施包括安全防护、劳动保护、防火防爆、特殊工程安全、环境保护等措施。

3. 施工方法

根据施工工艺流程顺序，提出各环节的施工要点和注意事项。对易发生质量通病的项目、新技术、新工艺、新设备、新材料等应做重点说明，并绘制详细的施工图加以说明。对具有安全隐患的工序，应进行详细计算并绘制详细的施工图加以说明。

4. 劳动力组织

根据施工工艺要求，确定劳务队伍及不同工种的劳动力数量，并采用表的形式表示。

5. 材料及机械设备等供应计划

根据设计要求和施工工艺要求，提出工程所需的各种原材料、半成品、成品及施工机械设备需用量计划。

6. 工期安排及保证措施

(1)工期安排：根据工艺流程顺序，在单位工程施工进度计划的基础上编制详细的专项施工进度计划，以横道图方式或网络图形式表示。

(2)保证措施：组织措施、技术措施、经济措施及合同措施等。

7. 质量标准及保证措施

(1)质量标准。

1)主控项目：包括抽检数量、检验方法。

2)一般项目：包括抽检数量、检验方法和合格标准。

(2)保证措施。

1)人的控制：以项目经历的管理目标和职责为中心，贯彻因事设岗配备合适的管理人员；严格执行实行分包单位的资质审查；坚持作业人员持证上岗；加强对现场管理和作业人员的质量意识教育及技术培训；严格现场管理制度和生产纪律，规范人的作业技术和管理活动行为；加强激励和沟通活动等。

2)材料设备的控制：抓好原材料、成品、半成品、构配件的采购，材料的检验，材料的存储和使用；建筑设备的选择采购、设备运输、设备检查验收、设备安装和设备调试等。

3)施工设备的控制：从施工需要和保证质量的要求出发，确定相应类型的性能参数；按照先进、经济合理、生产适用、性能可靠、使用安全的原则选施工机械；在施工过程中配备适合的操作人员并加强维护。

4)施工方法的控制：采取的技术方案、工艺流程、检测手段、施工程序安排等。

5)环境的控制：包括自然环境的控制、管理环境的控制和劳动作业环境的控制。

8. 安全防护和保护环境措施

针对项目特点、施工现场环境、施工方法、劳动组织、作业使用的机械、动力设备、变配电设施、架设工具以及各项安全防护设施等从技术上制定确保安全施工、保护环境及防止工伤事故和职业病危害的预防措施。

二、专项施工方案的编制依据

(1)与工程建设有关的现行法律、法规和文件。

(2)国家现行有关标准、规范、规程和技术经济指标。

(3)工程所在地区行政主管部门的批准文件，建设单位对施工的要求。

(4)工程施工合同或招标投标文件。

(5)工程设计文件。

(6)工程施工范围内的现场条件，工程地质及水文地质、气象等自然条件。

(7)与工程有关的资源供应情况。

三、专项施工方案的编制流程与审批

1. 专项施工方案的编制流程

(1)收集专项工程施工方案编制相关的法律、法规、规范性文件、标准、规范及施工图纸(国标图集)、单位工程施工组织设计等。

(2)熟悉专项工程概况，进行专项工程特点和施工条件的调查研究，如单位工程的施工平面布置、对专项工程的施工要求、可以提供的技术保证条件等。

(3)计算专项工程主要工种工程的工程量。

(4)根据单位工程施工进度计划编制专项施工方案施工进度计划。

(5)确定专项施工方案的施工技术参数、施工工艺流程、施工方法及检查验收。

(6)确定专项施工方案的材料计划、机械设备计划、劳动力计划等。

(7)确定专项施工方案的施工质量保证措施。

(8)确定专项施工方案的施工安全组织保障、技术措施、应急预案、监测监控等安全与文明施工保证措施。

(9)提供专项施工方案的计算书及相关图纸。

2. 专项施工方案的审批

(1)建筑工程实施施工总承包的，其专项施工方案应当由施工总承包单位组织编制。专项工程施工方案应由施工单位技术部门组织相关专家评审，施工单位技术负责人批准。

(2)由专业承包单位施工的专项工程的施工方案，应由专业承包单位技术负责人或技术负责人授权的技术人员审批；有总承包单位时，应由总承包单位项目技术负责人核准备案。

(3)规模较大的专项工程的施工方案应按单位工程施工组织设计进行编制和审批，即由施工单位技术负责人或技术负责人授权的技术人员审批。

(4)项目在实施过程中，发生工程设计有重大修改，有关法律、法规、规范和标准实施、修订和废止，主要施工方法有重大调整，施工环境有重大改变时，专项施工方案应及时进行修改或补充。

（5）专项施工方案如因设计、结构、外部环境等因素发生变化确需修改的，修改后的专项施工方案应当重新审核。

四、危险性较大的分部分项工程安全专项施工方案的内容和编制方法

1. 危险性较大的分部分项工程概述

危险性较大的分部分项工程安全管理规定

为加强对房屋建筑和市政基础设施工程中危险性较大的分部分项工程安全管理，有效防范生产安全事故，依据《中华人民共和国建筑法》《中华人民共和国安全生产法》《建设工程安全生产管理条例》等法律、法规，住房和城乡建设部制定了《危险性较大的分部分项工程安全管理规定》，自 2018 年 6 月 1 日起施行。

危险性较大的分部分项工程（以下简称"危大工程"），是指房屋建筑和市政基础设施工程在施工过程中，容易导致人员群死群伤或者造成重大经济损失的分部分项工程。

施工单位应当在危险性较大的分部分项工程施工前组织工程技术人员编制专项施工方案。

住房和城乡建设部办公厅关于实施《危险性较大的分部分项工程安全管理规定》有关问题的通知（建办质〔2018〕31 号），明确了房屋建筑和市政基础设施工程的在建筑安全生产活动及安全管理中危险性较大的分部分项工程、超过一定规模的、危险性较大的分部分项工程的范围，详见附件一、附件二。

附件一：危险性较大的分部分项工程范围

一、基坑工程

（一）开挖深度超过 3 m（含 3 m）的基坑（槽）的土方开挖、支护、降水工程。

（二）开挖深度虽未超过 3 m，但地质条件、周围环境和地下管线复杂，或影响毗邻建、构筑物安全的基坑（槽）的土方开挖、支护、降水工程。

二、模板工程及支撑体系

（一）各类工具式模板工程：包括滑模、爬模、飞模、隧道模等工程。

（二）混凝土模板支撑工程：搭设高度在 5 m 及以上，或搭设跨度在 10 m 及以上，或施工总荷载（荷载效应基本组合的设计值，以下简称设计值）在 10 kN/m² 及以上，或集中线荷载（设计值）在 15 kN/m 及以上，或高度大于支撑水平投影宽度且相对独立无联系构件的混凝土模板支撑工程。

（三）承重支撑体系：用于钢结构安装等满堂支撑体系。

三、起重吊装及起重机械安装拆卸工程

（一）采用非常规起重设备、方法，且单件起吊重量在 10 kN 及以上的起重吊装工程。

（二）采用起重机械进行安装的工程。

（三）起重机械安装和拆卸工程。

四、脚手架工程

（一）搭设高度在 24 m 及以上的落地式钢管脚手架工程（包括采光井、电梯井脚手架）。

（二）附着式升降脚手架工程。

（三）悬挑式脚手架工程。

（四）高处作业吊篮。

（五）卸料平台、操作平台工程。

（六）异型脚手架工程。

五、拆除工程

可能影响行人、交通、电力设施、通信设施或其他建、构筑物安全的拆除工程。

六、暗挖工程

采用矿山法、盾构法、顶管法施工的隧道、洞室工程。

七、其他

（一）建筑幕墙安装工程。

（二）钢结构、网架和索膜结构安装工程。

（三）人工挖孔桩工程。

（四）水下作业工程。

（五）装配式建筑混凝土预制构件安装工程。

（六）采用新技术、新工艺、新材料、新设备可能影响工程施工安全，尚无国家、行业及地方技术标准的分部分项工程。

附件二：超过一定规模的危险性较大的分部分项工程范围

一、深基坑工程

开挖深度超过 5 m（含 5 m）的基坑（槽）的土方开挖、支护、降水工程。

二、模板工程及支撑体系

（一）各类工具式模板工程：包括滑模、爬模、飞模、隧道模等工程。

（二）混凝土模板支撑工程：搭设高度在 8 m 及以上，或搭设跨度在 18 m 及以上，或施工总荷载（设计值）在 15 kN/m² 及以上，或集中线荷载（设计值）在 20 kN/m 及以上的混凝土模板支撑工程。

（三）承重支撑体系：用于钢结构安装等满堂支撑体系，承受单点集中荷载 7 kN 及以上。

三、起重吊装及起重机械安装拆卸工程

（一）采用非常规起重设备、方法，且单件起吊重量在 100 kN 及以上的起重吊装工程。

（二）起重量在 300 kN 及以上，或搭设总高度在 200 m 及以上，或搭设基础标高在 200 m 及以上的起重机械安装和拆卸工程。

四、脚手架工程

（一）搭设高度在 50 m 及以上的落地式钢管脚手架工程。

（二）提升高度在 150 m 及以上的附着式升降脚手架工程或附着式升降操作平台工程。

（三）分段架体搭设高度在 20 m 及以上的悬挑式脚手架工程。

五、拆除工程

（一）码头、桥梁、高架、烟囱、水塔或拆除中容易引起有毒有害气（液）体或粉尘扩散、易燃易爆事故发生的特殊建、构筑物的拆除工程。

（二）文物保护建筑、优秀历史建筑或历史文化风貌区影响范围内的拆除工程。

六、暗挖工程

采用矿山法、盾构法、顶管法施工的隧道、洞室工程。

七、其他

（一）施工高度在 50 m 及以上的建筑幕墙安装工程。

（二）跨度在 36 m 及以上的钢结构安装工程，或跨度在 60 m 及以上的网架和索膜结构安装工程。

（三）开挖深度在 16 m 及以上的人工挖孔桩工程。

（四）水下作业工程。

（五）重量在 1 000 kN 及以上的大型结构整体顶升、平移、转体等施工工艺。

（六）采用新技术、新工艺、新材料、新设备可能影响工程施工安全，尚无国家、行业及地方技术标准的分部分项工程。

2. 危险性较大的分部分项工程专项施工方案的内容

（1）工程概况：危险性较大工程概况和特点、施工平面布置、施工要求和技术保证条件。

（2）编制依据：相关法律、法规、规范性文件、标准、规范及施工图设计文件、施工组织设计等。

（3）施工计划：包括施工进度计划、材料与设备计划。

（4）施工工艺技术：技术参数、工艺流程、施工方法、操作要求、检查要求等。

（5）施工安全保证措施：组织保障措施、技术措施、监测监控措施等。

（6）施工管理及作业人员配备和分工：施工管理人员、专职安全生产管理人员、特种作业人员、其他作业人员等。

（7）验收要求：验收标准、验收程序、验收内容、验收人员等。

（8）应急处置措施。

（9）计算书及相关施工图纸。

3. 危险性较大的分部分项工程专项施工方案的编制方法

（1）施工单位应当在危险性较大工程施工前组织工程技术人员编制专项施工方案。

实行施工总承包的，专项施工方案应当由施工总承包单位组织编制。危险性较大工程实行分包的，专项施工方案可以由相关专业分包单位组织编制。

（2）专项施工方案应当由施工单位技术负责人审核签字、加盖单位公章，并由总监理工程师审查签字、加盖执业印章后方可实施。

危险性较大工程实行分包并由分包单位编制专项施工方案的，专项施工方案应当由总承包单位技术负责人及分包单位技术负责人共同审核签字并加盖单位公章。

4. 超过一定规模的危险性较大的分部分项工程专项施工方案的编制方法

（1）对于超过一定规模的危险性较大工程，施工单位应当组织召开专家论证会对专项施工方案进行论证。实行施工总承包的，由施工总承包单位组织召开专家论证会，专家论证前专项施工方案应当通过施工单位审核和总监理工程师审查。

专家应当从地方人民政府住房城乡建设主管部门建立的专家库中选取，符合专业要求且人数不得少于 5 名。与本工程有利害关系的人员不得以专家身份参加专家论证会。

（2）关于专家论证会参会人员。超过一定规模的危险性较大工程专项施工方案专家论证会的参会人员应当包括以下几项：

1）专家；

2）建设单位项目负责人；

3）有关勘察、设计单位项目技术负责人及相关人员；

4）总承包单位和分包单位技术负责人或授权委派的专业技术人员、项目负责人、项目技术负责人、专项施工方案编制人员、项目专职安全生产管理人员及相关人员；

5）监理单位项目总监理工程师及专业监理工程师。

（3）关于专家论证内容。对于超过一定规模的危险性较大工程专项施工方案，专家论证的主要内容应当包括以下几项：

1）专项施工方案内容是否完整、可行；

2）专项施工方案计算书和验算依据、施工图是否符合有关标准规范；

3）专项施工方案是否满足现场实际情况，并能够确保施工安全。

（4）关于专项施工方案修改。超过一定规模的危险性较大工程的专项施工方案经专家论证后结论为"通过"的，施工单位可参考专家意见自行修改完善；结论为"修改后通过"的，专家意见要明确具体修改内容，施工单位应当按照专家意见进行修改，并履行有关审核和审查手续后方可实施，修改情况应及时告知专家。

（5）关于监测方案内容。进行第三方监测的危险性较大工程监测方案的主要内容应当包括工程概况、监测依据、监测内容、监测方法、人员及设备、测点布置与保护、监测频次、预警标准及监测成果报送等。

（6）关于验收人员。超过一定规模的危险性较大工程的闲验收人员应当包括以下几项：

1）总承包单位和分包单位技术负责人或授权委派的专业技术人员、项目负责人、项目技术负责人、专项施工方案编制人员、项目专职安全生产管理人员及相关人员；

2）监理单位项目总监理工程师及专业监理工程师；

3）有关勘察、设计和监测单位项目技术负责人。

（7）关于专家条件。设区的市级以上地方人民政府住房城乡建设主管部门建立的专家库专家应当具备以下基本条件：

1）诚实守信、作风正派、学术严谨；

2）从事相关专业工作 15 年以上或具有丰富的专业经验；

3）具有高级专业技术职称。

（8）关于专家库管理。设区的市级以上地方人民政府住房城乡建设主管部门应当加强对专家库专家的管理，定期向社会公布专家业绩，对于专家不认真履行论证职责、工作失职等行为，记入不良信用记录，情节严重的取消专家资格。

本章小结

施工方案是施工组织设计的核心，一般包含在施工组织设计中。施工方案的制定步骤为熟悉工程文件和资料、划分施工过程、计算工程量、确定施工顺序和流向、选择施工方法和施工机械、确定关键技术路线。

专项施工方案是针对单位工程施工中的危险性较大的分部分项工程，专项工程，重点、难点和"四新"（新技术、新材料、新设备、新工艺）技术工程编制的施工方案。

科学、合理的施工方案是工程建设得以快速、安全和顺利进行的保证，因此，务必高度重视，不可粗心大意。

思考与练习

一、填空题

1. _____是施工组织设计的核心，一般包含在施工组织设计中。

2. _____确定施工方法时应着重考虑影响整个单位工程施工的_____的施工方法。

3. _____是对工程环境和条件及各种技术选择的综合分析的结果。

4. 一般工业和民用建筑总的施工顺序为_____ → _____ → _____ → _____。

5. 一般来说施工方案的技术经济评价有_____和_____两种。

6. _____是针对单位工程施工中的危险性较大的分部分项工程、专项工程、重点、难点和"四新"（新技术、新材料、新设备、新工艺）技术工程编制的施工方案。

7. 施工单位应当在危险性较大的分部分项工程施工前组织工程技术人员编制_____。

二、简答题

1. 简述施工方案制定步骤流程。

2. 大型机械设备的选择原则是什么？

3. 确定施工顺序的原则有哪些？

4. 单位工程划分施工段时应注意哪几点要求？

5. 专项施工方案的内容包括哪些？

6. 简述专项施工方案的编制方法。

第六章 单位工程施工组织设计

1. 了解单位工程施工组织设计的编制依据、原则、作用，掌握单位施工组织设计的内容和编制程序。
2. 了解施工方案的选择，掌握施工方案的制定步骤。
3. 熟悉施工组织计划。
4. 掌握单位施工平面图设计的原则、内容、步骤等。

1. 能够编制单位工程施工组织设计的程序。
2. 能对施工技术方案进行选择，可以确定施工组织方案。
3. 能够编制单位工程施工进度计划及其各项资源需要量计划。
4. 能够完成单位施工平面图设计。

第一节 单位工程施工组织设计概述

一、单位工程施工组织设计的编制依据

(1) 主管部门的批示文件及建设单位的要求：如上级机关对该项工程的有关批示文件和要求；建设单位的意见和对施工的要求；施工合同中的有关规定等。

(2) 经过会审的图纸：包括单位工程的全部施工图纸、会审记录、设计变更及技术核定单、有关标准图，较复杂的建筑工程还要知道设备、电气、管道等设计图。如果是整个建设项目中的一个单位工程，还要了解建设项目的总平面布置等。

(3) 施工企业年度生产计划对该工程的安排和规定的有关指标：如进度、其他项目穿插施工的要求等。

(4) 施工组织总设计：本工程若为整个建设项目中的一个项目，则应将施工组织总设计

中的总体施工部署及对本工程施工的有关规定和要求作为编制依据。

（5）资源配备情况：如施工中需要的劳动力、施工机具和设备、材料、预制构件和加工品的供应能力和来源情况。

（6）建设单位可能提供的条件和水、电供应情况：如建设单位可能提供的临时房屋数量，水、电供应量，水压、电压能否满足施工要求等。

（7）施工现场条件和勘察资料：如施工现场的地形、地貌、地上与地下的障碍物、工程地质和水文地质、气象资料、交通运输道路及场地面积等。

（8）预算文件和国家规范等资料：工程的预算文件等提供了工程量和预算成本。国家的施工验收规范、质量标准、操作规程和有关定额是确定施工方案、编制进度计划等的主要依据。

（9）国家或行业有关的规范、标准、规程、法规、图集及地方标准和图集：如地基与基础工程施工及验收规范、建筑安装工程质量检验评定统一标准、建筑机械使用安全技术规程、混凝土质量控制标准、钢筋焊接及验收规范等。

（10）有关的参考资料及类似工程施工组织设计实例。

二、单位工程施工组织设计的编制原则

（1）做好现场工程技术资料的调查工作。一切工程技术资料都是编制单位工程施工组织设计的主要根据。原始资料必须真实，数据要可靠，特别是水文、地质、材料供应、运输及水电供应的资料。每个工程各有不同的难点，组织设计中应着重收集施工难点的资料。有了完整、确切的资料，即可根据实际条件制定方案并从中优选。

（2）合理安排施工程序。可将整个工程划分成几个阶段，如施工准备、基础工程、预制工程、主体结构工程、屋面防水工程、装饰工程等。各个施工阶段之间应互相搭接、衔接紧凑，力求缩短工期。

（3）采用先进的施工技术和进行合理的施工组织。采用先进的施工技术是提高劳动生产率、保证工程质量、加快施工速度和降低工程成本的主要途径，应组织流水施工，采用网络计划技术安排施工进度。

（4）土建施工与设备安装应密切配合。某些工业建筑的设备安装工程量较大，为了使整个厂房提前投产，土建施工应为设备安装创造条件，提出设备安装进场时间。设备安装尽可能与土建搭接，在搭接施工时应考虑到施工安全和对设备的污染，最好采用分区分段进行。水、电、卫生设备的安装，也应与土建交叉配合。

（5）施工方案应作技术经济比较。对主要工种工程的施工方法和主要机械的选择要进行多方案技术经济比较，选择经济合理、技术先进、切合现场实际的施工方案。

（6）确保工程质量和施工安全。在单位工程施工组织设计中，必须提出确保工程质量的技术措施和施工安全措施，尤其是新技术和本施工单位较生疏的工艺。

（7）特殊时期的施工方案。在施工组织中，雨期施工和冬期施工的特殊性应该给予体现，应有具体的应对措施。对使用农民工较多的工程，还应考虑农忙时劳动力调配的问题。

（8）节约费用和降低工程成本。合理布置施工平面图，减少临时性设施和避免材料二次搬运，节约施工用地。安排进度时应尽量发挥建筑机械的工效和一机多用，尽可能利用当

地资源，以减少运输费用；正确选择运输工具，以降低运输成本。

（9）环境保护的原则。从某种程度上说，工程施工就是对自然环境的破坏与改造。环境保护是可持续发展的前提，因此，在施工组织设计中应体现出对环境保护的具体措施。

三、单位工程施工组织设计的作用

（1）贯彻施工组织总设计，具体实施施工组织总设计对该单位工程的规划精神。

（2）编制该工程的施工方案，选择其施工方法、施工机械，确定施工顺序，提出实现质量、进度、成本和安全目标的具体措施，为施工项目管理提出技术和组织方面的指导性意见。

（3）编制施工进度计划，落实施工顺序、搭接关系及各分部分项工程的施工时间，实现工期目标，为施工单位编制作业计划提供依据。

（4）计算各种物资、机械、劳动力的需求量，安排供应计划，从而保证进度计划的实现。

（5）对单位工程的施工现场进行合理的设计和布置，统筹合理利用空间。

（6）具体规划作业条件方面的施工准备工作。

（7）施工单位有计划地开展施工，检查、控制工程进展情况的重要文件。

（8）建设单位配合施工、监理工程，落实工程款项的基本依据。

四、单位工程施工组织设计的内容

单位工程施工组织设计是以单位工程为主要对象编制的施工组织设计，对单位工程的施工过程起指导和制约作用。其是由施工承包单位工程项目经理编制的，是施工前的一项重要准备工作，也是施工企业实现生产科学管理的重要手段。单位工程施工组织设计的内容，根据工程性质、规模、繁简程度的不同，对其内容和深度、广度要求也不同，一般应包括：工程概况；施工部署、施工进度计划；施工准备与资源配置计划；主要施工方案；技术组织措施；施工现场平面图布置；主要技术经济指标。

1. 工程概况

工程概况应包括工程主要情况、各专业设计简介和工程施工条件等。工程概况和施工条件分析是对拟建工程的特点、地区特征和施工条件等所做的一个简要的、重点的介绍。其主要内容包括以下几个方面：

（1）工程主要情况包括：工程名称、性质和地理位置；工程的建设、勘察、设计、监理和总承包等相关单位的情况；工程承包范围和分包工程范围；施工合同、招标文件或总承包单位对工程施工的重点要求；其他应说明的情况。

（2）建筑设计简介，应依据建设单位提供的建筑设计文件进行描述，包括建筑规模、建筑功能、建筑特点、建筑耐火、防水及节能要求等，并应简单描述工程的主要装修做法。

（3）结构设计简介，应依据建设单位提供的结构设计文件进行描述，包括结构形式、地基基础形式、结构安全等级、抗震设防类别、主要结构构件类型及要求等。

（4）机电及设备安装专业设计简介，应依据建设单位提供的各相关专业设计文件进行描述，包括给水排水及采暖系统、通风与空调系统、电气系统、智能化系统、电梯等各个专业系统的做法要求。

(5)工程施工条件包括：项目建设地点气象状况；项目施工区域地形和工程水文地质状况；项目施工区域地上、地下管线及相邻的地上、地下建(构)筑物情况；与项目施工有关的道路、河流等状况；当地建筑材料、设备供应和交通运输等服务能力状况；当地供电、供水、供热和通信能力状况；其他与施工有关的主要因素。

2. 施工部署

(1)工程施工目标应根据施工合同、招标文件及本单位对工程管理目标的要求确定，包括进度、质量、安全、环境和成本等目标。各项目标应满足施工组织总设计中确定的总体目标。

(2)施工部署中的进度安排和空间组织应符合下列规定：

1)工程主要施工内容及其进度安排应明确说明，施工顺序应符合工序逻辑关系。

2)施工流水段应结合工程具体情况分阶段进行划分；单位工程施工阶段的划分一般包括地基基础、主体结构、装修装饰和机电设备安装等阶段。

(3)对于工程施工的重点和难点应进行分析，包括组织管理和施工技术两个方面。

(4)工程管理的组织机构形式应按照相关规定执行总承包单位明确项目管理组织机构形式，并采用框图的形式表示，确定项目经理部的工作岗位设置及其职责划分。

(5)对于工程施工中开发和使用的新技术、新工艺应作出部署，对新材料和新设备的使用应提出技术及管理要求。

(6)对主要分包工程施工单位的选择要求及管理方式应进行简要说明。

3. 施工进度计划

(1)单位工程施工进度计划应按照施工部署的安排进行编制。

(2)施工进度计划可采用网络图或横道图表示，并附必要说明；对于工程规模较大或较复杂的工程，宜采用网络图表示。

4. 施工准备与资源配置计划

(1)施工准备应包括技术准备、现场准备和资金准备等。

1)技术准备应包括施工所需技术资料的准备、施工方案编制计划、试验检验及设备调试工作计划、样板制作计划等。

①主要分部(分项)工程和专项工程在施工前应单独编制施工方案，施工方案可根据工程进展情况，分阶段编制完成；对需要编制的主要施工方案应制订编制计划。

②试验检验及设备调试工作计划应根据现行规范标准中的有关要求及工程规模、进度等实际情况制订。

③样板制作计划应根据施工合同或招标文件的要求并结合工程特点制订。

2)现场准备应根据现场施工条件和实际需要，准备现场生产、生活等临时设施。

3)资金准备应根据施工进度计划编制资金使用计划。

(2)资源配置计划应包括劳动力计划和物资配置计划等。

1)劳动力配置计划应包括：确定各施工阶段用工量；根据施工进度计划确定各施工阶段劳动力配置计划等内容。

2)物资配置计划应包括：主要工程材料和设备的配置计划应根据施工进度计划确定，包括各施工阶段所需主要工程材料、设备的种类和数量；工程施工主要周转材料和施工机具的配置计划应根据施工部署和施工进度计划确定，包括各个施工阶段所需主要周转材料、施工机具的种类和数量。

5. 主要施工方案

主要施工方案是施工组织设计的核心内容。确定施工方案包括确定总的施工顺序及确定施工流向，主要分部分项工程的划分及其施工方法的选择、施工段的划分、施工机械的选择、技术组织措施的拟订等。

(1)单位工程应按照《建筑工程施工质量验收统一标准》(GB 50300—2013)中分部、分项工程的划分原则，对主要分部、分项工程制定施工方案。

(2)对脚手架工程、起重吊装工程、临时用水用电工程、季节性施工等专项工程所采用的施工方案应进行必要的验算和说明。

《建筑工程施工质量
验收统一标准》

6. 技市组织措施

技术组织措施主要是指在技术、组织方面对保证工程质量、安全、成本等和进行季节性施工等所采取的方法与措施。其主要内容如下：

(1)保证工程质量措施。为了保证工程质量，应对工程施工中易发生质量通病的工序制定防治措施；对采用新工艺、新材料、新技术和新结构的工作制定有针对性的技术措施；对确保基础工程质量、主体结构中关键部位的质量和内外装修的质量制定有效的技术组织措施；对复杂或特殊工程的施工制定相应的技术措施等。

首先应建立工程项目的施工质量控制系统，利用 PDCA 循环原理进行质量目标的控制，编制详细的质量计划，以体现企业对质量责任的承诺。还要加强施工过程的质量控制，利用工程质量的统计分析方法，对质量问题产生的原因进行分析并随时纠正，以达到预定的质量目标。

同时应建立健全质量监督体系，建立起自查、互查、质量员检查、施工负责人检查、监理人员监察的质量检查系统，以确保单位工程的质量。

(2)保证施工安全措施。安全生产是指在安全的场所和环境条件下，使用安全的生产设备和手段，采用安全的工艺和技术，遵守安全作业和操作规程所进行的、必须确保涉及人员和财产安全的生产活动。

保证施工安全措施是指对施工中可能发生的安全问题提出预防措施并进行落实。其主要包括：新工艺、新材料、新技术、新结构施工中的安全技术措施；预防自然灾害，如防雷击、防滑坡等技术措施；高空作业的防护措施；安全用电和机具设备的保护措施等内容。

(3)冬、雨期施工措施。

1)冬期施工的措施是：根据所在地区的气温、降雪量、工程特点、施工条件等因素，在保温、防冻、改善操作环境等方面，制定相应的施工措施，并安排好物资的供应和储备；对于不适宜在冬期或在冬期不容易保证质量的工作，可合理安排在冬期以前或以后进行。

2)雨期施工的措施是：根据工程所在地区的雨期时间、降雨量、工程特点和部位，制定出工程、材料和设备的防淋、防潮、防泡、防淹等各种措施，如进行遮盖、加固、排水等；做好道路的防滑措施，同时，防止因进入雨期而拖延工期，如采取改变施工顺序、合理安排施工内容等措施。

(4)降低成本措施。降低成本的措施包括：采用先进技术、改进作业方法以提高劳动生产率、节约劳动量的措施；综合利用材料、推广新材料以节约材料消耗的措施；提高机械利用率、发挥机械效能以节约机械设备费用的措施；合理进行施工平面图设计以节约临时设施费用的措施等。其是根据预算成本和技术组织措施计划而编制的。

(5)防火措施。防火措施是对临时建筑的位置、结构、防火间距，对易燃或可燃材料的存放地点、堆垛体积，对消防器材的配备，对现场消防给水管道和消火栓的设置，对消防通道布置及对临时供电线路架设的方位和电压等，进行周密的设计和布置；对高耸建(构)筑物应及时安装避雷系统，同时，应建立安全防火管理制度，制定电力线路免超负荷或短路的措施等。

7. 施工现场平面图布置

施工现场平面图布置的内容包括垂直运输机械、搅拌站、加工棚、仓库、堆料、临时建筑物及临时性水电管线等临时设施的位置布置。

8. 主要技术经济指标

对于一般常见的建筑结构类型且规模不大的单位工程，施工组织设计可以编制得简单一些，其主要内容为施工方案、施工进度计划表和施工平面图，简称"一图一案一表"，并辅以简明扼要的文字说明。

五、单位工程施工组织设计的编制程序

单位工程施工组织设计的编制程序如图 6-1 所示。

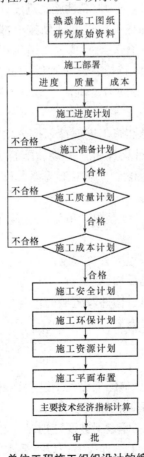

图 6-1　单位工程施工组织设计的编制程序

第二节　单位工程施工管理计划

一、施工进度计划

1. 单位工程施工进度计划的作用、分类及编制依据

单位工程施工进度计划是在确定了施工方案的基础上，根据计划工期和各种资源供应条件，按照工程的施工顺序，用图表形式（横道图或网络图）表示各分部、分项工程搭接关系及工程开工、竣工时间的一种计划安排。

（1）施工进度计划的作用。

1）控制单位工程的施工进度，保证在规定工期内完成符合质量要求的工程任务。

2）确定单位工程各个施工过程的施工顺序、施工持续时间及相互搭接和合理配合的关系。

3）为编制季度、月度生产作业计划提供依据。

4）制订各项资源需要量计划和编制施工准备工作计划的依据。

（2）施工进度计划的分类。单位工程施工进度计划可根据建设项目规模大小、结构难易程度、工期长短、资源供应情况等因素分为控制性施工进度计划和指导性施工进度计划两类。

1）控制性施工进度计划。控制性施工进度计划按分部工程来划分施工过程，控制各分部工程的施工时间及其相互搭接配合关系。其主要适用于工程结构较复杂、规模较大、工期较长而需跨年度施工的工程（如体育馆、汽车站等大型公共建筑），还适用于虽然工程规模不大或结构不复杂但各种资源（劳动力、机械、材料等）不落实的情况，以及建筑结构等可能变化的情况。

2）指导性施工进度计划。指导性施工进度计划按分项工程或施工工序来划分施工过程，具体确定各个施工过程的施工时间及其相互搭接、配合关系。其适用于任务具体而明确、施工条件基本落实、各项资源供应正常、施工工期不太长的工程。

（3）施工进度计划的编制依据。

1）经过审批的建筑总平面图、地形图、单位工程施工图、工艺设计图、设备基础图，采用的标准图集及技术资料。

2）施工组织总设计对本单位工程的有关规定。

3）施工工期要求及开工、竣工日期。

4）施工条件，如劳动力、材料、构件及机械的供应条件；分包单位的情况等。

5）主要分部、分项工程的施工方案。

6）劳动定额及机械台班定额。

7）其他有关要求和资料。

（4）施工进度计划的编制程序。单位工程施工进度计划的编制程序如图 6-2 所示。

2. 单位工程施工进度计划的编制内容和步骤

（1）划分施工过程。编制单位工程施工进度计划时，必须先研究施工过程的划分，再进行有关内容的计算和设计。划分施工过程应考虑以下要求：

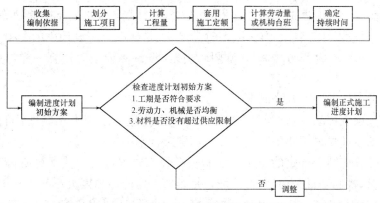

图 6-2　单位工程施工进度计划的编制程序

1)施工过程划分的粗细程度要求。对控制性施工进度计划,项目划分得粗一些,通常只列出分部工程名称;对实施性的施工进度计划,项目划分得细一些,一般应进一步划分到分项工程。

2)对于施工过程进行适当合并,达到简明清晰的要求。为了使计划简明清晰、突出重点,一些次要的施工过程应合并到主要施工过程中,如基础防潮层可合并到基础施工过程内;有些虽然重要但工程量不大的施工过程也可以与相邻的施工过程合并,如油漆和玻璃安装可合并为一项;同一时期由同一工种施工的施工项目也可以合并在一起。

3)施工过程划分的工艺性要求。

①现浇钢筋混凝土施工,一般可分为支模、绑扎钢筋、浇筑混凝土等施工过程,是合并还是分别列项,应视工程施工组织、工程量、结构性质等因素研究确定。一般现浇钢筋混凝土框架结构的施工应分别列项,而且可分得细一些,如绑扎柱钢筋,安装柱模板,浇捣柱混凝土,安装梁、板模板,绑扎梁、板钢筋,浇捣梁、板混凝土,养护,拆模等施工过程。但在现浇钢筋混凝土工程量不大的工程中,一般不再细分,可以合并为一项。

②抹灰工程一般分内、外墙抹灰。外墙抹灰工程可能有若干种装饰抹灰的做法要求,一般情况下合并为一项,也可以分别列项;室内的各种抹灰应按楼地面抹灰、顶棚及墙面抹灰、楼梯间及踏步抹灰等分别列项,以便组织施工和安排进度。

③施工过程的划分,应考虑所选择的施工方案。厂房基础采用敞开式施工方案时,柱基础和设备基础可以合并为一个施工过程;而采用封闭式施工方案时,则必须列出柱基础、设备基础两个施工过程。

④住宅建筑的水、暖、煤、卫、电等房屋设备安装是建筑工程的重要组成部分,应单独列项;工业厂房的各种机电等设备安装也要单独列项,但不必细分,可由专业队或设备安装单位单独编制其施工进度计划。土建施工进度计划中列出设备安装的施工过程,表明其与土建施工的配合关系。

4)明确施工过程对施工进度的影响程度。施工过程对工程进度的影响程度可分为以下三类:

①资源驱动的施工过程直接在拟建工程上进行作业,占用时间、资源,对工程的完成与否起着决定性的作用,在条件允许的情况下,可以缩短或延长其工期。

②辅助性施工过程一般不占用拟建工程的工作面,虽需要一定的时间和消耗一定的资源,但不占用工期,故可不列入施工计划内,如交通运输、场外构件加工或预制等。

③施工过程虽直接在拟建工程上进行作业,但它的工期不以人的意志为转移,随着客

观条件的变化而变化，应根据具体情况将它列入施工计划，如混凝土的养护等。

（2）计算工程量。计算各工序的工程量（劳动量）是施工组织设计中的一项十分烦琐、费时最长的工作，工程量计算方法和计算规则与施工图预算或施工预算一样，只是所取尺寸应按施工图中的施工段大小确定。

计算工程量应注意以下几个问题：

1）各分部分项工程的工程量计算单位应与采用的施工定额中相应项目的单位相一致，以便在计算劳动量和材料需要量时可直接套用定额，不再进行换算。

2）工程量计算应结合选定的施工方法和安全技术要求进行，使计算所得工程量与施工实际情况相符合。例如，挖土时是否放坡，是否加工作面，坡度大小与工作面尺寸是多少，是否使用支撑加固，开挖方式是单独开挖、条形开挖还是整片开挖，这些都直接影响到基础土方工程量的计算。

3）结合施工组织要求，分区、分段、分层计算工程量，以便组织流水作业。若每层、每段上的工程量相等或相差不大，则可根据工程量总数分别除以层数、段数，可得每层、每段上的工程量。

4）如已编制预算文件，应合理利用预算文件中的工程量，以免重复计算。施工进度计划中的施工项目大多可直接采用预算文件中的工程量，可按施工过程（工序）的划分情况将预算文件中有关项目的工程量汇总。

（3）确定劳动量和机械台班量。根据各分部分项工程的工程量、施工方法和现行的劳动定额，结合施工单位的实际情况，计算出各分部分项工程的劳动量。采用人工操作时，计算需要的工日数量；采用机械作业时，计算需要的台班数量，一般可按下式计算：

$$P_i = \frac{Q_i}{S_i} = Q_i H_i \tag{6-1}$$

式中　　P_i——某分项工程劳动量或机械台班数量；

　　　　Q_i——某分项工程的工程量；

　　　　S_i——某分项工程计划产量定额，常见的土方机械、钢筋混凝土机械及起重机械台班产量可参照表 6-1～表 6-3；

　　　　H_i——某分项工程计划时间定额。

表 6-1　土方机械台班产量

序号	机械名称	型号	主要性能		理论生产率		常用台班产量	
					单位	数量	单位	数量
1	单斗挖掘机		斗容量/m³	反铲时最大挖深/m				
	蟹斗式		0.2					80～120
	履带式	W-301	0.3	2.6（基坑），4（沟）		72		150～250
	轮胎式	W₃-30	0.3	4		63		200～300
	履带式	W₁-50	0.5	5.56	m³/h	120	m³	250～350
	履带式	W₁-60	0.6	5.2		120		300～400
	履带式	W₂-100	1	5.0		240		400～600
	履带式	W₁-100	1	6.5		180		350～550

序号	机械名称	型号	主要性能				理论生产率		常用台班产量	
							单位	数量	单位	数量
2	多斗挖掘机	东方红200	挖沟上宽1.2 m, 下宽0.8 m, 深2 m				m³/h	376		
3	推土机		马力	铲刀宽/m	铲刀高/cm	切土深/cm	(运距50 m)		(运距15~25 m)	
		T₁-54	54	2.28	78	15	m³/h	28	m³	150~250
		T₂-60	75	2.28	78	29				200~300
		东方红-75	75	2.28	78	26.8		60~65		250~400
		T₁-100	90	3.03	110	18		45		300~500
		移山80	90	3.10	110	18		40~80		300~500
		移山80 (湿地)	90	3.69	96	可在水深40~80 cm处推土				
		T₂-100	90	3.80	86	65	m³/h	75~80	m³	300~500
		T₂-120	120	3.76	100	30		80		400~600
4	夯土机		夯板面积/m²	夯击次数/(次·min⁻¹)	前进速度/(m·min⁻¹)					
	蛙式夯	HW-20	0.045	140~150	8~10		m³/班	100		
		HW-60	0.078	140~150	8~13			200		
	内燃夯	HN-80	0.042	60				64		
		HN-60	0.083							

表6-2 钢筋混凝土机械台班产量

序号	机械名称	型号	主要性能			理论生产率		常用台班产量	
						单位	数量	单位	数量
1	混凝土搅拌机	J₁-250	装料容量0.25 m³			m³/h	3~5	m³	15~25
		J₁-400	装料容量0.4 m³			m³/h	6~12	m³	25~50
		J₄-375	装料容量0.375 m³			m³/h	12.5		
		J₄-1 500	装料容量1.5 m³			m³/h	30		
2	混凝土搅拌机组	HL₁-20	0.75 m³双锥式搅拌机组			m³/h	20		
		HL₁-90	1.6 m³双锥式搅拌机3台			m³/h	72~90		
3	混凝土输送泵		最大骨料径/mm	最大水平运距/m	最大垂直运距/m				
		HP₁-4	25	200	40	m³/h	4		
		HP₁-5	25	240		m³/h	4~5		
		ZH05	50	250	40	m³/h	6~8		
		HB8	40	200	30	m³/h	8		

序号	机械名称	型号	主要性能	理论生产率		常用台班产量	
				单位	数量	单位	数量
4	筛砂机	锥形旋转式 链斗式	外形尺寸：6.5 m×1.8 m×2.8 m 外形尺寸：3.0 m×1.0 m×2.2 m	m³/h m³/h	20 6		
5	钢筋调直机	4-14	加工范围 $\phi4\sim\phi14$			t	1.5～2.5
6	冷拔机		加工范围 $\phi5\sim\phi9$			t	4～7
7	卷扬机式冷拉 3 t 卷扬机式冷拉 5 t	JJM-3 JJM-5	加工范围 $\phi6\sim\phi12$ 加工范围 $\phi14\sim\phi32$			t t	3～5 2～4
8	钢筋切断机	GJ5-40	加工范围 $\phi6\sim\phi40$			t	12～20
9	钢筋弯曲机	WJ40-1	加工范围 $\phi6\sim\phi40$			t	4～8
10	点焊机	DN-75	焊件厚 8～10 mm	点/h	3 000	网片	600～800
11	对焊机 对焊机	UN₁-75 UN₁-100	最大焊件截面 600 mm² 最大焊件截面 1 000 mm	次/h 次/h	75	根 根	60～80 30～40
12	电弧焊机		加工范围 $\phi8\sim\phi40$	20～30		m	10～20

表 6-3　起重机械台班产量

序号	机械名称	工作内容	常用台班产量	
			单位	数量
1	履带式起重机	构件综合吊装，按每吨起重能力计	t	5～10
2	轮胎式起重机	构件综合吊装，按每吨起重能力计	t	7～14
3	汽车式起重机	构件综合吊装，按每吨起重能力计	t	8～18
4	塔式起重机	构件综合吊装	吊次	80～120
5	少先式起重机	构件吊装	t	15～20
6	平台式起重机	构件提升	t	15～20
7	卷扬机	构件提升，按每吨牵引力计 构件提升，按提升次数计(四、五层楼)	t 次	30～50 60～100
8	履带式、轮胎式或塔式起重机	钢柱安装，柱重 2～10 t 钢柱安装，柱重 11～20 t 钢柱安装，柱重 21～30 t 钢屋架安装于钢柱上，9～18 m 跨 钢屋架安装于钢柱上，24～36 m 跨 钢屋架安装于钢筋混凝土柱上 9～18 m 跨 24～36 m 跨 钢起重机梁安装于钢柱上 梁重 6 t 以下 梁重 8～15 t	根 根 根 榀 榀 榀 榀 根 根	25～35 8～20 3～8 10～15 6～10 15～20 10～15 20～30 10～18

序 号	机 械 名 称	工 作 内 容	常用台班产量	
			单位	数 量
8	履带式、轮胎式或塔式起重机	钢起重机梁安装于钢筋混凝土柱上 梁重 6 t 以下 梁重 8～15 t	根 根	25～35 12～25
		钢筋混凝土柱安装 单层厂房，柱重 10 t 以下 柱重 11～20 t 柱重 21～30 t 多层厂房，柱重 2～6 t	根 根 根 根	18～24 10～16 4～8 10～16
		钢筋混凝土屋架安装 12～18 m 跨 24～30 m 跨	榀 榀	10～16 6～10
		钢筋混凝土基础梁安装，梁重 6 t 以下	根	60～80
		钢筋混凝土起重机梁、连系梁、过梁安装 梁重 4 t 以下 梁重 4～8 t 梁重 8 t 以上	根 根 根	40～50 30～40 20～30
		钢筋混凝土托架安装 托架重 9 t 以下 托架重 9 t 以上	榀 榀	20～26 14～18
		大型屋面板安装 板重 1.5 t 以下 板重 1.5 t 以上	块 块	90～120 60～90
		钢筋混凝土檩条安装 2 根一吊 1 根一吊	根 根	70～100 40～60
		钢筋混凝土楼板安装 2～3 层，板重 1.5 t 以下 2～3 层，板重 1.5 t 以上 4～6 层，板重 1.5 t 以下 4～6 层，板重 1.5 t 以上	块 块 块 块	110～170 70～100 100～150 50～90
		钢筋混凝土楼梯段安装 每段重 3 t 以下 每段重 3 t 以上	段 段	18～24 10～16

在使用定额时，可能遇到定额中所列项目的工作内容与编制施工进度计划所确定的项目不一致，主要有以下几种情况：

1）施工计划中的一个项目包括定额中的同一性质不同类型的几个分项工程。这种情况主要是施工进度计划中项目划分得比较粗造成的。解决这个问题的最简单方法是用其所包括的各分项工程的工程量与其产量定额（或时间定额）计算出各自的劳动量，然后将各个劳动量相加，即计划中项目的劳动量。其计算公式如下：

$$P = \frac{Q_1}{S_1} + \frac{Q_2}{S_2} + \cdots + \frac{Q_n}{S_n} = \sum_{i=1}^{n} \frac{Q_i}{S_i} \tag{6-2}$$

式中　P——计划中某一工程项目的劳动量；

　　　Q_1，Q_2，…，Q_n——同一性质各个不同类型分项工程的工程量；

　　　S_1，S_2，…，S_n——同一性质各个不同类型分项工程的产量定额；

　　　n——计划中的一个工程项目所包括的定额中同一性质不同类型分项工程的个数。

一般情况下，只计算劳动量，不需要计算平均产量定额。

2）施工计划中的新技术或特殊施工方法的工程项目尚未列入定额手册。在实际施工中，会遇到采用新技术或特殊施工方法的分部、分项工程，由于缺少足够的经验和可靠的资料等，暂时未列入定额手册。计算其劳动量时，可参考类似项目的定额或经过试验测算，确定临时定额。

3）施工计划中"其他工程"项目所需的劳动量计算。"其他工程"项目所需的劳动量，可根据其内容和工地具体情况，以总劳动量的一定百分比计算，一般取10%～20%。

4）水暖电气卫、设备安装等工程项目不计算劳动量。水暖电气卫、设备安装等工程项目，由专业工程队组织施工，在编制一般土建单位工程施工进度计划时，不予考虑其具体进度，仅表示出与一般土建工程进度相配合的关系。

（4）确定各分项工程持续时间。计算各分部、分项工程施工持续时间的方法有以下两种：

1）根据配备人数或机械台数计算天数。其计算公式如下：

$$t_i = \frac{P_i}{R_i N_i} \tag{6-3}$$

式中　t_i——某分项工程持续时间；

　　　R_i——某分项工程工人数或机械台数；

　　　N_i——某分项工程工作班次。

式中其他符号意义同前。

2）根据工期要求倒排进度。首先根据总工期和施工经验确定各分部、分项工程的施工时间，然后再按劳动量和班次确定每一分部、分项工程所需要的机械台数或工人数。其计算公式如下：

$$R_i = \frac{P_i}{t_i N_i} \tag{6-4}$$

式中符号意义同前。

计算时首先按一班制，若计算得的机械台数或工人数超过施工单位能供应的数量或超过工作面所能容纳的数量，可增加工作班次或采取其他措施，使每班投入的机械台数或工人数减少到合理的范围。

（5）施工进度计划的初步方案编制方法。下面以横道图为例来说明。

上述各项计算内容确定之后，即可编制施工进度计划的初步方案，一般的编制方法如下：

1)根据施工经验直接安排的方法。这种方法是根据经验资料及有关计算，直接在进度表上画出进度线。其一般步骤是：首先安排主导施工过程的施工进度，然后安排其余施工过程。它应尽可能配合主导施工过程并最大限度地搭接，形成施工进度计划的初步方案。其总的原则是应使每个施工过程尽可能早地投入施工。

2)按工艺组合组织流水的施工方法。这种方法是先按各个施工过程(即工艺组合流水)初排流水进度线，然后将各工艺组合最大限度地搭接起来。

无论采用上述哪一种方法编排进度，都应注意以下问题：

①每个施工过程的施工进度线都应用横道粗实线段表示(初排时可用铅笔细实线表示，待检查调整无误后再加粗)。

②每个施工过程的进度线所表示的时间(d)应与计算确定的持续时间一致。

③每个施工过程的施工起止时间应根据施工工艺顺序及组织顺序确定。

(6)施工进度计划的检查与调整。

1)施工进度计划的检查。编制施工进度时需考虑的因素很多，初步编制时往往会顾此失彼，难以统筹全局。因此，初步进度仅起框架作用，编制后还应进行检查、平衡和调整。一般应检查以下几项：

①各分部、分项工程的施工时间和施工顺序的安排是否合理。

②安排的工期是否满足规定要求。

③所安排的劳动力、施工机械和各种材料供应是否能满足，资源使用是否均衡，主要施工机械是否充分发挥作用及利用的合理性等。

经过检查，对不符合要求的部分，可采用增加或缩短某些分项工程的施工时间；在施工顺序允许的情况下，将某些分项工程的施工时间向前或向后移动；必要时，改变施工方法或施工组织等方法进行调整。调整某一分项工程时要注意它对其他分项工程的影响，进而做资源和工期优化，使进度计划更加合理，形成最终进度计划表。

2)施工进度计划的调整。通过调整可使劳动力、材料的需要量更为均衡，主要施工机械的利用更为合理，这样可避免或减少短期内资源的过分集中。无论是整个单位工程还是各个分部工程，其资源消耗都应力求均衡。

调整的方法一般有：增加或缩短某些分项工程的施工时间；在施工顺序允许的条件下将某些分项工程的施工时间向前或向后移动；必要时可以改变施工方法或施工组织。总之，通过调整，在工期能满足要求的条件下，使劳动力、材料、设备需要趋于均衡，主要施工机械利用率比较合理。

二、施工质量计划

1. 施工质量计划的编制依据

(1)工程承包合同对工程造价、工期和质量的有关规定。

(2)施工图纸和有关设计文件。

(3)设计概算和施工图预算文件。

(4)国家现行施工验收规范和有关规定。

(5)劳动力素质、材料和施工机械质量及现场施工作业环境状况。

2. 施工质量计划的编制步骤

(1)施工质量要求和特点：根据工程建筑结构特点、工程承包合同和工程设计要求，认真分析影响施工质量的各项因素，明确施工质量特点及其质量控制重点。

(2)施工质量控制目标及其分解：根据施工质量要求和特点分析，确定单位工程施工质量控制目标"优良"或"合格"，然后将该目标逐级分解为分部工程、分项工程和工序质量控制子目标。控制子目标"优良"或"合格"是确定施工质量控制点的依据。

(3)确定施工质量控制点：根据单位工程及分部、分项工程施工质量目标要求，对影响施工质量的关键环节、部位和工序设置质量控制点。

(4)制定施工质量控制实施细则：建筑材料、预制加工品和工艺设备质量检查验收措施；分部工程、分项工程质量控制措施及施工质量控制点的跟踪监控办法。

(5)建立工程施工质量体系。

三、施工成本计划

1. 施工成市分类和构成

单项(位)工程施工成本可分为施工预算成本、施工计划成本和施工实际成本三种。其中，施工预算成本是由直接费和间接费两部分费用构成的。

2. 施工成市计划的编制步骤

(1)收集和审查有关编制依据。

(2)做好工程施工成本预测。

(3)编制单项(位)工程施工成本计划。

(4)制定施工成本控制实施细则，包括提高劳动生产率、节约劳动力、节约材料、节约机械设备费用、节约临时设施费用等方面的措施。它是根据施工预算、单位工程施工进度计划编制的，而单位工程施工进度计划是在选定施工方案的基础上，根据规定工期和各种资源供应条件，按照施工过程的合理施工顺序及组织施工的原则，用横道图或网络图，对单位工程从开始施工到工程竣工，全部施工过程在时间和空间上做合理安排。

四、施工安全计划

(1)工程概况：包括工程性质和作用、建筑结构特征、建造地点特征及施工特征。

(2)安全控制程序：包括确定施工安全目标、编制施工安全计划、安全计划实施、安全计划验证及安全持续改进和兑现合同承诺。

(3)安全控制目标：包括单项工程、单位工程和分部工程施工安全目标。

(4)安全组织机构：包括安全组织机构形式、安全组织管理层次、安全职责和权限、安全管理人员组成及建立安全管理规章制度。

(5)安全资源配置：包括安全资源名称、规格、数量和使用地点及部位，并列入资源需要量计划。

(6)安全技术措施，主要包括以下几个方面：

1)新工艺、新材料、新技术和新结构的安全技术措施。

2)预防自然灾害，如防雷击、防滑等措施。

3)高空作业的防护和保护措施。

4)安全用电和机电设备的保护措施。

5)防火防爆措施。

(7)安全检查评价和奖励：包括确定安全检查时间、安全检查人员组成、安全检查事项和方法、安全检查记录要求和结果评价，编写安全检查报告及兑现安全施工优胜者的奖励制度。

五、施工资源计划

单位工程施工进度计划编制确定以后，根据施工图样、工程量计算资料、施工方案、施工进度计划等有关技术资料，着手编制劳动力需求量计划，各种主要材料、构件和半成品需求量计划及各种施工机械的需求量计划。根据施工进度计划编制的各种资源需求量计划，是做好各种资源的供应、调度、平衡、落实的依据，也是施工单位编制月、季生产作业计划的主要依据之一。

1. 劳动力需求量计划

劳动力需求量计划是根据施工预算、劳动定额和进度计划编制的。其主要反映工程施工所需各种技工、普工人数，是控制劳动力平衡、调配的主要依据。其编制方法是将施工进度计划表上每天（或旬、月）施工的项目所需工人按工种分别统计，得出每天（或旬、月）所需工种及其人数，再按时间进度要求汇总。劳动力需求量计划表的形式见表6-4。

表 6-4 劳动力需求量计划表

序　号	工程名称	劳动量/工日	月　份							备　注
			1月			2月			…	
			上	中	下	上	中	下	…	

2. 主要材料需求量计划

主要材料需求量计划是对单位工程进度计划表中各个施工过程的工程量按组成材料的名称、规格、使用时间和消耗、贮备分别进行汇总而成。其用于掌握材料的使用、贮备动态，确定仓库堆场面积和组织材料运输，其表格形式见表6-5。

表 6-5 主要材料需求量计划表

序　号	材料名称	规　格	需　求　量		供应时间	备　注
			单　位	数　量		

3. 预制构件需求量计划

预制构件需求量计划是根据施工图、施工方案、施工方法及施工进度计划要求编制的，主要反映施工中各种预制构件的需求量及供应日期，作为落实加工单位、确定所需构件规格数量和使用时间及组织构件加工和进场的依据。一般按钢构件、木构件、钢筋混凝土构件等不同种类分别编制，提出构件名称、规格、数量及使用时间等。其计划表格形式见表 6-6。

表 6-6　预制构件需求量计划表

序　号	预制构件名称	型号(图号)	规格尺寸 /mm	需求量		要求供应 起止日期	备　注
				单位	数量		

4. 施工机具设备需求量计划

施工机具设备需求量计划主要用于确定施工机具设备的类型、数量、进场时间，可据此落实施工机具设备来源，组织进场。其编制方法为：将单位工程施工进度计划表中的每一个施工过程、每天所需的机具设备类型和数量及施工日期进行汇总，即得出施工机具设备需求量计划。其表格形式见表 6-7。

表 6-7　施工机具设备需求量计划表

序　号	施工机具名称	型号	规格	电功率 /(kV·A)	需求量 /台	使用时间	备　注

第三节　主要施工方案设计

一、主要施工方案的选择

确定施工方案是单位工程施工组织设计的核心。施工方案合理与否将直接影响工程的施工效率、质量、工期和技术经济效果，因此必须引起足够的重视。

1. 施工方法的选择

（1）施工方法主要内容。拟订主要的操作过程和方法，包括施工机械的选择、提出质量要求和达到质量要求的技术措施、制定切实可行的安全施工措施等。

（2）确定施工方法的重点。确定施工方法时应着重考虑影响整个单位工程施工的分部、分项工程的施工方法。例如，在单位工程中占重要地位的分部、分项工程，施工技术复杂或采用新工艺、新材料、新技术对工程质量起关键作用的分部、分项工程，不熟悉的特殊结构工程或由专业施工单位施工的特殊专业工程等的施工方法。而对于按照常规做法和工人熟悉的分项工程，只要提出应注意的特殊问题即可，不必详细拟订施工方法。

对一些主要的工种工程，在选择施工方法和施工机械时应主要考虑以下问题：

1）测量放线。

①说明测量工作的总要求。如测量工作是一项重要、谨慎的工作，操作人员必须按照操作程序、操作规程进行操作，经常进行仪器、观测点和测量设备的检查验证，配合好各工序的穿插和检查验收工作。

②工程轴线的控制。说明实测前的准备工作、建筑物平面位置的测定方法及首层和各楼层轴线的定位、放线方法与轴线控制要求。

③垂直度控制。说明建筑物垂直度控制的方法，包括外围垂直度和内部每层垂直度的控制方法，并说明确保控制质量的措施。如某框架-剪力墙结构工程，建筑物垂直度的控制方法为：外围垂直度采用经纬仪进行控制，在浇混凝土前后分别进行施测，以确保将垂直度偏差控制在规范允许的范围内；内部每层垂直度采用线锤进行控制，并用激光铅直仪进行复核，加强控制力度。

④沉降观测。可根据设计要求，说明沉降观测的方法、步骤和要求。如某工程根据设计要求，在室内外地坪上 0.6 m 处设置永久沉降观测点。设置完毕后进行第一次观测，以后每施工完一层做一次沉降观测，且相邻两次观测时间间隔不得大于两个月，竣工后每两个月做一次观测，直到沉降稳定为止。

2）土方工程。对于土方工程施工方案的确定，主要看是场地平整工程还是基坑开挖工程。对于前者，主要考虑施工机械选择、平整标高确定、土方调配；对于后者，首先确定是放坡开挖还是采用支护结构，如为放坡开挖，主要考虑挖土机械选择、降低地下水水位和明排水、边坡稳定、运土方法等；如采用支护结构，主要考虑支护结构设计、降低地下水水位、挖土和运土方案、周围环境的保护和监测等。

3）基础工程。

①浅基础的垫层、混凝土基础和钢筋混凝土基础施工的技术要求，以及地下室施工的技术要求。

②桩基础施工的施工方法及施工机械的选择。

4）砌筑工程。

①砖墙的组砌方法和质量要求。

②弹线及皮数杆的控制要求。

③确定脚手架搭设方法及安全网的挂设方法。

5）混凝土结构工程。对于混凝土结构工程施工方案，着重解决钢筋加工方法、钢筋运输和现场绑扎方法、粗钢筋的电焊连接、底板上皮钢筋的支撑、各种预埋件的固定和埋设、模板类型选择和支模方法、特种模板的加工和组装、快拆体系的应用和拆模时间、混凝土制备（如为商品混凝土则选择供应商并提出要求）、混凝土运输（如混凝土泵和泵车，则确定其位置和布管方式；如用塔式起重机和吊斗，则划分浇筑区、计算吊运能力等）、混凝土浇筑顺序、施工缝留设位置、保证整体性的措施、振捣和养护方法等。如为大体积混凝土，则需采取措施避免产生温度裂缝，并采取测温措施。

6)结构吊装工程。对于结构吊装工程施工方案，着重解决吊装机械选择、吊装顺序、机械开行路线、构件吊装工艺、连接方法、构件的拼装和堆放等。如为特种结构吊装，需用特殊吊装设备和工艺，还需考虑吊装设备的加工和检验、有关的计算（稳定、抗风、强度、加固等）、校正和固定等。

7)屋面工程。

①屋面各个分项工程施工的操作要求。

②确定屋面材料的运输方式。

8)装饰工程。

①各种装饰工程的操作方法及质量要求。

②确定材料运输方式及储存要求。

2. 施工机械的选择

施工机械对施工工艺、施工方法有直接影响，施工机械化是现代化大生产的显著标志，对加快建设速度、提高工程质量、保证施工安全、节约工程成本起着至关重要的作用。因此，选择施工机械成为确定施工方案的一个重要内容。

（1）大型机械设备选择原则。机械化施工是施工方法选择的中心环节，施工方法和施工机械的选择是紧密联系的，一定的方法配备一定的机械，在选择施工方法时应当协调一致。大型机械设备的选择主要是选择施工机械的型号和确定其数量。在选择其型号时要符合以下原则：

1)满足施工工艺的要求。

2)有获得的可能性。

3)经济合理且技术先进。

（2）大型机械设备选择应考虑以下因素。

1)选择施工机械应首先根据工程特点，选择适宜主导工程的施工机械。

2)施工机械之间的生产能力应协调一致。

要充分发挥主导施工机械的效率，同时，在选择与之配套的各种辅助机械和运输工具时，应注意它们之间的协调。

3)在同一建筑工地上的施工机械的种类和型号应尽可能少。

为了便于现场施工机械的管理及减少转移，对于工程量大的工程应采用专用机械；对于工程量小而分散的工程，则应尽量采用多用途的施工机械。

4)在选用施工机械时，应尽量选用施工单位现有的机械，以减少资金的投入，充分发挥现有机械的效率。若施工单位现有机械不能满足工程需要，则可考虑租赁或购买。

5)对于高层建筑或结构复杂的建筑物（构筑物），其主体结构施工的垂直运输机械最佳方案往往是多种机械的组合。

（3）大型机械设备选择确定。根据工程特点，按施工阶段正确选择最适宜的主导工程的大型施工机械设备，各种机械型号、数量确定之后，列出设备的规格、型号、主要技术参数及数量，可汇总成表。

二、主要施工方案的制定步骤

1. 熟悉工程文件和资料

制定施工方案之前，应广泛收集工程有关文件及资料，包括政府的批文、有关政策和法规、业主方的有关要求、设计文件、技术和经济等方面的文件和资料。当缺乏某些技术参数时，应进行工程试验以取得第一手资料。

2. 划分施工过程

划分施工过程是进行施工管理的基础工作，施工过程划分的方法可以与项目分解结构、工作分解结构结合进行。施工过程划分后，就可以对各个施工过程的技术进行分析。

3. 计算工程量

计算工程量应结合施工方案按工程量计算规则来进行。

4. 确定施工顺序和流向

施工顺序和流向的安排应符合施工的客观规律，并且处理好各个施工过程之间的关系和相互影响。

5. 选择施工方法和施工机械

拟订施工方法时，应着重考虑影响整个单位工程施工的分部分项工程的施工方法，对于常规做法的分项工程则不必详细拟订。在选择施工机械时，应首先选择主导工程的机械；然后根据建筑特点及材料、构件种类配备辅助机械；最后确定与施工机械相配套的专用工具设备。

6. 确定关键技术路线

关键技术路线的确定是对工程环境和条件及各种技术选择的综合分析的结果。

关键技术路线是指在大型、复杂工程中，对工程质量、工期、成本影响较大、施工难度又大的分部分项工程中所采用的施工技术的方向和途径，它包括施工所采取的技术指导思想、综合的系统施工方法及重要的技术措施等。

大型工程关键技术难点往往不止一个，这些关键技术是工程中的主要矛盾，关键技术路线正确应用与否，直接影响到工程的质量、安全、工期和成本。施工方案的制定应紧紧抓住施工过程中的各个关键技术路线的制定，例如，在高层建筑施工方案制定时，应着重考虑的关键技术问题为：深基坑的开挖及支护体系，高耸结构混凝土的输送及浇捣，高耸结构垂直运输，结构平面复杂的模板体系，高层建筑的测量、机电设备的安装和装修的交叉施工安排等。

三、主要施工方案的确定

1. 施工区段的划分

现代工程项目规模较大、时间较长，为了达到平行搭接施工、节省时间，需要将整个施工现场分成平面或空间上的若干个区段，组织工业化流水作业，在同一时间段内安排不同的项目、不同的专业工种在不同区域同时施工。现对不同工程类型的划分进行分析：

(1)大型工业项目施工区段的划分。大型工业项目按照产品的生产工艺过程划分施工区段，一般有生产系统、辅助系统和附属生产系统，相应每个生产系统是由一系列的建筑物组成的。因此，把每一个生产系统的建筑工程分别称为主体建筑工程、辅助建筑工程及附属建筑工程。

(2)大型公共项目施工区段的划分。大型公共项目按照其功能设施和使用要求来划分施工区段。

(3)民用住宅及商业办公建筑施工区段的划分。民用住宅及商业办公建筑可按照其现场条件、建筑特点、交付时间及配套设施等情况划分施工区段。

2. 确定施工程序

施工程序是指单位工程中各分部工程或施工阶段的先后次序及其制约关系。其任务主要是从总体上确定单位工程的主要分部工程的施工顺序。工程施工受到自然条件和物质条件的制约，它在不同的施工阶段按照其固有的、不可违背的先后次序循序渐进地向前开展，它们之间有着不可分割的联系，既不能相互代替，也不允许颠倒或跨越。

单位工程的施工程序一般为：接受任务阶段→开工前的准备阶段→全面施工阶段→交工验收阶段。每一阶段都必须完成规定的工作内容，并为下一阶段工作创造条件。

施工阶段遵循的程序主要有：先地下、后地上；先深、后浅；先主体、后围护；先结构、后装饰；先土建、后设备。其具体表现如下：

(1)先地下、后地上。先地下、后地上主要是指首先完成管道、管线等地下设施、土方工程和基础工程，然后开始地上工程施工。对于地下工程也应按照先深、后浅的程序进行，以免造成施工返工或对上部工程的干扰及施工不便，影响工程质量，造成资源浪费。

(2)先主体、后围护。先主体、后围护主要是指框架结构，应注意在总的程序上有合理的搭接。一般来说，多层建筑的主体结构与围护结构以少搭接为宜，而高层建筑则应尽量搭接施工，以便有效地节约时间。

(3)先结构、后装饰。先结构、后装饰一般是指先进行主体结构施工，后进行装饰工程施工。但是必须指出，随着新建筑体系的不断涌现和建筑工业化水平的提高，某些装饰与结构构件均可在工厂完成。

(4)先土建、后设备。先土建、后设备主要是指一般的土建工程与水、暖、电、卫等工程的总体施工顺序，至于设备安装的某一工序要穿插在土建的某一工序之前，应属于施工顺序问题。工业建筑的土建工程与设备安装工程之间的程序，主要取决于工业建筑的种类，如对于精密仪器厂房，一般要求土建、装饰工程完成后安装工艺设备；重型工业厂房，一般先安装工艺设备后建设厂房或设备安装与土建施工同时进行，如冶金车间、发电厂的主厂房、水泥厂的主车间等。

但是，由于影响施工的因素很多，故施工程序并不是一成不变的，特别是随着建筑工业化的不断发展，有些施工程序也将发生变化。例如，大板结构房屋中的大板施工，已由工地生产逐渐转向工厂生产，这时结构与装饰可在工厂内同时完成；又如，考虑季节性影响，冬期施工前应尽可能完成土建和围护结构，以利于防寒和室内作业的开展。

3. 确定施工起点流向

施工起点流向是指单位工程在平面或空间上施工的开始部位及其展开方向，这主要取决于生产需要、缩短工期和保证质量等要求。一般来说，对于单层建筑物，要按其工段、跨间分区分段地确定平面上的施工流向；对于多层建筑物，除要确定每层平面上的施工流向外，还要确定其层间或单元空间上的施工流向。

确定单位工程施工起点流向时，一般应考虑以下几方面因素：

(1)车间的生产工艺流程，往往是确定施工流向的关键因素。因此，从生产工艺上考虑影响其他工段试车投产的工段应该先施工。例如，B车间生产的产品受A车间生产的产品影响，将A车间划分为Ⅰ、Ⅱ、Ⅲ三个施工段，Ⅱ、Ⅲ段的生产受Ⅰ段的约束，故其施工起点流向应从A车间的Ⅰ段开始。

(2)建设单位对生产和使用的需要。一般应考虑建设单位对生产或使用急的工段或部位先施工。

（3）工程的繁简程度和施工过程之间的相互关系。一般技术复杂、施工进度较慢、工期较长的区段部位应先施工。密切相关的分部、分项工程的流水施工，一旦前导施工过程的起点流向确定了，后续施工过程也就随其而定了。例如，单层工业厂房的挖土工程的起点流向，决定柱基础施工过程和某些预制、吊装施工过程的起点流向。

（4）房屋高低层和高低跨。例如，柱子的吊装应从高跨、低跨并列处开始；屋面防水层施工应按先高后低的方向施工，同一屋面则由檐口到屋脊方向施工；基础有深浅之分时，应按先深、后浅的顺序进行施工。

（5）工程现场条件和施工方案。施工场地大小、道路布置和施工方案所采用的施工方法及机械也是确定施工流程的主要因素。例如，在土方工程施工中，边开挖边外运余土，则施工起点应确定在远离道路的部位，由远及近地展开施工。又如，根据工程条件，挖土机械可选用正铲挖土机、反铲挖土机、拉铲挖土机等，吊装机械可选用履带式起重机、汽车式起重机或塔式起重机，这些机械的开行路线或布置位置便决定了基础挖土及结构吊装施工的起点和流向。

（6）分部、分项工程的特点及其相互关系。例如，室内装修工程除平面上的起点和流向外，在竖向上还要决定其流向，而竖向的流向确定显得就更为重要。

4. 确定施工顺序

施工顺序是指单项（位）工程内部各个分部（项）工程之间的先后施工次序。施工顺序合理与否，将直接影响工种之间的配合、工程质量、施工安全、工程成本和施工速度，所以，必须科学合理地确定单项工程施工顺序。

确定施工顺序时应考虑以下因素：

（1）遵循施工程序。施工程序确定了大的施工阶段之间的先后次序。在组织具体施工时，必须遵循施工程序，如先地下、后地上的程序。

（2）符合施工工艺。如整浇楼板的施工顺序：支设模板→绑钢筋→浇筑混凝土→养护→拆模。

（3）与施工方法协调一致。如对于单层工业厂房结构吊装工程的施工顺序，当采用分件吊装法时，施工顺序：吊柱→吊梁→吊屋盖系统；当采用综合吊装法时，施工顺序：第一节间吊柱、梁和屋盖系统→第二节间吊柱、梁和屋盖系统→……→最后节间吊柱、梁和屋盖系统。

（4）考虑施工组织的要求。如安排室内外装饰工程施工顺序时，一般情况下，可按施工组织设计规定的顺序。

（5）考虑施工质量和安全的要求。确定施工过程先后顺序时，应以施工安全为原则，以保证施工质量为前提。例如，屋面采用卷材防水时，为了施工安全，外墙装饰在屋面防水施工完成后进行；为了保证质量，楼梯抹面在全部墙面、地面和顶棚抹灰完成之后，自上而下一次完成。

（6）受当地气候影响。如冬期室内装饰施工时，应先安装门窗扇和玻璃，后做其他装饰工程。

5. 划分流水段

建筑物按流水理论组织施工，能取得很好的效益。为便于组织流水施工，就必须将大的建筑物划分成几个流水段，使各流水段之间按照一定程序组织流水施工。

划分流水段要考虑以下问题：

（1）尽量保证结构的整体性，按伸缩缝或后浇带进行划分。厂房可按跨或生产区划分；住宅可按单元、楼层划分，也可按栋分段。

（2）使各个流水段的工程量大致相等，便于组织节奏流水，使施工均衡、有节奏地进行，以取得较好的效益。

（3）流水段的大小应满足工人工作面的要求和施工机械发挥工作效率的可能。目前推广小流水段施工法。

（4）流水段数应与施工过程（工序）数量相适应。例如，若流水段数少于施工过程数，则无法组织流水施工。

6. 施工方案技术经济评价

对施工方案进行技术经济评价是选择最优施工方案的重要途径。因为任何一个分部分项工程，一般都会有几个可行的施工方案，而施工方案的技术经济评价的目的就是在它们之间进行优选，选出一个工期短、质量好、材料省、劳动力安排合理、成本低的最优方案。常用的施工方案技术经济分析方法有定性分析和定量分析两种。

（1）定性分析评价。定性的技术经济分析是结合施工实际经验，对几个方案的优缺点进行分析和比较。通常主要从以下几个指标来评价：

1）工人在施工操作上的难易程度和安全可靠性。

2）为后续工程创造有利条件的可能性。

3）利用现有或取得施工机械的可能性。

4）施工方案对冬期、雨期施工的适应性。

5）为现场文明施工创造有利条件的可能性。

（2）定量分析评价。施工方案的定量技术经济分析评价是通过计算各方案的几个主要技术经济指标，进行综合比较分析，从中选择技术经济指标最优的方案。定量分析评价方法一般可分为多指标分析评价法和综合指标分析法两种。

1）多指标分析评价法。多指标分析评价法是指对各个方案的工期指标、实物量指标和价值指标等一系列单个的技术经济指标进行计算对比，从中选优的方法。

2）综合指标分析法。综合指标分析法是指以各方案的多指标为基础，将各指标之值按照一定的计算方法进行综合，得到每个方案的一个综合指标，再对比各综合指标，从中选优的方法。

综合指标分析法首先根据多指标中各个指标在方案中的重要性，分别确定出它们的权值 W_i；再依据每一指标在各方案中的具体情况计算出分值 $C_{i,j}$；设有 m 个方案和 n 种指标，则第 j 方案的综合指标 A_j 可按下式计算：

$$A_j = \sum_{i=1}^{n} C_{i,j} W_i \tag{6-5}$$

式中，$j=1, 2, \cdots, m$；$i=1, 2, \cdots, n$。

计算出各方案的综合指标，其中综合值最大的方案为最优方案。

第四节　施工现场平面图设计

一、施工现场平面图设计的依据

在进行施工平面图设计前，首先应认真研究施工方案，并对施工现场做深入、细致的调查研究，然后对施工平面图设计所依据的原始资料进行分析，使设计与施工现场的实际情况相符，从而起到指导施工现场平面布置的作用。施工平面图设计的主要依据如下。

1. 建设地区的原始资料

（1）自然条件调查资料，包括气候、地形地貌、水文及人文等资料。自然条件调查资料主要用以解决由于气候、运输等因素而带来的相关问题，也用于布置地表水和地下水的排水沟，确定易燃、易爆及有碍人体健康设施的位置，安排冬期、雨期施工期间所需设施的地点。

（2）建设单位及施工现场附近可供利用的房屋、场地、加工设备及生活设施的资料。这用以确定临时建筑及设施所需要的数量及其平面位置。

（3）建设地域的竖向设计资料和土方平衡图。这用以考虑水、电管线的布置和安排土方的填挖及弃土、取土位置。

2. 设计资料

（1）建筑总平面图。建筑总平面图是用以正确确定建筑物具体尺寸的主要依据。

（2）一切已有和拟建的地下、地上管道位置。这用以确定原有管道的利用或拆除，以及新管线的敷设与其他工程的关系，并避免在拟建管道的位置上搭设临时设施。

3. 施工组织设计资料

（1）单位工程的施工方案、施工进度计划及劳动力、施工机械需要量计划等。这用以了解各个施工阶段的情况，以利于分阶段布置现场，如根据各阶段不同的施工方案确定各种施工机械的位置，根据吊装方案确定构件预制、堆场的布置等。

（2）各种材料、半成品、构件等的需用量计划。这用以确定仓库、材料堆放场地位置、面积及进行场地的规划。

二、施工现场平面图设计的原则

（1）施工平面布置要紧凑、合理，尽量减少施工用地。减少施工用地除在解决城市场地拥挤和少占农田方面具有重要的意义外，对于土木工程施工而言也减少了场内运输工作量和临时水电管网，既便于管理又减少了施工成本。

（2）尽量利用原有建筑物或构筑物，减少临时设施的用量。为了降低临时工程的施工费用，最有效的办法是尽量利用已有或拟建的房屋和各种管线为施工服务。另外，对必须建造的临时设施，应尽量采用装拆式或临时固定式。临时道路的选择方案应使土方量最小、临时水电系统的选择应使管网线路的长度最短等。

（3）合理地组织运输，保证现场运输道路畅通，尽可能减少场内二次搬运。为了缩短运距，各种材料必须按计划分期分批地进场，以充分利用场地。合理安排生产流程、施工机械的位置，材料、半成品等的堆场应尽量布置在使用地点附近。合理地选择运输方式和工地运输道路的铺设，以保证各种建筑材料和其他资源的运距及转运次数为最少；在同等条件下，应优先减少楼面上的水平运输工作。

（4）各项施工设施布置都要满足方便生产、有利于生活及消防和文明施工、环境保护和劳动保护的要求。为了保证施工的顺利进行，要求场内道路畅通，机械设备所用的缆绳、电线及排水沟、供水管等不得妨碍场内交通。易燃设施和有碍人体健康的设施应满足消防、安全要求，并布置在空旷和下风处。主要的消防设施应布置在易燃场所的显眼处并设有必要的标志。

三、施工现场平面图设计的内容

单位工程施工平面图的设计是对一个建筑物或构筑物施工现场的平面规划和空间布置图。其是施工组织设计的主要组成部分，合理的施工平面布置对于顺利执行施工进度计划是非常重要的；反之，如果施工平面图设计不周或管理不当，都将导致施工现场的混乱，直接影响施工进度、劳动生产率和工程成本。因此，在单位工程施工组织设计中，对施工平面图的设计应予以极大重视。单位工程施工平面图的内容主要包含以下几点：

（1）工程施工场地状况；拟建建筑物、管线和高压线等的位置关系和尺寸。

（2）工程施工现场的加工设施、存储设施等的位置和面积。

（3）安全、防火设施、消防立管位置。

（4）布置在工程施工现场的垂直运输设施、供电设施、供水供热设施、排水排污设施和临时施工道路等。

（5）塔式起重机或起重机轨道和行驶路线，塔轨的中线至建筑物的距离、轨道长度、塔式起重机型号、立塔高度、回转半径、最大最小起重量，以及固定垂直运输工具或井架的位置。

（6）临建办公室、围墙、传达室、现场出入口等。

（7）生产、生活用临时设施、面积、位置。如钢筋加工厂、木工房、工具房、混凝土搅拌站、砂浆搅拌站、化灰池等；工人生活区宿舍、食堂、开水房、小卖部等。

（8）场内施工道路及其与场外交通的联系。

（9）测量轴线及定位线标志，永久性水准点位置和土方取弃场地。

（10）必要的图例、比例、方向及风向标记。

四、施工现场平面图设计的步骤

单位工程施工平面图设计的主要步骤如图 6-3 所示。

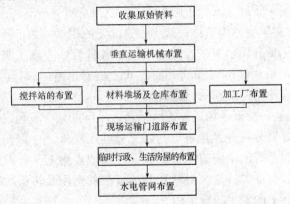

图 6-3　单位工程施工平面图设计的主要步骤

1. 起重运输机械的布置

（1）确定起重运输机械的数量。起重运输机械的数量按下式确定：

$$N = \sum Q/S \tag{6-6}$$

式中　　N——起重机台数；

　　　$\sum Q$——垂直运输高峰期每班要求运输总次数；

　　　S——每台起重机每班运输次数。

（2）确定起重运输机械的位置。起重运输机械的位置直接影响搅拌站、加工厂及各种材料、构件的堆场或仓库等的位置和道路，临时设施及水、电管线的布置等，因此，它是施工现场全局布置的中心环节，应首先确定。

1）塔式起重机。塔式起重机是集起重、垂直提升和水平输送三种功能为一身的机械设备，按其在工地上使用架设的要求不同，可分为固定式、轨行式、附着式和内爬式四种。

塔式起重机轨道的布置方式主要取决于建筑物的平面形状、尺寸和四周的施工场地的条件，要使塔式起重机的起重幅度能够将材料和构件直接运至任何施工地点，尽量避免出现"死角"，争取轨道长度最短。轨道布置方式通常是沿建筑物的一侧或内外两侧布置，必要时还需增加转弯设备，同时做好轨道路基四周的排水工作。轨道布置通常可采用图6-4中所示的几种方案。

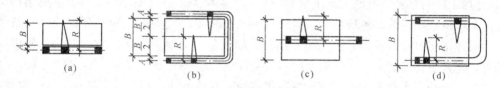

图6-4　塔式起重机布置方案

(a)单侧布置；(b)双侧布置；(c)跨内单行布置；(d)跨内环形布置

2）自行无轨式起重机械。自行无轨式起重机械可分为履带式、轮胎式和汽车式三种起重机。其一般不做垂直提升和水平运输用，适用于装配式单层工业厂房主体结构的吊装，也可用于混合结构如大梁等较重构件的吊装方案等。

3）井架（龙门架）卷扬机。井架（龙门架）卷扬机的布置应符合下列几点要求：

①当房屋呈长条形，层数、高度相同时，井架（龙门架）的布置位置应处于与房屋两端的水平运输距离大致相等的适中地点，以减小在房屋上面的单程水平运距；也可以布置在施工段分界处，靠现场较宽的一面，以便在井架（龙门架）附近堆放材料或构件，达到缩短运距的目的。

②当房屋有高低层分隔时，如果只设置一副井架（龙门架），则应将井架（龙门架）布置在分界处附近的高层部分，以照顾高低层的需要，减少架子的拆装工作。

③井架（龙门架）的地面进口，要求道路畅通，使运输不受干扰。井架（龙门架）的出口应尽量布置在留有门窗洞口的开间，以减少墙体留槎补洞工作。同时应考虑井架（龙门架）的揽风绳对交通、吊装的影响。

④井架（龙门架）与卷扬机的距离应大于或等于房屋的总高，以减小卷扬机操作人员的仰望角度，如图6-5所示。

⑤井架（龙门架）与外墙边的距离，最好以吊篮边靠近脚手架为宜，这样可以减少过道脚手架的搭设工作。

2. 搅拌站、加工厂、各种材料堆场及仓库的布置

搅拌站、加工厂、各种材料堆场及仓库的布置应尽量

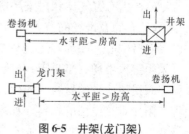

图6-5　井架（龙门架）与卷扬机的布置距离

靠近使用地点或在起重机服务范围内，并考虑到运输和装卸料方便。

(1)搅拌站的布置。砂浆及混凝土的搅拌站位置，要根据房屋的类型，场地条件、起重机和运输道路的布置来确定。在一般的砖混结构中，砂浆的用量比混凝土用量大，因此要以砂浆搅拌站位置为主。在现浇混凝土结构中，混凝土用量大，故要以混凝土搅拌站为主来进行布置。搅拌站的布置要求如下：

1)搅拌站应有后台上料的场地，尤其是混凝土搅拌站，要与砂石堆场、水泥库一起考虑布置，既要互相靠近，又要便于这些大宗材料的运输和装卸。

2)搅拌站应尽可能布置在垂直运输机械附近，以减少混凝土及砂浆的水平运距。当采用塔式起重机方案时，混凝土搅拌机的位置应使吊斗能从其出料口直接卸料并挂钩起吊。

3)搅拌站应设置在施工道路近旁，使小车、翻斗车运输方便。

4)搅拌站场地四周应设置排水沟，以利于清洗机械和排除污水，避免造成现场积水。

5)混凝土搅拌台所需面积约为 25 m²，砂浆搅拌台所需面积约为 15 m²，冬期施工还应考虑保温与供热设施等，相应地增加其面积。

(2)加工厂的布置。钢筋混凝土预制加工厂、木材加工厂、钢筋加工厂、金属结构构件加工厂和机械修理厂等，各种加工厂的结构形式应根据使用期限长短和建设地区的条件而定。一般使用期限较短者，宜采用简易结构，如油毡、薄钢板屋面的竹木结构；使用期限较长者，宜采用瓦屋面的砖木结构，砖石或装拆式活动房屋等。

木材、钢筋、水电等加工厂宜设置在建筑物四周稍远处，并有相应的材料及成品堆场。石灰及淋灰池可根据情况布置在砂浆搅拌机附近。沥青灶应选择较空的场地，远离易燃品仓库和堆场，并布置在下风向。加工厂的布置要求如下：

1)钢筋加工厂的布置，应尽量采用集中加工布置方式。

2)混凝土搅拌站的布置，可采用集中、分散、集中与分散相结合三种方式。集中布置通常采用二阶式搅拌站。当要求供应的混凝土有多种标号时，可配置适当的小型搅拌机，采用集中与分散相结合的方式。当在城市内施工，采用商品混凝土时，现场只需布置泵车及输送管道位置。

3)木材加工厂的布置，在大型工程中，根据木料的情况，一般要设置原木、锯材、成材、粗细木等集中联合加工厂，布置在铁路、公路或水路沿线。对于城市内的工程项目，木材加工宜在现场外进行或购入成材，现场的木材加工厂布置只需考虑门窗、模板的制作。木材加工厂的布置还应考虑远离火源及残料锯屑的处理问题。

4)金属结构、锻工、机修等车间，相互密切联系，应尽可能布置在一起。

5)产生有害气体和污染环境的加工厂，如熬制沥青，石灰熟化等，应位于场地下风向。

(3)仓库及堆场的布置。通常单位工程施工组织设计仅考虑现场仓库布置；施工组织总设计需对中心仓库和转运仓库做出设计布置。现场仓库按其储存材料的性质和重要程度，可采用露天堆场、半封闭式(棚)或封闭式(仓库)三种形式。露天堆场，用于不受自然气候影响而损坏质量的材料，如砂、石、砖、混凝土构件；半封闭式(棚)，用于储存需防止雨、雪、阳光直接侵蚀的材料，如堆放油毡，沥青，钢材等；封闭式(仓库)，用于受气候影响易变质的制品、材料等，如水泥、五金零件、器具等。

仓库及堆场的面积应由计算确定，然后再根据各个阶段的施工需要及材料使用的先后顺序进行布置。同一场地可供多种材料或构件使用。仓库及堆场的布置要求如下：

1)仓库的布置。水泥仓库应选择地势较高、排水方便、靠近搅拌机的地方。各种易燃易爆品仓库的布置应符合防火、防爆安全距离的要求。木材、钢筋、水电器材等仓库，应与加工棚结合布置，以便就地取材。

2)材料堆场的布置。对于各种主要材料，应根据其用量的大小、使用时间的长短、供应及运输情况等研究确定。凡用量较大、使用时间较长、供应及运输较方便的材料，在保证施工进度与连续施工的情况下，均应考虑分期分批进场，以减少堆场或仓库所需面积，达到降低耗损、节约施工费用的目的。应考虑先用先堆、后用后堆，有时在同一地方，可以先后堆放不同的材料。

对于钢模板、脚手架等周转材料，应选择在装卸、取用、整理方便和靠近拟建工程的地方布置。对于基础及底层用砖，可根据现场情况，沿拟建工程四周分堆布置，并距离基坑、槽边不小于 0.5 m，以防止塌方。底层以上的用砖，采用塔式起重机运输时可布置在服务范围内。砂石应尽可能布置在搅拌机后台附近，石子的堆场应更靠近搅拌机一些，并按石子的不同粒径分别放置。

3. 现场运输道路的布置

(1)现场运输道路的技术要求。

1)现场运输道路应按材料和构件运输的需要，沿着仓库和堆场进行布置，使之畅通无阻。

2)一般沙质土可采用碾压土路方法。当土质黏或泥泞、翻浆时，可采用加集料碾压路面的方法，骨料应尽量就地取材，如碎砖、卵石、碎石及大石块等。

3)道路的最小宽度和最小转弯半径见表 6-8 和表 6-9。

架空线及管道下面的道路，其通行空间宽度应大于道路宽度 0.5 m，空间高度应大于 4.5 m。

表 6-8　施工现场道路最小宽度

序　号	车辆类别及要求	道路宽度/m
1	汽车单行道	≥3.0(消防车道≥4.0)
2	汽车双行道	≥6.0
3	平板拖车单行道	≥4.0
4	平板拖车双行道	≥8.0

表 6-9　施工现场道路最小转弯半径

序　号	车辆类型	路面内侧的最小曲线半径/m		
		无拖车	有一辆拖车	有两辆拖车
1	小客车、三轮汽车	6		
2	二轴载重汽车 三轴载重汽车 重型载重汽车	单车道 9 双车道 7	12	15
3	公共汽车	12	15	18
4	超重型载重汽车	15	18	21

为了排除路面积水，保证正常运输，道路路面应高出自然地面 0.1～0.2 m，雨量较大的地区，应高出 0.5 m 左右，道路两侧设置排水沟，一般沟深和底宽不小于 0.4 m。

(2)现场运输道路的布置要求。

1)现场运输道路应按照材料和构件运输的需要，沿着仓库和堆场进行布置。

2)尽可能利用永久性道路或先做好永久性道路的路基，在交工之前再铺路面。

3)道路宽度要符合规定，通常单行道不应小于 3～3.5 m，双行道不应小于 5.5～6 m。

4)现场运输道路布置时应保证车辆行驶通畅，有回转的可能。因此，最好围绕建筑物布置成一条环形道路，以便于运输车辆回转、掉头。若无条件布置成一条环形道路，则应在适当的地点布置回车场。

5)道路两侧一般应结合地形设置排水沟，沟深不得小于 0.4 m，底宽不得小于 0.3 m。

4. 临时行政、生活用房的布置

(1)临时行政、生活用房的分类。

1)行政管理和辅助用房：包括办公室、会议室、门卫、消防站、汽车库及修理车间等。

2)生活用房：包括职工宿舍、食堂、卫生设施、工人休息室、开水房。

3)文化福利用房：包括医务室、浴室、理发室、文化活动室、小卖部等。

(2)临时行政、生活房屋的布置原则。

1)办公生活临时设施的选址首先应考虑与作业区相隔离，保持安全距离。特别提示：安全距离是指在施工坠落半径和高压线放电距离之外的距离。建筑物高度为 2～5 m，坠落半径为 2 m 建筑物；高度为 30 m，坠落半径为 5 m(如因条件限制，办公和生活区设置在坠落半径区域内，必须有保护措施；1 kV 以下裸露电线，安全距离为 4 m，330～550 V 裸露输电线，安全距离为 15 m，安全距离为最外线的投影距离)。

2)临时行政、生活用房的布置应利用永久性建筑、现场原有建筑、采用活动式临时房屋，或可根据施工不同阶段利用已建好的工程建筑，应视场地条件及周围环境条件对所设临时行政、生活用房进行合理地取舍。

3)在大型工程和场地宽松的条件下，工地行政管理用房宜设在工地入口处或中心地区。现场办公室应靠近施工地点，生活区应设在工人较集中的地方和工人出入必经地点，工地食堂和卫生设施应设在不受施工影响且有利于文明施工的地点。

在市区内的工程，往往由于场地狭窄，应尽量减少临时建设项目，且尽量沿场地周边集中布置，一般只考虑设置办公室、工人宿舍或休息室、食堂、门卫和卫生设施等。

(3)临时行政、生活用房设计规定。根据《施工现场临时建筑物技术规范》(JGJ/T 188—2009)对临时建筑物的设计规定如下：

1)总平面。办公区、生活区和施工作业区应分区设置，办公区、生活区宜位于塔式起重机等机械作业半径外面，生活房宜集中建设、成组布置，并设置室外活动区域，厨房、卫生间宜设置在主导风向的下风侧。

2)建筑设计。办公室的人均使用面积不宜小于 4 m²，会议室使用面积不宜小于 30 m²；办公用房室内净高不应低于 2.5 m；餐厅、资料室、会议室应设在底层；宿舍人均使用面积不宜小于 2.5 m²，室内净高不应低于 2.5 m，每间宿舍居住人数不宜超过 16 人；食堂应设在厕所、垃圾站的上风侧，且相距不宜小于 15 m；厕所的厕位设置应满足男厕每 50 人一位，女厕每 25 人设 1 个蹲便器。男厕每 50 人设 1 m 长小便槽；文体活动室使用面积不宜小于 50 m²。

5. 施工供水管网的布置

(1)施工用的临时给水管。一般由建设单位的干管或自行布置的给水干管接到用水地点。布置时应力求管网总长度最短。管径大小和龙头数目的设置需视工程规模大小通过计算确定。管道可埋于地下，也可铺设在地面上，以当时、当地的气候条件和使用期限的长短而定。工地内要设置消火栓，消火栓距离建筑物不应小于5 m，也不应大于25 m，距离路边不应大于2 m。当条件允许时，可利用城市或建设单位的永久消防设施。

(2)为了防止水的意外中断，可在建筑物附近设置简单蓄水池，储存一定数量的生产和消防用水。水压不足时，需设置高压水泵。

(3)为便于排除地面水和地下水，要及时修通永久性下水道，并结合现场地形在建筑物四周设置排泄地面水和地下水的沟渠。

6. 施工供电的布置

(1)为了维修方便，施工现场一般采用架空配电线路，且要求现场架空线与施工建筑物水平距离不应小于10 m，与地面距离不应小于6 m，跨越建筑物或临时设施时，垂直距离不应小于2.5 m。

(2)现场线路应尽量架设在道路一侧，且尽量保持线路水平，以免电杆受力不均，在低压线路中，电杆间距应为25～40 m，分支线及引入线均应由电杆处接出，不得在两杆之间接线。

(3)单位工程施工用电，应在全工地施工总平面图中一并考虑。若属于扩建的单位工程，一般计算出在施工期间的用电总数，提供给建设单位解决，不另设变压器。只有在独立的单位工程施工时，才须根据计算出的现场用电量选用变压器。变压器(站)的位置应布置在现场边缘高压线接入处，四周用铁丝网围住。变压器不宜布置在交通要道路口。

7. 绘制施工平面图

单位工程施工平面图的绘制步骤、要求和方法基本同施工总平面图，在此仅作补充说明。

绘制单位工程施工平面图，应把拟建单位工程放在图的中心位置。图幅一般采用A2～A3号图纸，比例为1：200～1：500，常用的是1：200。

必须强调指出，建筑施工是一个复杂多变的生产过程，各种施工机械、材料、构件等是随着工程的进展而逐渐进场的，而且又随着工程的进展而逐渐变动、消耗。因此，在整个施工过程中，它们在工地上的实际布置情况随时在改变。为此，对于大型建筑工程、施工期限较长或施工场地较为狭小的工程，就需要按不同施工阶段分别设计几张施工平面图，以便能把不同施工阶段工地上的合理布置生动、具体地反映出来。在布置各阶段的施工平面图时，对整个施工时期使用的主要道路、水电管线和临时房屋等，不要轻易变动，以节省费用。对较小的建筑物，一般按主要施工阶段的要求来布置施工平面图，同时考虑其他施工阶段如何周转使用施工场地。以布置重型工业厂房的施工平面图，还应该考虑一般土建工程同其他专业工程的配合问题，以一般土建施工单位为主会同各专业施工单位，通过协商编制综合施工平面图。在综合施工平面图中，根据各专业工程在各个施工阶段中的要求将现场平面合理划分，使专业工程各得其所，都具备良好的施工条件，以便各单位根据综合施工平面图布置现场。

五、主要技术经济指标

技术经济指标是对施工组织设计进行技术经济分析的基础，也是对其进行考核的依据，因此，在施工组织设计的编制基本完成后应计算和确定有关技术经济指标。

单位工程的技术经济指标主要有以下几个：

(1)项目施工工期：建设项目总工期；独立交工系统工期及独立承包项目和单项工程工期。

(2)项目施工质量：分部工程质量标准；单位工程质量标准及单项工程和建设项目质量水平。

(3)项目施工成本：建设项目总造价、总成本和利润；每个独立交工系统总造价、总成本和利润；独立承包项目造价、成本和利润；每个单项(单位)工程造价、成本和利润；其产值(总造价)利润率和成本降低率。

(4)项目施工消耗：建设项目总用工量；独立交工系统用工量；每个单项工程用工量；前三项各自平均人数、高峰人数和劳动力不均衡系数、劳动生产率；主要材料消耗量和节约量；主要大型机械使用数量、台班量和利用率。

(5)项目施工安全：施工人员伤亡率、重伤率、轻伤率和经济损失。

(6)项目施工其他指标：施工设施建造费比例、综合机械化程度、工厂化程度和装配化程度，以及流水施工系数和施工现场利用系数。

第五节　单位工程施工组织设计实例

一、工程概况

某小区 1 号住宅楼工程，位于某市某园区内，开发商为某房地产开发有限公司。本工程的概况见表 6-10，建筑设计概况见表 6-11，结构设计概况见表 6-12，专业设计概况见表 6-13。

表 6-10　工程概况

工程名称	某小区 1 号住宅楼	备　注
建设单位	某房地产开发有限公司	
设计单位	某设计研究院	
监理单位	某建设监理有限公司	
质量监督单位	某质量监督站 A 室	
施工承包单位	某建筑安装公司	
合同范围	基础、主体、安装	
承包方式	包工、包料	
总造价/万元	2 154.43	
合同工期目标	210 日历天	
合同质量目标	优良	

表 6-11　建筑设计概况

建筑面积/m²	4 839.07	占地面积/m²	719.23
建筑用途	居住	标准层建筑面积/m²	730.82
层数	7 层	建筑总高度/m	22.90
平面尺寸	长 61.86 m×宽 26.49 m		
屋面防水做法	SBS 复合防水	门窗材料	塑钢、木
层高/m	3.00	基本轴线距离/mm	3 600
±0.000 相当于绝对标高/m	99.90	室内外高差/mm	700

外装饰做法		内装饰做法		
98ZJ001	外墙 22	地面	98ZJ001 地 49、地 55	楼面	98ZJ0011 楼 1、楼 27
		墙面	98ZJ001 墙 4、19	油漆	98ZJ001 涂 1、涂 2、涂 13
		顶棚	98ZJ001 顶 1、4	门窗	85 系列白色塑钢窗

表 6-12　结构设计概况

地基土	分类	承载力/kPa	地下水性质		潜水
第一层	填土		地下水水位/m		7.05～8.09
第二层	粉土	135	地下水水质		对混凝土弱腐蚀
第三层	粉土	110	渗透系数		
地基类别	天然地基		楼梯结构形式		现浇板式
基础形式	整板		底板厚度/mm		400
地下混凝土类别	普通		抗震设防烈度/度		7
基础混凝土强度等级	C20		±0.000 以下墙体		烧结普通砖
基底标高/m	−2.500		最大基坑深度/m		1.90
地上结构形式	砌体结构		楼盖结构形式		预制、部分现浇
承重墙体材料	承重空心砖		非承重墙体材料		GSJ 夹芯板
梁柱钢筋类别	HPB300、HRB335 级		板钢筋类别		冷轧带肋钢筋
			钢筋接头类型		绑扎
混凝土强度等级	现浇梁	C20	现浇板	C20	柱	C20
	预制梁	C20	预制板	C30		
外墙厚度/mm	240		内墙厚度/mm		240
结构参数	典型断面		最大断面		最小断面
梁	240 mm×240 mm		240 mm×450 mm		240 mm×200 mm
柱	240 mm×240 mm		240 mm×360 mm		
最大跨度/mm	4 200		最大预制构件质量/kg		504

表 6-13　专业设计概况

项　目	名　称	设计要求	管线类别
上下水	上水	暗埋	铝塑管
	下水	暗埋	塑料管
	雨水		塑料管
	热水		
电　气	照明		铜芯塑料线
	避雷	三类防雷	ϕ12 镀锌圆钢

二、施工组织及部署

1. 施工组织

(1)项目经理部的组成原则。根据本工程的规模和特点，公司将派遣优秀的项目经理担任本工程的项目经理，并选派公司技术骨干组成现场项目经理部。项目经理部作为公司的现场管理者代表公司全权组织本工程的施工生产，对工程项目的工期、质量、安全等进行高效率、有计划的组织协调和管理。项目组织结构图如图 6-6 所示。

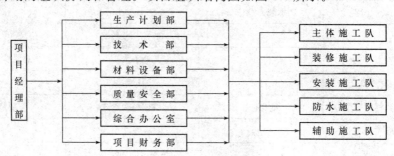

图 6-6　项目组织结构图

(2)项目经理部的人员构成。项目经理部由一名项目经理、一名项目副经理、一名主任工程师和六名专业技术人员组成。项目经理部承担该工程从地基处理、主体结构、装饰到安装的全过程施工组织。项目经理部主要人员及分工职责见表 6-14。

表 6-14　项目经理部主要人员及分工职责

序　号	姓　名	性　别	年　龄	专　业	职　务	职　责
1				土建	项目经理	全面、安全
2				土建	项目副经理	生产、计划
3				土建	主任工程师	资料、技术
4				预算		预决算、统计
5				档案		技术资料
6				质量		质量、安全
7				材料		材料采购、设备管理
8				会计		财务管理、成本核算

(3)项目经理部的分工职能。项目经理部下设生产计划部、技术部、质量安全部、材料设备部、项目财务部和综合办公室等职能部门。各职能部门按照公司质量管理的有关规定，负责各自职能范围内的具体工作。项目经理部职能部门分工见表6-15。

表6-15 项目经理部职能部门分工表

序 号	部 门 名 称	分 工 职 能
1	生产计划部	制订施工计划及实施、劳动力组织、生产调度、预决算及报表
2	技术部	编制施工方案、技术交底、技术管理、工艺卡编制、材料取样试验、资料管理
3	质量安全部	工程质量管理、安全管理、成品保护、安全资料整理
4	材料设备部	材料询价、采购、工具管理、劳保用品的购置、机械设备和周转材料的购置与租赁、材料的存放保管
5	项目财务部	工程财务管理、成本核算、劳务结算
6	综合办公室	现场消防和保卫、后勤管理、文明施工、周边关系协调

2. 施工部署

(1)施工部署原则。根据本工程特点和本公司的技术装备、劳动力资源状况，在本工程施工中按照先地下、后地上，先土建、后设备，先结构、后装修，先室外、后室内，先墙面、后地面的原则组织施工。装修施工前应先做样板间，以主体结构施工为先导，实行立体交叉作业。

(2)施工顺序。土方开挖→素混凝土垫层→钢筋混凝土整板式基础→±0.000以下墙体砌筑→室内外土方回填→±0.000以上主体结构砌筑→屋面保温、防水→装饰装修及水、电、暖安装同时进行→门窗制作安装→油漆涂料→零星工程。

(3)施工阶段划分。本工程拟分六个阶段组织施工：施工准备阶段、土方及基础阶段、主体结构阶段、装饰装修阶段、安装阶段和竣工验收阶段。

(4)总体施工安排。在基础阶段施工时，即开始进行预制构件的加工制作；在主体结构进行的同时，安装工程及时配合预埋，待主体结构进行到四层以上时即开始进行内墙粉刷的刮槽，并逐步展开门窗的加工制作、安装工程的准备，以加快施工进度。预应力空心板应提前订购，构件进场后要进行检查验收。

(5)各专业、各工种之间的配合。各专业、各工种之间的协调配合是保证工程质量的前提。地基与基础施工阶段各工序紧凑安排，协调配合加快施工进度。各种管道的挖土、铺设等应与土建施工密切配合，平行搭接进行。基础工程施工完成后，安装搭设垂直运输设施。主体工程封顶后应及时插入屋面保温防水工程及外装饰工程，同时自下而上进行室内装饰施工。室内装饰施工前，各种电盒、埋件、孔洞应施工完毕。门窗框扇的安装及油漆涂料的施工应视施工条件及时插入施工。

三、施工准备

1. 技术准备

(1)开工前，由公司总工程师组织项目经理部全体人员学习有关施工规范的主要条文，熟悉标准图集，审查施工图纸，在项目经理部内进行各专业的图纸会审，将问题汇总后为正式图纸会审做准备。

（2）进行施工组织设计交底和讨论，落实施工组织设计对工程质量、安全、进度的各项要求，同时进行施工技术交底。对工程的重要部分组织、编制分项工程的详细施工方案和编制施工工艺卡。

（3）根据工程需要准备相应的技术资料，工程中所用到的施工规范、规程、标准图集、预算定额及当地住房城乡建设主管部门的有关工程建设文件等，按专业分发到各专业施工班组，主要条文及条款由主任工程师向班组进行交底。

（4）工程中所用的测量仪器、仪表均应检验、校准，并应有专人负责管理、维护。

（5）外加剂、特殊材料、器械订货的准备及培训。

（6）安装工程中采用的铝塑复合上水管属于新技术、新工艺，施工前由项目部主任工程师组织安装工考查相应的工程实例，进行必要的培训及安装操作实习，最后经考察合格后的人员方可上岗施工。

（7）与建设单位办理有关技术资料的交接手续，做好定位坐标点、水准点的引入及标高、控制点的复核工作。

（8）钢筋、木工、铁件翻样，提出成品、半成品及预制构件加工订货单。

2. 生产准备

（1）施工场地准备。施工场地的平整，临时水、电管线的敷设及临时设施的搭设按土方开挖、主体施工与装饰施工的要求进行。

（2）临时设施的布置。项目部有关人员经过到施工现场实地观看测量，通过几个平面布置方案的比较，确定钢筋加工场地、木工加工场地安排在楼的南侧，职工食宿安排在南侧宿舍旁，项目经理部办公室安排在东南位置。各种临时设施面积的大小见表 6-16。

表 6-16　临时设施面积大小一览表

序　号	临建名称	建筑面积/m²	备　注
1	项目办公室	20	砖混一层
2	水泥仓库	50	砖混一层
3	民工宿舍	300	
4	机修电工房	30	石棉瓦屋顶
5	钢筋加工棚	300	石棉瓦屋顶
6	木工加工棚	100	
7	保卫室	10	
8	公厕	20	水冲式

（3）机械设备的布置。砂浆搅拌机、混凝土搅拌站设在楼的北侧，分别设两座垂直提升架。

（4）临时供排水的管线。施工用水管道沿工程施工场地外围埋设，埋设深度为 500 mm。楼层施工用 1 号水管随楼层增高，每层留设水龙头以解决楼层施工用水，用水管道铺设途经混凝土砂浆搅拌棚、钢筋加工厂、生活区、办公区。

（5）施工道路。主干道宽度不小于 6 m，路面铺 100 mm 厚炉渣碾平压实，现场基坑周围与道路两侧均设明沟排水。

（6）施工用电准备。供电线路采用三相五线制，分两路布线。

1)施工用电总容量。

室内照明容量：$P_3 = 3.5 \text{ kW}$。

室外照明容量：$P_4 = 6 \text{ kW}$。

电动机额定功率：$P_1 = 83.60 \text{ kW}$。

电焊机额定容量：$P_2 = 46 \text{ kV} \cdot \text{A}$。

总用电量：$P = 1.05 \times \left[K_1 \dfrac{\sum P_1}{\cos\phi} + K_2 \sum P_2 + K_3 \sum P_3 + K_4 \sum P_4 \right] = 178.67 \ (\text{kW})$。

2)线路截面选择供电线路采用三相五线制，分两路布线。总配电盘以下分为两路，每路用电量为 90 kW。

3)总配电盘设漏电保护器、断流器、接地保护。

4)临时用电线路沿工程施工外围架设一周，在施工机械、生活区、办公区等处留设施工用电配电盘。

(7)施工用水准备。

1)现场施工用水量：$q_1 = 3.76 \text{ L/s}$。

2)现场施工生活用水量：$q_2 = 0.78 \text{ L/s}$。

3)消防用水：$q_3 = 10 \text{ L/s}$。

由于 q_1、q_2 小于 q_3，故现场用水量按 $q = 10 \text{ L/s}$ 计。

4)供水管直径：$d = 100 \text{ mm}$。

(8)机械设备、周转材料和建筑材料的准备。

1)基础施工前建好混凝土搅拌站，混凝土搅拌站应设专人负责；按施工平面布置图安装和就位垂直升降机、砂浆搅拌机、钢筋对焊机、钢筋切断机、钢筋成型机、木工机械，其他小型机具应配套齐全。

2)由于施工现场较窄，周转材料及建筑材料应根据施工计划有组织地进场和订购，按施工总平面图合理堆放。

3. 其他准备

《施工许可证》《开工报告》及《占道施工许可证》应在正式施工前办完。

四、主要技术措施

1. 测量放线

(1)测量放线方案。施工测量遵循"从主体到局部，先控制测量后细部测量"的原则。因为施工测量受到施工的限制和干扰，所以测量方案和测量手段有别于一般建筑的施工测量。本工程专设一名测量助理工程师。土方工程完成后应及时与建设单位核验标高、水准点及定位轴线，坚持测量复核制度，做到各项资料签证齐全。

(2)仪器选择。平面控制网的测设及建筑物定位选用先进的 J2 红外线测距仪、S3 水准仪、配两把水准尺，垂直测量选用红外线铅垂仪，各种仪器精度应达到国家建筑测量标准。

(3)建筑平面控制网。根据建设单位提供红线图和建筑物轴线的设计坐标，利用极坐标法，通过计算测出平面控制网，记录存档。控制桩定于地面，并在桩顶面打上钢钉作为标志。在周围直径 500 mm、高 300 mm 范围内用混凝土浇筑做保护。

(4)轴线桩的测设。利用直角坐标法，根据本工程设计轴线坐标，测出轴线控制桩，地下室利用轴线控制桩采用经纬仪直接引测轴线。首层以上轴线传递用铅锤仪逐层投点控制。

(5)高度传递。在楼梯间悬吊钢尺，钢尺下端挂一重锤，使钢尺处于铅垂状态，用水平仪在下部对所建楼层面分别读数，按水准测量原理把高程传递上去。

(6)沉降观测水准点设置。在建筑物附近设置三个永久水准点，埋设应坚固稳定。

(7)观测点位置。详见沉降观测点位置结构设计图，在建筑物四周埋设水准点。

(8)沉降观测点的观测。施工期间每半个月或每完成一层观测一次；竣工后一年内每季度观测一次，以后每半年观测一次。沉降观测资料交设计院审查存档。

2. 土方开挖与回填

(1)施工机具。本工程使用的施工机具包括反铲挖土机、轮式装载机、自卸汽车、蛙式打夯机、木夯、镐、铁锹、手推车。

(2)土方开挖。本工程的土方工程采用一台反铲挖土机施工，挖出土方除留足回填土外，其余用自卸车运离施工现场。机械挖土应挖至基底标高上 500 mm 处，再由人工挖土、清底至基底设计标高。基坑放坡挖方时应按 1：0.6 放坡，基坑西侧与围墙距离较近，无法按规定放坡，为防边坡被雨水冲刷，用喷水泥砂浆的方法进行防护，砂浆比例为 1：3。喷浆前，应在基坑边坡四周绑扎间距 30 cm×30 cm 的 ϕ4 mm 冷拔钢丝。

(3)回填土。本工程室内外回填土采用原土回填，用蛙式打夯机夯实回填土，应一夯压半夯进行分层夯实。室内墙边及墙角部分用木夯夯实。每层铺土厚度为 200～250 mm，每层夯实 3 遍或 4 遍。

(4)质量要求。

1)机械开挖时应避免超挖和扰动原土。基槽开挖后应尽快对混凝土垫层施工，以减少基底暴露时间，防止雨水对基槽的浸湿。

2)回填所用原土质量应符合设计要求和规范规定，应适量控制含水量，以防止出现橡皮土。每层夯实后进行密度测试，应符合设计要求。

3)回填土分层厚度为 25 cm，每步回填土间隔距离必须相互错开，上下层土的接槎间隔不得小于 50 cm。

4)地下水或雨水进入基坑(槽)时，应采取人工排水，使基坑(槽)保持无积水状态。

3. 钢筋工程

(1)准备工作。

1)熟悉施工图，了解所属工程的概况，检查钢筋施工图纸的各个编号是否齐全，详读施工图说明及设计变更通知单。

2)检查构件各部分尺寸是否吻合、每个构件中所有钢筋编号的数码是否存在重复现象。

3)核对施工图与材料表中钢筋的直径、式样、根数是否存在不相符的情况。

4)钢筋的配置是否有与设计构造规程或施工验收规范不相符之处。

5)现有的工地施工机具和工艺条件能否在质量和任务量上满足加工这批钢筋的要求。

(2)技术问题的解决。

1)若构件各部分尺寸出现矛盾或钢筋施工图与材料表的编号、式样、直径、数量不一致，在与设计单位取得联系后，根据设计单位要求，可以直接在图上改动。

2)对于不作为受力钢筋的辅助钢筋(如架立钢筋、分布钢筋及其他形式的"副筋"等)，为了考虑施工方便，在符合构造规定的条件下向设计单位、主管技术人员说明，可做适当修改。

3）因材料供应条件不能满足施工图纸要求的，应进行钢筋代换计算，确定代换方案，并办理技术核定单。

4）与钢筋绑扎安装有关的成型加工事宜，要在配料时预先考虑，如堆放顺序、接头配置、分部钢筋加工工期的先后安排等。

5）受力钢筋的受力，或牵涉到其他受力部位和结构构造的修改，应通过技术人员或设计部门确定。

（3）配料凭证。

1）配料单。配料单包括钢筋直径、式样、根数及下料长度等内容，应按施工图配筋详图抽出钢筋、计算配料，下料长度必须由配料人员计算好后填写，不可以使用设计人在材料表上填写的数据。

2）料牌。料牌上应注明工程名称、图号、构件编号和个数、钢筋根数、钢筋号、钢筋规格、下料长度、钢筋式样。

（4）钢筋成型。钢筋弯曲成型前必须先做样板，经检查合格后照样板进行加工。绑扎骨架中的受力钢筋应在末端做弯钩，弯钩应符合规范规定。

（5）钢筋弯钩。HPB300级钢筋末端要做 $180°$ 弯曲，净空直径 D 不应小于钢筋直径 d 的2.5倍，平直部分长度不宜小于钢筋直径 d 的3倍。箍筋的末端均应弯钩，弯钩长度应符合规范规定。钢筋下料长度应考虑钢筋弯曲的调整值。弯曲钢筋弯曲直径不应小于钢筋直径 d 的5倍。钢筋原材料因保管条件和存放时间可能会导致钢筋锈蚀，绑扎前应将锈蚀钢筋进行除锈处理。

（6）绑扎。

1）钢筋位置画线。梁的箍筋位置画在纵向钢筋上；平板或墙板的钢筋位置画在模板上；柱的箍筋位置画在对角线纵向钢筋上；基础的钢筋每个方向的两端各取一根画点，或画在垫层上。

2）绑扎钢筋间距应符合设计要求，配有双排钢筋的构件，上、下钢筋之间应垫以马凳筋，以保持双排钢筋间距正确，板内上部钢筋的下面，应垫设一定数量的垫块，必须使上部钢筋位置正确，且有足够的混凝土保护层。

3）钢筋绑扎时，应注意弯钩方向，不得任意颠倒，端部的弯钩应与所靠底模板面垂直，不得倾斜平放，柱中竖向钢筋搭接时，柱角部钢筋弯钩应与模板成 $45°$ 角。

4）箍筋的接头在柱中应该环向交错布置，在梁中应纵向交错布置，箍筋的绑扎均应与主筋互相垂直，不得滑落、偏斜，四角与主筋平贴紧密，位置正确，箍筋间距必须符合设计要求。

5）绑扎钢筋拧和时应拧转一半以上，以防止松动，并应将绑扎钢丝拧向骨架内部。

6）现浇圈梁、构造柱交叉部位，应注意钢筋的相交位置和排列。配有双层钢筋网的混凝土板应根据钢筋直径、网格大小自行配置架立钢筋，以防止上层网片在施工中受压变形。

7）梁或板中的钢筋如因安装暗管、预埋件而必须移动时，应将钢筋向一边移动，但不得将钢筋局部弯曲，钢筋移动后造成过大间距的，应加设一根同一直径的钢筋。

（7）成品管理。弯曲成型后的钢筋，必须轻抬轻放，避免摔落在地产生变形。规格、外形尺寸被检查过的成品应按编号拴上料牌。清点某一编号钢筋成品确切无误后，应将该号钢筋全部运离成型地点，在指定的堆放场地上按编号分隔后整齐堆放。非急用于工程上的钢筋成品应堆放在仓库内，仓库屋顶应不漏雨，地面保持干燥，并有木方或混凝土板等作为垫件。进入成品仓库的钢筋必须复验钢筋加工的质量。进场钢筋必须有出厂合格证、复验报告。钢筋弯曲成型后，如发现有裂痕、断伤者不得使用，同时应对该批钢筋质量进行复查。

（8）质量安全措施。钢筋成型的形状正确，平面上没有翘曲不平现象，末端弯钩的净空直径不小于钢筋直径 d 的 2.5 倍。钢筋弯曲处不得有裂缝，且不得反弯。检查钢筋的钢号、直径、根数、间距是否正确，特别注意负筋的位置。钢筋接头的位置及搭接长度应符合设计和施工规范的要求，钢筋保护层厚度应满足规范的规定。钢筋绑扎应牢固，不得有松动、变形现象，钢筋表面不允许有油污和粒状、片状锈斑。钢筋绑扎完毕后应及时进行隐蔽验收，并办理验收手续。

4. 模板工程

（1）准备工作。向施工班组进行技术交底，做好模板底部的砂浆找平工作，为防模板底部浇筑混凝土时漏浆，模板应涂刷隔离剂。在涂刷隔离剂之前，应先将模板上的灰浆铲除并清理干净，严禁在模板上涂刷废旧机油，以免污染构件钢筋。模板支撑的承接面应平整坚固，并准备好垫木。

（2）模板设计。模板采用厚 12 mm 的酚醛竹胶合板模板与钢模板配合使用，竹模板内楞采用 60 mm×100 mm 方木制作，内楞方木竖向排列，间距不得大于 300 mm。内楞与 12 mm 厚的竹胶板用钢钉钉牢，成为整体。梁底模全部采用 50 mm 厚木模，梁底模板宽为梁净宽。梁侧模采用组合钢模。平板模板采用 12 mm 厚酚醛竹胶合板模板，其宽度等于板底净尺寸。板模搁置于墙体上，次龙骨采用 60 mm×100 mm 方木，间距不大于 300 mm。主龙骨采用 2 根 48 mm×3.5 mm 的钢管，间距为 750 mm。支撑架采用普通钢管支撑，平台板下立杆间距不得大于 1.5 m×1.5 m。梁下立杆应加密，间距不得大于 0.75 m×0.75 m，横杆沿高度方向间距不得大于 1.8 m。

（3）标高测量。根据实际标高的要求，用水准仪将建筑物水平标高直接引测到模板安装位置。在无法直接引测时，也可以采取间接引测的方法，即用水准仪将水平标高先引测到过渡引点，作为上一层结构构件模板的基准点，用来测量和复查标高位置。模板承垫底部应预先找平，以保证模板位置正确，防止模板底部漏浆。找平方法是沿模板内边线用 1:3 水泥砂浆抹找平层。梁模板的组拼方法是：复核梁、板底标高，校正轴线位置无误后，搭设垫平模板支架（包括安装水平拉杆和剪力撑），固定龙骨；再在次龙骨上铺钉底模，拉线找直，然后绑扎钢筋，安装并固定梁侧模板。按设计要求起拱（当跨度大于 4 m 时，一般应起拱 0.1%～0.2%）。复查梁模尺寸，并加设模板支撑。梁、柱头模板的连接特别重要，必须按模板设计封严撑牢，应在梁模端头部位留置清扫孔。

（4）拆模顺序。楼板混凝土强度达到拆模要求后降下拆头托板→拆除模板主、次梁→拆除面板→拆除下部水平支撑→涂刷脱模剂→运至下道工序工作面。

（5）质量安全要求。

1）采用组合钢模时，同一条拼缝上的 U 形卡不宜向同一方向卡紧。采用扣件钢管做支架时，扣件必须拧紧，要抽查扣件的力矩，横杆的步距要按设计要求设置。

2)严格控制板顶的标高，并要求误差应不得大于±1 mm。

3)严格控制模板拆模时间，拆模强度应符合《混凝土结构工程施工质量验收规范》(GB 50204—2015)的规定。

4)在钢模板上进行电气焊时，应在模板面铺放石棉，焊接后应及时浇水。

5)模板上架设的电线和使用的电动工具应采用36 V电压的电源或者采取其他有效的安全措施。

6)高空作业时，各种配件应放在工具箱或工具袋中，禁止放在模板或脚手架上，各种工具应系挂在操作人员身上或放在工具袋内，防止掉落，以免伤人。

7)装拆模板时，上下应有人接应，随拆随运，并应将活动部件固定牢固，严禁堆放在脚手板上或抛掷。

8)装拆模板时，必须使用稳固的登高工具，高度超过3 m时，必须搭设脚手架。装拆施工时，除操作人员外，下面不得站人。高处作业时，操作人员应挂上安全带。拆除承重模板，必要时应先设立临时支撑，防止整块坍落。

5. 混凝土工程

(1)施工准备。

1)根据浇筑构件的特点，准备搅拌机、运输车、料斗、串筒、振捣器等设备，正式浇筑前应将上述设备试运行。

2)准备好留设施工缝所用的模板、支撑；保证水、电、照明线路的正常运行；按浇筑工作量备足水泥、砂、碎石、减水剂。

3)掌握天气变化情况，准备必要的抽水设备和防雨设施；检查模板支设、支架强度和刚度是否满足混凝土浇筑的需要，钢筋和预埋件与设计是否符合要求。

4)应将模板内的垃圾、木屑、刨花、泥土等清除干净并浇水湿润。

5)检查水泥3天强度报告、材料复验报告、配合比、材料合格证等有关资料。

(2)施工顺序。清理模板→隐蔽验收签证→混凝土搅拌运输→浇筑→养护→拆模。

(3)浇筑要点。

1)混凝土自吊斗口下落的自由倾落高度不得超过2 m，当浇筑高度超过3 m时，必须采取措施，用串筒或溜槽等。

2)浇筑混凝土时应分段连续浇筑，浇筑层高度根据结构特点、钢筋疏密而决定，一般为振捣作用部分长度的1.25倍，最大不超过50 cm。使用插入式振捣器应快插慢拔，插点要均匀排列，逐点移动，不得遗漏，做到均匀振实。移动间距不大于振捣作用半径的1.5倍。振捣上一层时应插入下一层5 cm，以消除两层之间的接缝。

3)表面振捣器的移动间距，应保证振捣器的平板覆盖已振实部分的边缘。

4)浇筑混凝土应连续进行。如必须间歇，其间歇时间应尽量缩短，并应在前层混凝土凝结之前，将次层混凝土浇筑完毕。间歇的最长时间应按所用水泥品种、气温及混凝土凝结条件确定，一般超过2 h应按施工缝处理。

5)浇筑混凝土时，应经常观察模板、钢筋、预留洞、预埋件和插筋等有无移动、变形或堵塞情况，发现问题及时处理，并应在已浇筑的混凝土凝结前修正完好。

6)施工缝位置宜沿次梁方向浇筑楼板，施工缝应留置在次梁跨度中间1/3范围内。施工缝的表面应与梁轴线或板面垂直，不得留设斜槎。

（4）养护。混凝土浇筑完毕后应在 12 h 内加以覆盖并浇水，浇水次数应能使混凝土保持足够的湿润状态，养护期不应少于 7 天。

（5）质量安全措施。控制石子、砂的含泥量不超过 1% 和 3%。在浇筑过程中每一工作班至少检查两次混凝土组成材料的质量和混凝土的坍落度。夏期施工时，由于气温较高，故混凝土中的水分蒸发较快，容易造成混凝土坍落度损失，应及时调整；冬期施工时，应优先使用水化热较高的水泥拌制混凝土。砂石可在室内储存或通入蒸汽加热；雨期施工时，应注意集料含水率的变化。

6. 砌体工程

（1）施工准备。

1）材料准备。烧结普通砖、水泥、中砂、拉结钢筋、预制混凝土构件、木砖及水、电、暖等预埋件的准备。

2）场地准备。清扫基层找出墨斗线，做好砌筑准备。烧结普通砖堆放地要地势高、平整、夯实以利于排水，尽量运到操作地点，配合操作顺序，避免二次搬运。砖垛堆放时应上下皮交错叠放，堆放高度一般不高于 2 m，应尽量靠近垂直提升架，远离高压线。

3）技术准备。熟悉图纸，除熟悉建筑平面图和详图外，还应查清墨斗线位置，弄清楚砌筑位置和门窗洞口位置。皮数杆安放在墙角及墙体交接处，间距不超过 15 m，皮数杆应用水准仪抄平。

（2）拌制砂浆。宜采用水泥白灰砂浆（设计另有规定者除外），砌筑砂浆的稠度要控制在 7~8 cm。

（3）作业条件。弹好墙身门口、构造柱位置线，施工前一天应将砌墙位置的基础表面清扫干净，并将与隔墙接触的楼地面和立墙洒水湿润，烧结普通砖浇水湿润。

（4）施工顺序。熟悉施工图→施工准备→找出墨斗线位置→将预先浇好水的砖运至指定地点→根据墨斗线铺摊砂浆→铺砖找平→灌嵌竖缝→检查后勾缝→清扫墙面→清扫操作面。砌块砌筑的顺序一般为先外墙后内墙、先远后近、从下到上按流水分段进行砌筑。

（5）施工要点。

1）砌筑前应先行试摆，排除灰缝宽度，注意门窗位置、砖垛的影响，同时要考虑窗间墙的组砌方法，七分头、五分头排在何处为好。

2）砂浆厚度控制在 1~2 cm（有配筋的水平缝为 1.5~2.5 cm），长度控制在 1 块砖的范围内。

3）砖墙转角处和交接处应同时砌筑，对不能同时砌筑必须留槎的部位，应砌成斜槎，其长度不应小于高度的 2/3。构造柱两侧的砖体应砌成大马牙槎，并应先收后进。沿高度 50 cm 设置水平拉结钢筋。

（6）质量安全要求。

1）半砖墙、砖过梁以上与过梁成 60° 角的三角形范围、宽度小于 1 m 的窗间墙、梁下及其两侧 50 cm 范围、门窗洞口两侧 18 cm 和转角处 43 cm 范围内不得留置脚手架眼。

2）相邻工作段的高度差不得超过一个楼层的高度。砖墙每天的砌筑高度以不超过 1.8 m 为宜。砌筑时应采用相同配合比砂浆。先砌筑转角（俗称定位），然后再砌中间。

3）水平灰缝铺置要平整，砂浆铺置长度较砖长稍长些，宽度宜缩进墙面约 5 mm。竖缝灌浆应在砌筑并校正好后及时进行。校正时，一般将墙两端的定位砖用托板校正垂直后，对中间部分用拉准线校正。不得在灰缝中塞石子或砖片，也不能强烈振动墙体。

4)所用砖的尺寸、强度等级必须符合设计要求，外观颜色要均匀一致，棱角整齐方正，不得有裂纹、污斑、偏斜和翘曲等现象。

5)砂浆配合比要严格控制，稠度适宜。墙面平整度与垂直度应符合标准。

7. 屋面保温防水

(1)施工工具与材料准备。

1)施工工具：汽油喷灯、拌料桶、滚刷、棕刷、剪刀、卷尺等。

2)材料准备：氯化聚乙烯-橡胶共混防水卷材、基层处理剂、基层胶粘剂、卷材封边胶粘剂。

(2)施工顺序。清理基层→平面涂布底胶→平面防水层施工→平面部位铺贴油毡隔离层→平面部位做砂浆保护层→修补表面→立面涂布底胶和防水层施工。

(3)基层处理。基层水泥砂浆找平层必须坚实平整，不能有松动、起鼓、面层凸出或严重粗糙，平整度不好或起砂时，必须剔凿处理。基层必须干燥，含水率不能大于9%，否则不能施工。具体测量含水率的方法是：可以在基层表面放一块油毡或玻璃，待3~5 h后看其下面有无水珠，如无水珠即可施工。复杂部位、阴角部位应用水泥砂浆抹成八字形，对管子根部，排水口等易于渗漏的薄弱部位，应再加一层油毡。

(4)施工要求。在干燥的地下室和立壁的基层表面上涂刷橡胶沥青涂料。要求涂刷均匀，一次涂好，干燥12 h(根据气温而定，以不粘脚为好)后方可施工。施工时，将油毡按位置摆正，点燃喷灯加热油毡和基层，喷灯距离油毡0.5 m左右，加热要均匀，待卷材表面熔化后，随即向前铺滚，注意在滚压时不要将空气和异物卷入，必须压实、压平。在油毡还未冷却前，用抹子将边封好，再用喷灯均匀细致地将接缝封好，然后再将边缘和其他部位封好，以防止翘边。

(5)质量要求及安全注意事项。

1)防水材料的技术性能应符合设计要求和标准规定，并附有质量证明文件和现场取样进行检测的试验报告及其他有关质量的证明文件。

2)施工前要认真地将地下室表面及立壁的水泥砂浆余渣、尘土和杂物铲除干净。

3)SBS防水卷材应放在干燥通风的室内，严禁与水接触；SBS防水卷材属易燃品，严禁与明火接触。

4)在未做保护层前，任何人员不得进入施工现场，以防止践踏损伤防水层。发现防水层有刺破和损伤时，应立即修补，确保防水质量。

5)施工完成后，应及时做好隐蔽验收。验收后应立即做水泥砂浆保护层，做保护层时应特别注意不要损坏防水层。

6)现场工作人员应戴安全帽，不得穿钉鞋施工。涂层施工完毕，在尚未完全固化时，不允许上人踩踏。

7)遇有穿墙套管部位，应将套管四周粉刷成圆角，并在此部位增加一层卷材。

8)防水层厚度应均匀一致，不允许有开裂、翘边、滑移、脱落和末端收头封闭不严等缺陷。防水层必须均匀固化，不得有明显的凹坑、气泡和渗漏水的现象。当甲料、乙料混合后固化过快并影响施工时，可加入少许磷酸或苯磺酰氯作缓凝剂，但加入量不得大于甲料的0.5%。当涂膜固化太慢影响下道工序时，可加入少许二月桂酸二丁基锡作促凝剂，但加入量不得大于甲料的 0.3%。

9)刮涂第一度涂层 5 h 以上仍有发黏现象时，可在第二度涂层施工前，先涂上一些滑石，再上人施工。

8. 外墙装饰

(1)施工顺序。外墙装饰的施工顺序为：基层处理→浇水湿润→吊垂直、贴灰饼、冲标筋→抹踢脚板、墙裙→做护角→抹底层灰→修补孔洞→抹面层灰→养护。

(2)施工工艺。在处理好的墙面上，先用清水将墙面洇透，将尘土、污垢清除干净，根据已抹好的灰饼冲标筋、填档子、抹 1∶2 水泥砂浆，底层灰的厚度为 15 mm，可分两遍抹成。抹好后用大杠刮平、找直，用木抹子搓毛，确保打底平整、垂直、不空鼓。

(3)养护。将底层灰打好后，应及时进行隔天时浇水养护，待 2～3 天后开始贴外墙砖。贴砖前要根据砖的规格和设计要求弹出水平线和垂直分格线。定出水平标准和皮数，不合模数的非整砖应排在最下边一层，并注意弹出底部圆弧的正确位置线，同时注意大墙面横向排砖要对称。

(4)镶贴。镶贴前，应将砖面清扫干净，放入净水中浸泡 2 h 以上，取出晾干后使用，贴砖时应先将基层湿润，用废瓷砖抹上混合砂浆贴灰饼，用 ϕ22 mm 钢丝上下拉通线，作为镶贴的标准，镶贴顺序应自下而上，从最下一层开始向上粘贴。水平方向应从阳角开始，阳角接缝应做成 45°割角，开始贴砖时，首先在最上一层砖下皮的位置固定好水平靠尺，以此托住第一层瓷砖，每贴一层均在上口拉水平线。贴瓷砖时先在墙上刷一道水泥素浆，在砖的背面均匀刮抹 3 mm 厚的纯水泥浆粘贴，贴上后用灰铲柄轻轻敲打，使之附线，灰浆饱满。

(5)擦缝。粘贴 48 h 后，先用抹子把与瓷砖颜色一致的勾缝水泥浆摊抹在瓷砖接缝处，用刮板将水泥浆往缝子里刮满、刮实、刮严，然后用湿抹布将瓷砖上的水泥浆擦干净。

9. 内墙及顶棚粉刷

(1)主要材料。108 胶、矿渣水泥或普通水泥，要求颜色一致，宜采用同一批号的产品，有出厂合格证，并经试验合格后使用；中砂，M_x=2.3～3.0，要求坚硬洁净，含泥量不得超过 3%，使用前应过 5 mm 孔筛；块状石灰，用水喷淋后存放在沉淀池熟化至少 15 天(罩面灰至少 30 天)成石灰膏，石灰膏应细腻洁白，不得含有未熟化颗粒。

(2)主要机具。主要机具包括砂浆搅拌机、铁锹、5 mm 孔径筛子、窄手推车、灰槽、大杠、中杠、2 m 靠尺、吊线锤、钢卷尺、托灰板、铁抹子、木抹子、阴阳角抹子、钻子、锤等常用抹灰工具。

(3)作业条件。结构工程经质量监督站验收，达到合格标准后方可进行抹灰工程；应将阳台栏杆、消防箱、配电柜、电气管线、管道等提前安装好，并提前将预留洞口堵塞严实。

(4)基层处理。基层表面凹凸太多的部位，应先剔平再用 1∶3 水泥砂浆补齐，对表面的砂浆污垢、油漆等均应事先清除干净，并洒水湿润。检查门窗框的位置是否正确、与墙体连接是否牢固，对连接处的缝隙应用 1∶3 水泥砂浆分层嵌塞密实。铝合金门窗缝隙应用矿棉条或玻璃棉毡条分层填塞，缝隙外表留 5～8 mm 深的槽口，填嵌密封材料。对墙体表面的灰尘、污垢和油渍等，应清理干净，并洒水湿润；应将基层提前用水洇透，并将脚手架眼堵塞严密。

（5）施工要点。

1）抹灰前应在大角的两面、阳台、窗台、碹脸两侧弹出抹灰层的控制线，以作为打底的依据。每遍厚度为 5～7 mm，应分层与所冲标筋抹平，并用大杠刮平、找直，用木抹子搓毛，要求垂直、平整，阴阳角方正，待终凝后开始养护。

2）搭设脚手架必须保证牢固、安全、可靠，并经质量安全部门及监理有关人员验收许可后方可使用。

3）屋面防水工程完工前进行室内抹灰时，必须采取防护措施。

4）基层处理好后，应分别在门窗口角、垛、墙面等处吊垂直、套方抹灰饼。操作时应先抹上灰饼，再抹下灰饼，并按踢脚线或墙裙高度确定下灰饼的位置，按设计要求确定灰饼的厚度，并按灰饼冲标筋，在墙面弹出抹灰层控制线。

5）水泥砂浆抹灰层应喷水养护。水泥踢脚板，将处理好的基层墙面用水洇透，清除尘土、污物后，利用已抹好的灰饼和标筋、填档子，抹 1∶3 水泥砂浆，底层灰的厚度为 15 mm，可分两遍抹成。抹好后用大杠刮平、找直、木抹子搓毛，隔日养护，第二天便可抹面层砂浆，面层砂浆为 10 mm 厚 1∶2 水泥砂浆，同时要注意上口线平直、光滑，厚薄一致，无毛刺。

6）水泥砂浆护角，根据已做好的灰饼和冲筋，将室内门窗口的门窗套、柱和墙面的阳角均抹出水泥护角。用 1∶3 水泥砂浆打底，待砂浆稍干后，再用素水泥膏抹成小圆角，也可以用 1∶2 水泥砂浆或 1∶0.3∶2.5 水泥混合砂浆做明护角，护角厚度应与罩面灰平齐，其高度不应低于 2 m，每侧宽度不得小于 50 mm，阳角、门窗套上下和过梁底面要方正。

（6）质量标准。

1）所用材料的品种、质量必须符合设计要求。

2）各抹灰层之间及抹灰层与基体之间必须黏结牢固，无脱层、无空鼓，面层无爆灰和裂缝（风裂除外）等缺陷，应符合标准《建筑装饰装修工程质量验收标准》（GB 50210—2018）的有关规定。

3）抹灰前，门口要钉薄钢板或木板保护，对门窗框上残存的砂浆应及时清理干净，铝合金门窗框必须有保护膜。推小车或搬运东西时，要注意防止损坏口角和墙面，严禁蹬踩窗台损坏棱角。翻架子时要小心，防止碰坏已抹好的墙面，特别对边角处应钉设木板保护，防止因穿插施工及在楼面拌灰造成的污染和损坏。各抹灰层在凝结前应防止快干、曝晒、水冲、撞击和振动，以保证其灰层有足够的强度。

10. 安装工程

（1）给水排水及洁具安装工艺流程。安装准备→预制加工→干管安装→立管安装→支管安装→管道试压和闭水试验→洁具安装→配件预装、稳装→洁具与墙地缝处理→外观检查→管道冲洗→管道防腐和保温。

（2）丝扣连接。外露丝扣 2～3 扣，清除麻头。承插接口的管道用胶粘剂粘牢，环缝间隙均匀，胶粘剂无强度时不得使管道受力变形。

（3）管道干管、支管要横平竖直，干管坡度为 0.3%。

（4）洁具排水出口与排水管承口的连接处必须保证严密不漏、支架牢固、器具平整、位置居中、水流畅通，开关阀门进出口方向正确。

（5）立管与墙面相距 6 cm，立管上加设阀门，穿楼板加设钢套管，高出地面 2 cm，底面与楼板底平齐，立管卡每层安装一个，安装高度距离地面 1.5～1.8 m。

（6）管道试压应做详细记录，对防锈、防腐、保温、冲洗等按规范要求执行。

（7）电缆在首层进户处做重复接地，并用防水管做密封处理。电缆桥与重复接地应做好电气连接。

五、主要施工管理措施

1. 质量保证措施

（1）认真抓好工人质量意识教育，以"质量是企业的生命"为题，宣讲质量的重要性，将质量意识深入施工人员的头脑中。

（2）建立由公司总工程师组成的有效质量检查监督机构。在关键的模板和管道安装工程中推行全面质量管理，分别建立 QC 领导小组，小组由 6 人组成，指定专人任组长。部长、工长、质检员、班长等人参加小组的工作，各小组均应制定自己的管理目标，以便遵照执行与检查。

（3）材料采购力求货比三家，择优选用，进场材料除要求有出厂合格证外，还应有公司材料部门或公司实验室出具的复检合格证明资料。降低材料在运输、装卸过程中的损伤。从材料出厂到材料的最终使用，其中的每一个环节都应严加控制，以保证材料完好无损地送到施工人员手中。

（4）合理选择施工机械，搞好维护检修工作，保持机械设备的良好技术状态。执行公司质量管理体系，将工程质量与职工经济利益挂钩，对产品质量实行奖优罚劣。

（5）建立质量目标的分级责任保证体系，将质量指标分级下达，形成由项目经理、项目工程师、职能部门、工长、班组和个人层层领导负责的质量保证体系。

（6）建立"三检"与"专检"相结合的全面质量检验制度，按国家施工验收规范及操作规程对每道工序、每个分部分项工程进行检查验收评定。实行质量否决权制度，上道工序质量问题一经发现，专职质量检查员有权命令下道工序停止作业。

（7）实行原材料进场复验制度。凡按要求必须复验的材料都必须进行复验，复验合格后方可使用。

（8）测量工作有专人负责，要及时办理记录及验收，并注意保护好测量标志。

（9）模板应支设牢固、拼缝严密，对模板内杂质应清理干净，浇筑混凝土时设专人看护模板。

（10）竖向钢筋应注意间距及位置，箍筋应按图纸要求的间距及位置绑扎，水平板上的钢筋应保证顺直、均匀，负筋不得踩踏。

（11）混凝土浇筑前要做好试配，浇筑时要注意坍落度符合配合比要求，振捣要按规定间距振捣密实，混凝土初凝后要及时养护。下次绑扎钢筋前应将工作面浮浆清洗干净。

（12）水、电安装应注意与土建配合，按工序及时穿插施工，不得损坏土建成品。装饰工程施工应注意与土建配合，按工序及时进行穿插施工，并且应先做样板，经建设单位认定后再大面积施工。

（13）做好成品保护工作，非施工人员和车辆未经允许不得进入施工现场。装饰完成的房间应锁闭，不得随意进入。

（14）认真做好试块抗压、钢筋试验等各项试验工作。不合格的项目不允许进行下道工序的施工。

2. 工期保证措施

(1)确保工期的组织措施。公司应指定一名副总经理分管工程,定期检查、督促项目经理做好进度方面的工作,及时处理施工中存在的问题;组建强有力的项目经理部人员,对各级管理人员签订工期、质量奖罚合同,实行优胜劣汰制度以确定专业施工队,实行动态管理,以充分调动全体施工人员的积极性。统筹全局,贯彻集中人力、物力的综合平衡调配原则,坚持两班工作制度,组织连续作业,平行、立体交叉施工,并树立"以质量求进度"的概念,避免返工。

(2)确保工期的技术措施。合理安排施工顺序,科学组织施工,建立各项管理制度,按施工网络计划合理安排施工。各分部分项工程的施工都要严格按总工期计划控制进行,及时安排季、月、日工作的形象进度计划。采用先进的施工技术,提高机械化作业程度,加快施工进度;采用竹模板施工技术,减少支模的工作量,加快施工进度。

(3)资金保证措施。即使建设单位资金暂不到位,也要保证按施工计划连续施工三个月。

(4)春节、农忙季节施工保证措施。确保地方材料农忙时照常供应,积极与材料供应单位签订供货合同,严格按照规范要求保证材料的数量和质量,储备一定的材料,确保农忙季节的施工。稳定施工队伍,保证工程正常进行。工程工期紧、任务重,并且可能要经历麦收、秋收、春节等几个阶段,为了保证在此阶段施工人员的数量和施工质量,应选择不受农忙季节影响且素质较高的施工队伍,并与施工队签订合理的施工合同和制定奖惩制度。在农忙及春节施工阶段,项目经理部应对工程施工人员增加补助,以调动施工人员的积极性,确保工程施工正常进行。

3. 技术管理措施

(1)优化施工方案,积极采用先进的施工工艺,科学安排施工进度,合理调配劳动力,对总体计划要有周全、细致的安排,对施工中易碰到的技术问题应有详细的针对性措施。由项目部主任工程师召集有关部门技术人员共同进行图纸会审和技术交底工作。

(2)认真熟悉图纸,按照设计要求精心组织施工,实行层层技术交底。技术交底应交清技术要求、质量标准、安全注意事项。

4. 安全保证措施

(1)组织措施。项目经理部建立安全责任制,各职能部门必须认真执行。对全体参与施工的管理人员及操作人员进行现场施工前的安全教育。

(2)技术措施。

1)特殊工种上岗操作必须有操作证,严禁无证上岗操作。

2)进行分部、分项施工时,必须有安全交底。

3)各种构件材料必须堆放整齐,保证施工现场、施工道路整齐、通畅。

4)正确使用个人防护用品,进入现场必须戴安全帽。施工现场的洞、坑、沟、施工洞口等处应有防护措施和明显标志。

5)施工机械和动力机具的机座必须牢固,设置一机一漏电保护装置,并按规定接零接地,设置单一开关。

6)为了做到安全用电,有关人员必须掌握电气安装规程,操作必须按照安全技术规程进行。

7)现场用电线路必须做到三相五线制。首层必须搭设一道固定的围绕建筑四周的安全网，上部每 3 层搭设围绕建筑物的 3 m 宽安全网，建筑物四周立面用密目网封闭，防止物体向建筑物外坠落。

8）本工程基础较深，土方开挖后在基坑四周设置防护栏杆以防人员坠落，并在现场设置足够的照明。

9）现场木工加工场地和电源及堆放易燃、易爆材料的地方设置足够的消防器材。

10）建立定期检查制度，对查出的问题限期整改。

（3）经济措施。进行各级经济承包时，必须有安全生产指标。将安全生产与经济效益挂钩，工资定额含量中设定一定量的安全分，如发生安全事故，则在工资中扣除相应的安全生产含量。制定工地安全管理细则，对违反安全规定的操作人员进行处罚。

5. 消防、保卫措施

（1）建立消防组织，配备专职消防人员，对施工现场内的消防工作进行全面检查，发现隐患及时处理。对职工进行安全防火教育，普及消防知识，提高职工防火警惕性。

（2）在工地显著位置设立消防标牌，并按消防规定在现场、生活区、办公室、仓库设立消防器材。特别是在易燃物比较集中的部位，如木工车间等要专门配备灭火器材及灭火工具。

（3）严格执行各项消防制度、易燃易爆物品管理制度、用火申请制度等。

（4）建立工地门岗保卫制度，配备专职保安员检查进出场人员及流入流出的物资。

（5）对进入现场施工的人员进行消防、保卫教育，依靠广大职工维护治安秩序，严密防范，确保施工过程及公共财产的安全。

6. 文明施工与环保措施

（1）施工现场应做到封闭施工，施工围墙采用砂浆砌筑，对临界墙面进行粉刷并刷白，高度不应低于 1.8 m，且结构坚固、造型美观。

（2）在施工现场的主要出入口设置施工标牌、项目施工主要人员名单牌、施工现场施工总平面图、工程效果图。

（3）现场道路通畅、场地平整，材料及构件按总平面图堆放，做到散料成方、型材成垛，并配有标示牌。

（4）围墙外无建筑垃圾、无积水、无建筑材料。库存袋（箱）装材料码放成垛，小、散材料上架存放，易燃易爆物品设专库隔离存放，墙上悬挂材料管理制度和材料员职责。各作业面的材料堆放整齐，做到"工完料尽脚下清"。

（5）对固定的机械设备及时进行清洗保养，搭棚防护，设备旁悬挂操作规程牌、设备标牌。搅拌机旁悬挂各类砂浆、混凝土配合比标牌，且内容完整清晰，配备计量必须齐全、准确，并有计量记录。

（6）加强施工现场用水、用电管理，严禁乱拉、乱接电线，无常流水、长明灯。各种临时设施做到结构坚固、室内宽敞明亮、照明充足、通风好、防雨、防潮，对现场办公室、仓库、宿舍、厨房、厕所做到内粉刷白、地面硬化，且室内高度不得低于 2.6 m。

（7）搭设的临时用房应规范化，做到办公室整洁干净，生活区环境幽雅。现场办公室各项管理制度齐全，墙面应悬挂岗位责任制、施工网络计划图、施工总平面布置图及工程质量、安全、文明施工保证体系图，工程量实际完成进度图，工程施工天气晴雨表。

（8）职工宿舍无地铺、通铺，室内应设双人床铺，职工衣被及其他日用品排放整齐，宿舍门前悬挂宿舍管理制度，值日牌明确，室内卫生打扫及时、干净整洁。

（9）所有进场材料必须按规定堆放整齐，设专人负责，施工、生活垃圾应及时清理运走，厕所为水冲式厕所，保持施工现场卫生。环境保护设专人负责，并定期进行检查。

（10）严格遵守建设单位的环保规定及政策，无论任何时候都要接受建设单位、主管单位及环保人员的检查。门前三包应设专人负责。

（11）施工中混凝土振捣噪声对居民干扰较大，所以，尽量将浇筑混凝土的工作放在白天进行，若有夜间施工的情况，一定要控制在晚上 10 点之前。有噪声的机械在法定时间内使用，对切割机、木工机械采取棚蔽等措施减少噪声。

7. 冬、雨期施工措施

（1）冬期施工。

1）进入冬期施工前应建立冬期施工技术责任制和安全防火责任制，组织有关施工人员学习冬期施工有关规范及规定，并向施工班组进行冬期施工任务、特点、质量要求和安全防火的全面交底。工地负责人应组织工长及有关人员每日及时收听天气预报，认真做好各项防寒准备工作，防止寒流袭击。进入冬期施工之前，应对现场试验员、质检人员进行外加剂和测温、保温的技术业务培训，安排专人进行气温观测并做好记录。

2）施工现场准备足够数量的塑料膜、草栅等保温材料和抗冻外加剂及冬期施工的有关机具。工地地上临时供水管道应用草绳或其他保温材料进行包扎保温防冻。搅拌站四周应用石棉瓦进行围护，内设火炉取暖，并设专人负责砂浆、混凝土外加剂的加入与调配工作。

3）冬期施工时要采取防滑措施，及时清除脚手架上的积雪和冰层。运输道路应采取防滑措施确保施工安全。加强施工现场防火教育。现场生产及生活用火设施，必须经项目部有关部门对使用的用火设施进行检查验收合格后方可使用，并由专人定期进行检查。室内使用炉火要注意通风换气，防止煤气中毒，严禁私自设置用火设施。防冻剂应严格管理，防止误食中毒。

（2）雨期施工。

1）在施工进度安排上，要尽量将雨期无法施工的施工段与雨期影响不大的施工段合理排开。

2）基础施工阶段，应预先做好地面截水，即筑堤截水，挖排水明沟，使地面排水畅通，防止地面水流入基坑内，并预备好抽水设备。在主体施工阶段，要掌握好混凝土搅拌、浇筑、覆盖的时间和措施。

3）对足以影响混凝土浇捣和墙体砌筑的降雨量，应立即停止施工，用雨布保护好已浇筑的混凝土和墙体。在雨期适当控制烧结普通砖的浇水量，必要时采取防雨、防水措施，防止烧结普通砖吸水过量。

4）严格控制砂浆水胶比，避免砂、灰膏受雨水泡、淋，否则应重新调整水胶比。屋面工程应尽量不在雨期施工，最好安排在雨期到来之前将防水层施工完毕。保证室内粉刷正常进行，室内刷浆前应先安装好外门窗及玻璃，以免雨水淋湿装饰面层。

5）外装饰工程应尽量避开风雨天气施工。忌日晒、雨淋的材料应及时放在材料仓库进行保管，材料仓库地坪应高于室外地面 30 cm，并保证材料仓库屋面不漏水。

六、施工现场平面布置

基础施工阶段现场平面布置图如图 6-7 所示，主体施工阶段现场平面布置图如图 6-8 所示，装饰装修施工阶段现场平面布置图如图 6-9 所示。

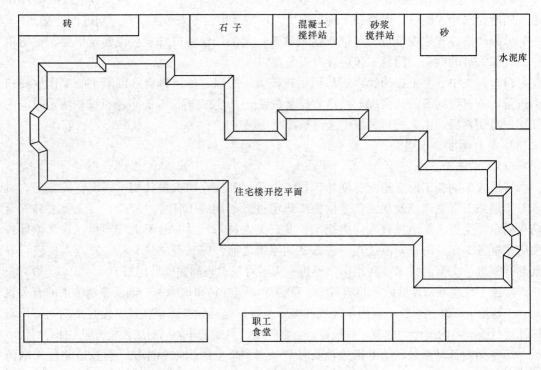

图 6-7　基础施工阶段现场平面布置图

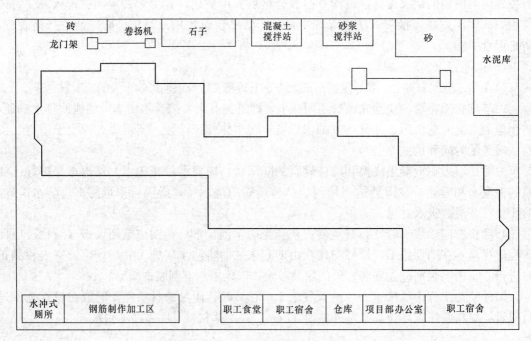

图 6-8　主体施工阶段现场平面布置图

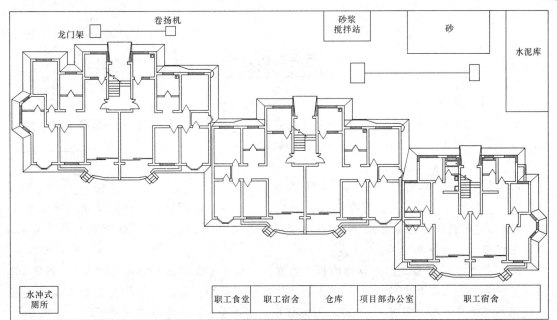

图6-9　装饰装修施工阶段现场平面布置图

图中标注：龙门架、卷扬机、砂浆搅拌站、砂、水泥库、水冲式厕所、职工食堂、职工宿舍、仓库、项目部办公室、职工宿舍

本章小结

　　本章阐述了单位工程施工组织设计的编制依据、原则、作用、内容和编制程序等，通过对施工方案设计的选择、确定，施工组织计划，单位施工平面设计的学习，灵活应用其内容编制单位工程施工组织设计实例。

　　单位工程施工组织设计是用以指导施工全过程施工活动的技术、组织、经济文件，是由施工承包单位工程项目经理编制的，是施工前的一项重要准备工作，也是施工企业实现生产科学管理的重要手段。

　　施工方案是单位工程施工组织设计的核心问题。施工方案合理与否将直接影响工程的施工效率、质量、工期和技术经济效果，因此必须引起足够的重视。施工方案的确定包括划分施工区段、确定施工程序、确定施工起点流向、确定施工顺序、划分流水段、施工方案技术经济比较等。

　　施工组织计划包括施工进度计划、施工准备工作计划、施工质量计划、施工成本计划、施工安全计划、施工资源计划等。

　　单位工程施工平面图的设计是对一个建筑物或构筑物施工现场的平面规划和空间布置图。其是施工组织设计的主要组成部分，合理的施工平面布置对于顺利执行施工进度计划是非常重要的。单位工程施工平面图设计的主要依据是建设地区的原始资料、设计资料和施工组织设计资料。

思考与练习

一、填空题

1. 合理安排施工程序。可将整个工程划分成几个阶段，如施工准备、基础工程、预制工程、主体结构工程、屋面防水工程、装饰工程等。各个施工阶段之间应_____，_____力求缩短工期。

2. 工程建设概况主要介绍拟建工程的_____、_____、_____、_____、_____及工程投资额、开竣工的日期、建设单位、设计单位、施工单位（包括施工总承包和分包单位）、施工图纸情况、施工合同、主管部门的有关文件或要求，以及组织施工的指导思想等。

3. _____是施工组织设计的核心内容。在编制施工方案的过程中要运用"系统"的观念及方法，研究其技术特征与经济作用，针对不同类型、等级、结构特点的工程制定出不同的施工方案，努力贯彻 ISO 9000 系列标准，走质量、效益型发展道路。

4. 施工机械对施工工艺、施工方法有直接的影响，施工机械化是现代化大生产的显著标志，对_____、_____、_____、_____起着至关重要的作用。

5. 单项（位）工程施工成本也可分为_____、_____和_____三种，其中施工预算成本也是由直接费和间接费两部分费用构成的。

6. _____、_____、_____应尽量靠近使用地点或在起重机服务范围内，并考虑到运输和装卸料方便。

二、单项选择题

1. 关于单位工程施工组织设计编制原则的叙述，下列不正确的是（   ）。

A. 做好现场工程技术资料的调查工作

B. 合理安排施工部署

C. 采用先进的施工技术和进行合理的施工组织

D. 土建施工与设备安装应密切配合

2. 下列不属于技术与组织措施的主要内容的是（   ）。

A. 保证工程质量措施

B. 保证施工安全措施

C. 降低成本措施

D. 施工准备工作措施

3. 大型机械设备选择应考虑的因素是（   ）。

A. 选择施工机械应首先根据工程规模，选择适宜主导工程的施工机械

B. 施工机械之间的维修养护应协调一致

C. 在选用施工机械时，应尽量选用施工单位现有的机械，以减少资金的投入，充分发挥现有机械的效率

D. 在同一建筑工地上的施工机械的种类和型号应尽可能多

4. 关于单位工程施工进度计划作用的叙述，下列不正确的是（   ）。

A. 控制单位工程的施工进度，保证在规定工期内完成符合质量要求的工程任务

B. 确定单位工程的各个施工过程的施工顺序、施工持续时间及相互搭接和合理配合的关系

C. 为编制年度生产作业计划提供依据

D. 制订各项资源需要量计划和编制施工准备工作计划的依据

5. 关于单位施工平面图设计原则的叙述，下列不正确的是(　　)。

A. 施工平面布置要紧凑合理，尽量少占施工用地

B. 尽量利用原有建筑物或构筑物，尽量减少临时设施的用量

C. 合理地组织运输，保证现场运输道路畅通，尽可能减少场内二次搬运

D. 各项施工设施布置应满足工程施工的各种要求

三、简答题

1. 单位工程施工组织设计编制包括哪些内容?

2. 施工设计方案的制定有哪些步骤?

3. 怎样编制施工质量计划?

4. 简述单位工程施工平面图的内容。

5. 对加工厂有哪些布置要求?

第七章　施工组织总设计

第一节　施工组织总设计概述

一、施工组织总设计的对象

施工组织总设计是以若干单位工程组成的群体工程或特大型项目为主要对象编制的施工组织设计，对整个项目的施工过程起统筹规划、重点控制的作用。施工组织总设计一般是在初步设计或扩大初步设计被批准后，由工程总承包公司或大型工程项目经理部（或工程建设指挥部）的总工程师主持，并会同建设单位、设计单位和分包单位的工程技术人员进行编制的。

二、施工组织总设计的作用

(1)从全局出发，为整个项目的施工阶段做出全面的战略部署。

(2)为做好施工准备工作，保证资源供应提供依据。

(3)确定设计方案的可行性和经济合理性。

(4)为业主编制基本建设计划提供依据。

(5)为施工单位编制生产计划和单位工程施工组织设计提供依据。

(6)为组织全工地施工提供科学方案和实施步骤。

三、施工组织总设计的编制依据

编制施工组织总设计一般以设计文件、计划文件及相关合同，工程勘察和调查资料，上级的有关指示，相关的行业规范、标准等资料为编制依据。

(1)设计文件：包括已批准的初步设计文件或扩大初步设计文件(设计说明书、建设地区区域平面图、建筑总平面图、总概算或修正概算及建筑竖向设计图)。

(2)计划文件及相关合同：包括国家批准的基本建设计划文件，概算、预算指标和投资计划，工程项目一览表，分期、分批投产交付使用的工程项目期限计划文件，工程所需材料和设备的订货计划，工程项目所在地区主管部门的批件，施工单位上级主管部门下达的施工任务计划，招标投标文件及工程承包合同或协议，引进设备和材料的供货合同等。

(3)工程勘察和调查资料：包括建设地区地形、地貌、工程地质、水文、气象等自然条件资料；能源、交通运输、建筑材料、预制件、商品混凝土及构件、设备等技术经济条件资料；当地政治、经济、文化、卫生等社会生活条件资料。

(4)上级的有关指示：如对建筑安装工程施工的要求，对推广新结构、新材料、新技术及有关的技术经济指标的要求等。

(5)相关的行业规范、标准：如国家现行的规定、规范、概算指标、扩大结构定额、万元指标、工期定额、合同协议和议定事项及各施工企业累积统计的类似建筑的资料、数据等。

四、施工组织总设计的内容

1. 工程概况

工程概况包括项目主要情况和项目主要施工条件等。为了补充文字说明的不足，有时还需要附上建设项目设计总平面图和主要建筑的平面、立面、剖面示意图及有关表格。

(1)项目主要情况。项目主要情况包括：项目名称、性质、地理位置和建设规模；项目的建设、勘察、设计和监理等相关单位的情况，主要说明建设项目的建设、勘察、设计、总承包和分包单位名称，以及建设单位委托的建设监理单位名称与其监理班子组织状况；项目设计概况；项目承包范围及主要分包工程范围；施工合同或招标文件对项目施工的重点要求；其他应说明的情况。为使这部分内容反映得清晰、简洁，可利用附图或表格表示。

(2)项目主要施工条件。项目主要施工条件包括：项目建设地点气象状况；项目施工区域地形和工程水文地质状况；项目施工区域地上、地下管线及相邻的地上、地下建(构)筑物情况；与项目施工有关的道路、河流等状况；当地建筑材料、设备供应和交通运输等服务能力状况；当地供电、供水、供热和通信能力状况；其他与施工有关的主要因素。

2. 总体施工部署

总体施工部署是施工组织总设计的核心，是编制施工总进度计划的前提。

(1)施工组织总设计应对项目总体施工做出下列宏观部署：

1)确定项目施工总目标，包括进度、质量、安全、环境和成本等目标。

2)根据项目施工总目标的要求，确定项目分阶段(期)交付的计划。

3)确定项目分阶段(期)施工的合理顺序及空间组织。

(2)对于项目施工的重点和难点应进行简要分析；确定各主要单位工程的施工展开程序和开工、竣工日期；划分各施工单位的工程任务和施工区段，建立工程项目指挥系统；明确施工准备工作的规划。

(3)总承包单位应明确项目管理组织机构形式，并宜采用框图的形式表示。

(4)对于项目施工中开发和使用的新技术、新工艺应做出部署。

(5)对主要分包项目施工单位的资质和能力应提出明确要求。

3. 施工总进度计划

(1)施工总进度计划应按照项目总体施工部署的安排进行编制；施工总进度计划可采用网络图或横道图表示，并附必要说明。

(2)施工总控制进度计划是保证各个项目及整个建设工程按期交付使用，最大限度降低成本，从而充分发挥投资效益的重要条件。其主要内容包括：编制说明；施工总进度计划表；分期分批施工工程的开工日期、完工日期及工期一览表；资源需要量及供应平衡表等。

4. 总体施工准备与主要资源配置计划

(1)总体施工准备应包括技术准备、现场准备和资金准备等。

(2)技术准备、现场准备和资金准备应满足项目分阶段(期)施工的需要。

(3)主要资源配置计划应包括劳动力配置计划和物资配置计划等。

(4)劳动力配置计划应包括下列内容：

1)确定各个施工阶段(期)的总用工量。

2)根据施工总进度计划确定各施工阶段(期)的劳动力配置计划。

(5)物资配置计划应包括下列内容：

1)根据施工总进度计划确定主要工程材料和设备的配置计划。

2)根据总体施工部署和施工总进度计划确定主要施工周转材料和施工机具的配置计划。

5. 主要施工方法

(1)施工组织总设计应对项目涉及的单位(子单位)工程和主要分部(分项)工程所采用的施工方法进行简要说明。

(2)对脚手架工程、起重吊装工程、临时用水用电工程、季节性施工等专项工程所采用的施工方法应进行简要说明。

6. 施工总平面图布置

施工总平面图是拟建项目施工场地的总布置图。其按照施工部署、施工方案和施工总进度计划的要求，将施工现场的交通道路、材料仓库、附属企业、临时房屋、临时水电管线等做出合理的规划布置，从而指导现场施工的开展。

7. 技术经济指标

施工组织总设计编制完成后，还需要对其技术经济进行分析评价，以便进行方案改进或多方案优选。一般常用的指标包括施工工期、劳动生产率等。

五、施工组织总设计的程序

施工组织总设计的编制程序如图 7-1 所示。

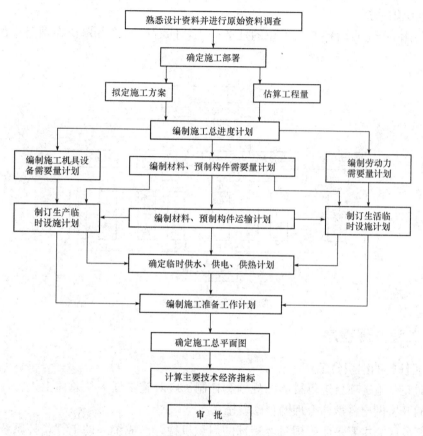

图 7-1 施工组织总设计的编制程序

第二节　总体施工部署

一、总体施工部署的概念和内容

1. 总体施工部署的概念

总体施工部署是施工组织总设计的核心内容，是在充分了解工程情况、施工条件和建设要求的基础上，对整个建设项目进行全面部署，同时解决工程施工中重大战略问题的全局性、纲领性文件。其内容根据建设项目性质、规模和客观条件的不同而略有变化。

2. 总体施工部署的内容

总体施工部署即整个建筑项目施工战略性的部署及主要工程项目分期分批施工的战略性安排。其包括施工任务的划分，总包、分包单位的职责和分工，施工力量的集结、安排、总进度、总平面的规划；主要建筑物或构筑物的施工方案（包括土建、安装、机械化施工等）内容、施工顺序、流水施工组织、机械选择、新技术、新施工方法、构件生产方式、吊装及主要施工过程方案，并对此进行必要的附图说明。

3. 项目组织体系

项目组织体系应明确各参建单位的任务分工，同时应明确各单位在项目中的负责人，具体如图 7-2 所示。

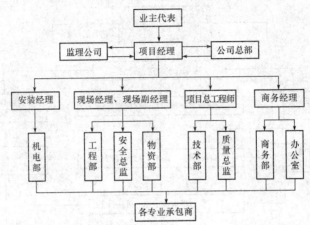

图 7-2　项目组织体系

二、工程开展程序

1. 施工任务的组织分工

为了对整个施工项目进行科学的规划和控制，应对施工任务从总体上进行区分，并对施工任务的开展做出科学、合理的程序安排。

施工任务区分主要是明确项目经理部的组织机构，形成统一的工程指挥系统；明确工程总的目标（包括质量、工期、安全、成本和文明施工等目标）；明确工程总包范围和总包范围内的分包工程；确定综合的或专业的施工组织；划分各施工单位的任务项目和施工区段；明确主攻项目和穿插施工的项目及其建设期限。

2. 程序安排

依据建设项目的各项建设要求，确定合理的工程开展程序，既可以保证建设项目施工的连续性和均衡性，又可以减少临建工程，从而降低工程成本。对施工任务开展程序安排时，主要是从总体上把握各项目的施工顺序，并应注意以下几点：

（1）在保证工程工期的前提下，实行分期分批建设，既可以使各具体项目迅速建成，尽早投入使用发挥效益，又可以在全局上实现施工的连续性和均衡性，减少暂设工程的数量，降低工程造价。

（2）统筹安排各类项目施工，保证重点，兼顾其他，确保工程项目按期投产。按照工程项目的重要程度，应该优先安排以下项目：

1)按生产工艺要求须先投产或起主导作用的项目。

2)工程量大、施工难度大、工期长的项目。

3)运输系统、动力系统，如厂区道路、铁路、变电站和街道等。

4)生产上需先期使用的项目。

5)供施工使用的工程项目。

对于建设项目中工程量小、施工难度不大、周期较短而又不急于使用的辅助项目，可以考虑与主体工程相配合，作为平衡项目穿插在主体工程的施工中进行。

（3）所有工程项目均应按照先地下后地上、先深后浅、先干线后支线的原则进行安排。

（4）在安排施工程序时，还应注意使已完工程的生产或使用和在建工程的施工互不妨碍，使生产和施工都方便。

（5）施工程序应当与各类物资、技术条件供应之间的平衡，以及这些资源的合理利用相协调，促进均衡施工。

（6）施工程序必须注意季节的影响，应将不利于某季节施工的工程，提前到该季节来临之前或推迟到该季节结束之后施工，但这样安排以后应注意保证质量，不拖延进度，不延长工期。大规模土方工程和深基础土方施工，一般要避开雨期；寒冷地区的房屋施工应尽量在入冬前封闭，使冬期可进行室内作业和设备安装。

三、拟定主要项目的施工方案与方法

1. 施工方案

施工方案的内容包括施工方案的确定、施工程序的确定和施工机械的选择等。

针对建设项目中工程量大、工期长的主要单项或单位工程，如生产车间、高层建筑、桥梁等，特殊的分项工程如桩基、深基础、现浇或预制量大的结构工程、升板工程、滑模工程、大模板工程、大跨工程、重型构件吊装工程、高级装饰装修工程和特殊外墙饰面工程等，通常需要编制人员在原则上进行施工方案的确定。这是为了进行技术和资源的先期准备，同时，也是为了施工的顺利开展和施工现场的合理布置。

施工总方案应对主要项目的组织与技术方面的基本问题提出原则性的解决方案，如为全场服务的垂直运输机械应采用何种形式的起重机、各负责哪些单位工程、其周转时间及下一个目标是什么，混凝土搅拌供应方式是采用集中、分散还是商品混凝土供应，大宗、成件材料的运输供应方式是什么，对新工艺、新材料有什么要求等。

2. 施工方法

主要工种工程是工程量大、占用工期长、对工程质量起关键作用的工程，如土石方、基础、砌体、脚手架、模板、混凝土、结构安装、防水、装饰工程，以及管道安装、设备安装、垂直运输等。在确定主要工种工程的施工方法时，应结合建设项目的特点和当地施工习惯，尽可能采用先进、合理、可行的工业化、机械化施工方法。

（1）工业化施工。按照工厂预制和现场预制相结合的方针和逐步提高建筑工业化程度的原则，妥善安排钢筋混凝土构件生产及木制品加工、混凝土搅拌、金属构件加工、机械修理和砂石的生产。其安排要点如下：

1)充分利用本地区的永久性预制加工厂生产大批量的标准构件，如屋面板、楼板、砌块、墙板、中小型梁、门窗、金属构件和铁件等。

2）当本地区缺少永久性预制加工厂或其生产能力不能满足需要时，可考虑设置现场临时性预制加工厂，并确定其规模和位置。

3）对大型构件（如柱、屋架）及就近没有预制加工厂生产的中型构件（如梁等），一般宜现场预制。

总之，要因地制宜，采用工厂预制和现场预制相结合的方针，经分析比较后选定预制方法，并编制预制构件加工计划。

（2）机械化施工。要充分利用现有机械设备，努力扩大机械化施工的范围，制定配套和改造更新的规划，增添新型的高效能机械，以提高机械化施工的生产效率。在安排和选用机械时，应注意以下几点：

1）主导施工机械的型号和性能要既满足施工的需要，又能发挥其生产效率。

2）辅助配套施工机械的性能和生产效率要与主导施工机械相适应。

3）尽量使机械在几个项目上进行流水施工，以减少机械的装、拆、运时间。

4）工程量大而集中时，应选用大型固定的机械；施工面大而分散时，应选用移动灵活的机械。

5）注意贯彻大、中、小型机械相结合的原则。

四、施工准备工作计划

充分的施工准备工作是顺利完成施工任务的重要保证，施工准备工作计划应依据已拟订的工程开展程序和主要项目的施工方案予以编制。施工准备工作计划表见表7-1。其主要内容包括以下几项：

（1）安排好场内、外运输，施工用主干道，水、电、气来源及其引入方案。

（2）安排好场地平整和全场性排水、防洪。

（3）安排好生产和生活基地建设。

（4）安排好现场区内建筑材料、成品、半成品的货源和运输、储存方式。

（5）安排好施工现场区域内的测量放线工作。

（6）编制新技术、新材料、新工艺、新结构的试验、测试与培训工作。

（7）做好冬期、雨期施工的特殊准备工作。

表 7-1　施工准备工作计划表

序　号	准备工作名称	准备工作内容	主办单位	协办单位	完成日期	负责人

第三节　施工总管理计划

一、施工总进度计划

1. 施工总进度计划的概念和作用、内容

(1)施工总进度计划的概念和作用。施工总进度计划是指以建设项目的投产和交付使用的时间为目标,按照合理的施工部署和日程安排的建筑生产计划。其作用在于可以确定各个单项工程的施工期限,同时,也为确定各种原材料的采购数量、人力资源的合理配置及现场临建数量等各项目提供依据。

(2)施工总进度计划的内容。

1)编制说明。

2)施工总进度计划表。

3)分期分批施工工程的开工日期、完工日期及工期一览表。

4)资源需要量及供应平衡表。

施工总进度计划根据工程规模和编制条件的不同,编制的粗细程度有较大的不同。通常,若拟建工程项目的规模庞大、技术复杂,则编制的计划较为粗略,而对于采用定型设计的民用建筑群体工程或工程项目少而施工条件比较明确的工程,则可以编制得较为详细一些。

2. 施工总进度计划的编制原则

(1)合理安排施工顺序,保证在劳动力、物资以及资金消耗量最少的情况下按规定工期完成拟建工程施工任务。

(2)采用合理的施工方法,使建设项目的施工连续、均衡地进行。

(3)节约施工费用。

3. 施工总进度计划的编制依据

(1)工程的初步设计或扩大初步设计。

(2)有关概(预)算指标、定额、资料和工期定额。

(3)合同规定的进度要求和施工组织规划设计。

(4)施工总方案(施工部署和施工方案)。

(5)建设地区调查资料。

4. 施工总进度计划的编制步骤

(1)编制依据收集。主要的编制依据包括施工合同、工期定额、前述的施工部署及各项工程设计文件等。另外,还应结合现场的勘察和调研,获取相关技术经济资料。

(2)工程分析计算。首先根据建设项目的特点划分项目。项目划分不宜过细,应突出主要项目,可以将一些附属、辅助工程进行合并,然后估算各主要项目的实物工程量。计算工程量时,可按初步(或扩大初步)设计图纸并根据各种定额手册进行计算。常用的定额资料有以下几种：

1）万元、十万元投资工程量、劳动力及材料消耗扩大指标。这种定额规定了某一种结构类型建筑，每万元或十万元投资劳动力、主要材料等的消耗数量。根据设计图纸中的结构类型，即可估算出拟建工程分项需要的劳动力和主要材料的消耗数量。

2）概算指标或扩大结构定额。这两种定额都是预算定额的进一步扩大。概算指标以建筑物每 100 m^3 体积为单位，扩大结构定额则以每 100 m^2 建筑面积为单位。查定额时，首先查找与本建筑物结构类型、跨度、高度相类似的部分，然后查出这种建筑物按定额单位所需要的劳动力和各项主要材料消耗量，从而推算出拟计算建筑物所需要的劳动力和材料的消耗数量。

3）标准设计或已建房屋、构筑物的资料。在缺少上述几种定额手册的情况下，可采用标准设计或已建成的类似工程实际所消耗的劳动力及材料加以类比，按比例估算。但是，和拟建工程安全相同的已建工程极为少见，所以，在采用已建工程资料时，一般都要进行折算、调整。除房屋外，还必须计算主要的全工地工程的工程量，如场地平整、铁路及道路和地下管线的长度等，这些内容可以根据建筑总平面图来计算。

将按上述方法计算出的工程量填入工程量汇总表中，见表7-2。

表 7-2　工程量汇总表

序号	工程量名称	单位	合计	生产车间		仓库运输			管网				生活福利		大型暂设		备注
				××车间	…	仓库	铁路	公路	供电	供水	排水	供热	宿舍	文化福利	生产	生活	

（3）各单位工程的施工期限确定。单位工程的施工期限应根据建筑类型、结构特征、施工方法、施工技术和管理水平、施工机械化程度、现场施工条件等因素综合考虑确定，要求施工期限控制在合同工期或目标工期以内，也可参考有关的工期定额来确定。无合同工期的工程，应按工期定额或类似工程的经验确定。

（4）各单位工程开工、竣工时间和相互搭接关系确定。在施工部署中已经确定了总的施工期限、施工程序和各系统的控制期限及搭接时间，但对每一个单位工程的开工、竣工时间还未具体确定。通过对各主要建筑物的工期进行分析，确定各主要建筑物的施工期限之后，就可以进一步安排各建筑物的搭接施工时间。通常，应考虑以下各主要因素：

1）分清主次，保证重点，兼顾一般，同时进行的项目不宜过多。

2）要满足连续、均衡施工的要求，尽量使各种施工人员、施工机械在全工地内连续施工。同时，尽量使劳动力、施工机具和物资消耗量基本均衡，以利于劳动力的调度和资源供应。

3）要满足生产工艺要求，合理安排各个建筑物的施工顺序，使土建施工、设备安装和试生产实现"一条龙"。

4）认真考虑施工平面图的空间关系，使施工平面布置紧凑、少占土地，减少场地内部的道路和管理长度。

5)全面考虑各种条件限制，如施工企业自身的力量，各种原材料、机械设备的供应情况，设计单位提供图纸的情况，各年度投资数量等条件，对各建筑物的开工、竣工时间进行调整。

(5)施工总进度计划表的编制。在进行上述工作之后，便可着手编制施工总进度计划表。施工总进度计划可以用横道图表达，也可以用网络图表达。因为施工总进度计划只是起控制性作用，所以不必编制得过细，用横道图计划比较直观，简单明了；网络计划可以表达出各项目或各工序之间的逻辑关系，通过关键线路可直观体现控制工期的关键项目或工序。另外，还可以应用计算机进行计算和优化调整，近年来这种方式已经在实践中得到广泛应用。

施工总进度计划和主要分部(分项)工程流水施工进度计划表可参照表 7-3、表 7-4 编制。

表 7-3　施工总进度计划表

序　号	工程名称	工程量		设备安装指标/t	造价/千元			进度计划						
		单位	数量		合计	建筑工程	设备安装	第一年				第二年	第三年
								I	II	III	IV		

注：1. 工程名称的顺序应按生产、辅助、动力车间，生活福利和管网等次序填列。
　　2. 进度计划的表达应按土建工程、设备安装和试运转用不同线条表示。

表 7-4　主要分部(分项)工程流水施工进度计划表

序号	单位工程和分部分项工程名称	工程量		机械		劳动力			施工延续天数	施工进度计划						
		单位	数量	机械名称	台班数量	机械数量	工种名称	总工日数	平均人数		××年						
											×月	×月	×月	×月	×月	×月	…

注：单位工程按主要工程项目填列，较小项目分类合并。分部分项工程只填主要的，如土方包括竖向布置，并区分挖与填；砌筑包括砌砖和砌石；现浇混凝土与钢筋混凝土包括基础、框架、地面垫层混凝土；吊装包括装配式板材、梁、柱、屋架和钢结构；抹灰包括室内外装饰。另外，还有地面、屋面及水、电、暖、卫、气和设备安装。

(6)总进度计划的调整与修正。绘制完成总进度计划表以后，应绘制出劳动力或者工作量动态曲线。动态曲线通常画在总进度计划表的下方，与施工进度采用统一时间坐标，其具体做法是将同一时期的劳动力或工作量相加，将其总和按一定比例画在该时期下方，最终形成一条闭合的曲线。若曲线上存在较大的波峰或波谷，则表明在该时间段内各种资源的需求量变化较大，需调整一些单位工程的施工速度或开工、竣工时间，以便消除波峰或波谷，使各个时期的工作量尽可能达到均衡。

二、施工总资源计划

各项资源需要量计划是做好劳动力及物资的供应、平衡、调度、落实的依据。其内容一般包括以下几个方面。

1. 劳动力需求量计划

劳动力需求量计划是确定暂设工程规模和组织劳动力进场的依据。编制时，首先根据工种工程量汇总表中分别列出的各个建筑物专业工种的工程量，然后根据预算定额或有关资料，便可求得各个建筑物主要工种的劳动量，再根据总进度计划表中各单位工程工种的持续时间即可得到某单位工程在某段时间里的平均劳动力数。用同样方法，可计算出各个建筑物的各主要工种在各个时期的平均工人数。将总进度计划表纵坐标方向上各单位工程同工种的人数叠加在一起，并连成一条曲线，即本工种的劳动力动态曲线图和计划表。劳动力需求量计划表见表7-5。

表7-5 劳动力需求量计划表

序 号	工程名称	工种名称	高峰人数	××年				××年				备 注
				一	二	三	四	一	二	三	四	
劳动力动态曲线												

2. 主要材料和预制加工品需求量计划

根据各工种工程量汇总表所列各建筑物和构筑物的工程量，查定额或概算指标，便可得出各建筑物或构筑物所需的建筑材料、构件和半成品的需求量。然后，根据总进度计划表，大致估计出某些建筑材料在某季度的需求量，从而编制出建筑材料、构件和半成品的需求量计划。其是材料和构件等落实组织货源、签订供应合同、确定运输方式、编制运输计划、组织进场、确定暂设工程规模的依据。其特别要以表格的形式确定计划，安排各种材料、构件及半成品的进场顺序、进场时间和堆放场地。主要材料需求量计划表见表7-6，主要预制加工品需求量计划表见表7-7。

表7-6 主要材料需求量计划表

工程名称	主要材料					

注：1. 主要材料可按型钢、钢板、钢筋、管材、水泥、木材、砖、石、砂、石灰、油毡等填列。

2. 木材按成材计算。

表 7-7　主要预制加工品需求量计划表

序号	名称	规格	单位	需求量				需求量进度计划					
				合计	正式工程	大型临时设施	施工措施	××年					××年
								合计	一季	二季	三季	四季	

注：预制加工品名称应与其他表一致，并应列出详细规格。

3. 主要施工机具、设备需求量计划

主要施工机具、设备需求量是指总设计部署所统一安排的机械设备和运输工具的需要数量，如统一安排的挖运土机械、垂直运输机械、搅拌机械和加工机械等。结合施工总进度计划确定其进场时间，据此编制其需求量计划表，见表 7-8。

表 7-8　主要施工机具、设备需求量计划表

机械名称	机械型号或规格	需求量		进退场时间/月							提供来源
		单位	数量								

三、施工总质量计划

施工总质量计划是指以一个建设项目或建筑群为对象进行编制，用以控制其施工全过程各项施工活动质量标准的综合性技术文件。

1. 施工总质量计划的内容

(1)工程设计质量要求和特点。

(2)工程施工质量总目标及其分解。

(3)确定施工质量控制点。

(4)制定施工质量保证措施。

(5)建立施工质量体系。

2. 施工总质量计划的制订步骤

(1)明确工程设计质量要求和特点。通过熟悉施工图纸和工程承包合同，明确设计单位和建设单位、建设项目及其单项工程的施工质量要求；再经过项目质量影响因素分析，明确建设项目质量特点及其质量计划重点。

(2)确定施工质量总目标。根据建设项目施工图纸和工程承包合同要求，以及国家建筑安装工程质量评定和验收标准，确定建设项目施工质量总目标(优良或合格)。

(3)确定并分解单项工程施工质量目标。根据建设项目施工质量总目标要求，确定每个单项工程施工质量目标，然后将该质量目标分解为单位工程质量目标和分部工程质量目标，即确定出每个分部工程施工质量等级(优良或合格)。

(4)确定施工质量控制点。根据单位工程和分部工程施工质量等级要求，以及国家建筑安装工程质量评定与验收标准、施工规范和规程有关要求，确定各个分部(项)工程质量标

准和作业标准；对于影响分部(项)工程质量的关键部位或环节，要设置施工质量控制点，以便对其加强质量控制。

四、施工总安全计划

(1)项目概况：包括建设项目组成状况及其建设阶段划分；每个建设阶段内独立交工系统的项目组成状况；每个独立承包项目的单项工程组织状况。

(2)安全控制程序：确定施工安全目标；编制安全计划；安全计划实施；安全计划验证；安全持续改进和兑现合同承诺。

(3)安全控制目标：包括建设项目施工总安全目标；独立交工系统施工安全目标；独立承包项目施工安全目标；每个单项工程、单位工程和分部工程施工安全目标。

(4)安全组织机构：包括安全组织机构形式；安全组织管理层次；安全职责和权限；确定安全管理人员；建立健全安全管理规章制度。

(5)安全资源配置：安全资源名称、规格、数量和使用部位，列入资源总需要量计划。

(6)安全技术措施：包括防火、防毒、防爆、防洪、防尘、防雷击、防坍塌、防物体打击、防溜车、防机械伤害、防高空坠落和防交通事故及防寒、防暑、防疫和防环境污染等措施。

(7)安全检查评价与奖励。

五、施工总环保计划

(1)环保目标：包括建设项目施工总环保目标、独立交工系统施工环保目标、独立承包项目施工环保目标、每个单项工程和单位工程施工环保目标。

(2)环保组织机构：包括施工环保组织机构形式、环保组织管理层次、环保职责和权限。要确定环保管理人员，建立健全环保管理规章制度。

(3)施工环保事项内容和措施：包括现场泥浆、污水和排水；现场爆破危害防止；现场打桩振害防止；现场防尘和防噪声；现场地下旧有管线或文物保护；现场熔化沥青及其防护；现场及周边交通环境保护；现场卫生防疫和绿化工作。

六、施工总成本计划

施工总成本计划是指以一个建设项目或建筑群为对象进行编制，用以控制其施工全过程的各项施工活动成本额度的综合性技术文件。

1. 施工总成市计划的分类

(1)施工预算成本。施工预算成本是指根据项目施工图纸、工程预算定额和相应取费标准所确定的工程费用总和，也称建设预算成本。

(2)施工计划成本。施工计划成本是指在预算成本的基础上，经过充分挖掘潜力、采取有效技术组织措施和加强经济核算，按企业内部定额，预先确定的工程项目计划施工费用总和，也称项目成本。

(3)施工实际成本。施工实际成本是指在项目施工过程中实际发生的，并按一定成本核算对象和成本项目归集的施工费用支出总和。

2. 施工总成市计划的编制步骤

(1)收集和审查有关编制依据。收集和审查有关编制依据包括：上级主管部门要求的降低成本计划和其他有关指标；企业各项经营管理计划和技术组织措施方案；人工、材料和机械等消耗定额和各项费用开支标准；企业历年有关工程成本的计划、实际和分析资料。

（2）做好单项工程施工成本预测。通常先按量、本、利分析法预测工程成本降低趋势，并确定出预期工程成本目标，然后采用因素分析法逐项测算经营管理计划和技术组织措施方案的降低成本经济效果和总效果。当措施的经济总效果大于或等于预期工程成本目标时，就可以开始编制单项工程施工成本计划。

（3）编制单项工程施工成本计划。首先，由工程技术部门编制项目技术组织措施计划；然后，由财务部门编制项目施工管理计划；最后，由计划部门会同财务部门进行汇总，编制出单项工程施工成本计划，即项目成本计划表。该表内工程预算成本减去计划（降低）成本的差额，就是该项目工程计划成本指标。

（4）编制建设项目施工总成本计划。根据建设项目施工部署要求，其总成本计划编制也要划分施工阶段。首先要确定每个施工阶段的各个单项工程施工成本计划，并编制每个施工阶段组成的项目施工成本计划，再将各个施工阶段的施工成本计划汇总在一起，就成为建设项目施工总成本计划。同时，也求得建设项目工程计划成本总指标。

第四节　施工总平面图

一、施工总平面图的设计原则

（1）平面布置科学、合理，施工场地占用面积少。

（2）合理组织运输，减少二次搬运。

（3）施工区域的划分和场地的临时占用应符合总体施工部署和施工流程的要求，减少相互干扰。

（4）尽量利用既有建（构）筑物和既有设施为项目施工服务，降低临时设施的建造费用。

（5）临时设施应方便生产和生活，办公区、生活区和生产区宜分离设置。

（6）符合节能、环保、安全和消防等要求。

（7）遵守当地主管部门和建设单位关于施工现场安全文明施工的相关规定。

二、施工总平面图的设计依据

（1）各种设计资料，包括建筑总平面图、地形地貌图、区域规划图、建筑项目范围内有关的一切已有和拟建的各种设施的位置。

（2）建设地区的自然条件和技术经济条件。

（3）建设项目的建筑概况、施工方案、施工进度计划，以便了解各施工阶段情况，合理规划施工场地。

（4）各种建筑材料、构件、加工品、施工机械和运输工具需要量一览表，以便规划工地内部的储放场地和运输线路。

(5)各构件加工厂规模、仓库及其他临时设施的数量和外廊尺寸。

(6)根据项目总体施工部署，绘制现场不同施工阶段(期)的总平面布置图。

(7)施工总平面布置图的绘制应符合国家相关标准要求，并附必要说明。

三、施工总平面图的设计内容

(1)项目施工用地范围内的地形状况。

(2)全部拟建的建(构)筑物和其他基础设施的位置。

(3)一切为全工地施工服务的临时设施的位置，包括以下几项：

1)施工用地范围的加工设施、运输设施。

2)加工厂、制备站及有关机械的位置。

3)各种建筑材料、半成品、构件的仓库和生产工艺设备的堆场、取弃土方位置。

4)行政管理房、宿舍、文化生活福利设施等的位置。

5)施工用地范围的供电设施、供水供热设施、排水排污设施等，水源、电源、变压器位置的设置。

6)机械站、车库位置。

(4)施工现场必备的安全、消防、保卫和环境保护等设施。

(5)相邻的地上、地下既有建(构)筑物及相关环境。

(6)永久性测量放线标桩位置。

施工总平面图应该随着工程的进展，不断地进行修正和调整，以适应不同时期的需要。

四、施工总平面图的设计步骤

施工总平面图的设计步骤为：场外交通道路的引入→材料堆场、仓库和加工厂的布置→搅拌站的布置→场内运输道路的布置→全场性垂直运输机械的布置→行政与生活临时设施的布置→临时水、电管网及其他动力设施的布置→正式施工总平面图的绘制。

1. 场外交通道路的引入

场外交通道路的引入是指将地区或市政交通道路线引入至施工场区入口处。设计全工地性施工总平面图时，首先应考虑大宗材料、成品、半成品、设备等进入工地的运输方式。

(1)铁路运输。当大量物资由铁路运入时，应首先解决铁路由何处引入及如何布置的问题。一般大型工业企业厂区内都设有永久性铁路专用线，通常可将其提前修建，以便为工程施工服务。但因为铁路的引入将严重影响场内施工的运输和安全，所以，引入点应靠近工地的一侧或两侧。仅当大型工地分为若干个独立的工区进行施工时，铁路才可引入工地中央。此时，铁路应位于每个工区的旁侧。

(2)水路运输。当大量物资由水路运入时，应首先考虑原有码头的运用及是否需要增设专用码头。要充分利用原有码头的吞吐能力。当需要增设码头时，卸货码头不应少于两个，且宽度应大于 2.5 m，一般用石或钢筋混凝土结构建造。

(3)公路运输。当大量物资由公路运入时，一般先将仓库、加工厂等生产性临时设施布置在最经济、合理的地方，然后再布置通向场外的公路线。

2. 材料堆场、仓库和加工厂的布置

在施工组织总设计中主要考虑那些需要集中供应的材料和加工件的场(厂)库的布置位置和面积。不需要集中供应的材料和加工件，可放到各单位工程施工组织设计中考虑。

对各种加工厂的布置，应以方便使用、安全防水、运输费用最少、不影响正式工程施工的正常进行为原则。一般应将加工厂集中布置在同一地区，且处于工地边缘。应将各种加工厂与相应的仓库或材料堆场布置在同一地区。

(1)预制件加工厂应尽量利用建设地区的永久性加工厂。只有在其生产能力不能满足工程需要时，才考虑在现场设置临时预制件厂，其位置最好布置在建设场地中的空闲地带上。

(2)钢筋加工厂可集中或分散布置，视工地具体情况而定。对于需冷加工、对焊、点焊钢筋骨架和大片钢筋网时，宜采用集中布置加工；对于小型加工、小批量生产和利用简单机具就能成型的钢筋的加工，宜采用就近的钢筋加工棚进行布置加工。

(3)木材加工厂设置与否、是集中还是分散设置、设置规模大小，应视建设地区内有无可供利用的木材加工厂而定。如建设地区无可供利用的木材加工厂，而锯材、标准门窗、标准模板等加工量又很大时，应集中布置木材联合加工厂。对于非标准件的加工与模板修理工作等，可在工地附近设置的临时工棚进行分散加工。

(4)金属结构、锻工、电焊和机修等车间，由于它们在生产工艺上联系较紧密，应尽可能布置在一起。

3. 搅拌站的布置

工地混凝土搅拌站的布置有集中、分散、集中与分散布置相结合三种方式。当运输条件较好时，以采用集中布置较好；当运输条件较差时，以分散布置在使用地点或井架等附近为宜。一般当砂、石等材料由铁路或水路运入，而且现场又有足够的混凝土输送设备时，宜采用集中布置方式。若利用城市的商品混凝土搅拌站，则只要考虑其供应能力和输送设备能否满足需要，并及时做好订货联系即可，工地则可不考虑布置搅拌站。除此之外，还可以采用集中和分散相结合的方式。

4. 场内运输道路的布置

根据加工厂、仓库和各施工对象的相对位置，研究货物转运图，区分主要道路和次要道路进行道路的规划。规划厂区内道路时，应考虑以下几点：

(1)合理规划临时道路与地下管网的施工程序。在规划临时道路时，应充分利用拟建的永久性道路，提前修建永久性道路或者先修路基和简易路面。

(2)保证运输畅通。道路应有两个以上的出口，道路末端应设置回车场，且尽量避免与铁路交叉。厂内道路干线应采用环形布置，主要道路宜采用双车道，次要道路可以采用单车道。

(3)选择合理的路面结构。一般场外与省市级公路相连的干线，因其将来会成为永久性道路，故一开始应就修成混凝土路面；场内干线和施工机械行驶路线，最好采用砂石级配路面；场内支线一般为土路或砂石路。

5. 全场性垂直运输机械的布置

垂直运输机械的布置应根据施工部署和施工方案所确定的内容而定，一般来说，小型

垂直运输机械可由单位工程施工组织设计或分部工程作业计划做出具体安排。施工组织总设计一般根据工程特点和规模，仅考虑为全场服务的大型垂直运输机械的布置。

6. 行政与生活临时设施的布置

行政与生活临时设施包括办公室、汽车库、职工休息室、开水房、小卖部、食堂、俱乐部和浴池等。根据工地施工人数，可计算这些临时设施的建筑面积，应尽量利用建设单位的生活基地或其他永久性建筑，不足的零星部分另行建造。

一般全工地性行政管理用房宜设置在全工地入口处，以便对外联系；也可设置在工地中央，以便于全工地管理。工人用的福利设施应设置在工人较集中的地方，或工人必经之处。生活基地应设置在场外，距离工地 500～1 000 m。食堂可布置在工地内部或工地与生活区之间。

7. 临时水、电管网及其他动力设施的布置

当有可利用的水源、电源时，可以将水、电从外面接入工地，沿主要干道布置干管、主线，然后与各用户接通。临时总变电站应设置在高压电引入处，不宜放在工地中心；临时水池应放在地势较高处。当无法利用现有水电时，为了获得电源，可在工地中心或工地中心附近设置临时发电设备，沿干道布置主线；为了获得水源，可以利用地表水或地下水，并设置抽水设备和加压设备(简易水塔或加压泵)，以便储水和提高水压。然后，把水管接出，布置管网。

8. 正式施工总平面图的绘制

上述布置应采用标准图例，绘制在总平面图上，比例一般为 1∶1 000 或 1∶2 000。应该指出，上述各设计步骤不是截然分开、各自孤立进行的，而是互相联系、互相制约的，需要综合考虑、反复修正才能确定下来。当有几种方案时，还应进行方案比较。

五、施工总平面图的绘制步骤

1. 确定图幅大小和绘图比例

图幅大小和绘图比例应根据场地大小及布置内容多少来确定，比例一般采用 1∶1 000 或 1∶2 000。

2. 合理规划图面

施工总平面图除要反映现场的布置内容外，还要反映周围环境，如已有建筑物、场外道路等。因此，绘图时，应合理规划图面，并应留出一定的空余图面绘制指北针、图例及编写文字说明等。

3. 绘制建筑总平面图

绘制建筑总平面图的有关内容将现场测量的方格网，现场内外已建的房屋、构筑物、道路和拟建工程等，按正确的图样、比例绘制在图面上。

4. 绘制工地需要的临时设施

根据布置要求及面积计算，将道路、仓库、材料堆场、加工厂和水电管网等临时设施绘制到图面上。对复杂工程，必要时可采用模型布置。

5. 形成施工总平面图

在进行各项布置后，经分析比较、调整修改，形成施工总平面图，并作必要的文字说明，标上图例、比例和指北针。

第五节 全场性临设工程

一、临时加工厂设施

临时加工厂设施主要包括钢筋混凝土预制构件加工厂、木材加工厂、粗木加工厂、细木加工厂、钢筋加工厂、金属结构构件加工厂、混凝土搅拌站、机械修理厂等。其结构形式应根据使用时间的长短和建设地区的条件而定。若使用时间较短，宜采用一些较简单的结构；若使用时间较长，则可采用混合结构、活动板房等。

所有这些设施的建筑面积主要取决于设备尺寸、工艺流程、设计和安全防火等的具体要求。

二、仓库与堆场

1. 工地仓库的类型

(1)转运仓库，具体是指设置在运输转运机构(如车站、码头、卸货专用场等地)，用来转载、转运货物的仓库。

(2)中心仓库(总仓库)，具体是指设置在施工现场附近、专门供储存整个建筑工地所需材料及需要整理配套材料的仓库。

(3)现场仓库，具体是指建造在工程施工现场、直接为在建单位工程服务的仓库。

(4)加工厂仓库，具体是指专供某加工厂储存原材料、构件、半成品的仓库。

2. 仓库材料储备量的确定

材料储备量既要确保施工的正常需要，又要避免过多积压，以减少资金的占用和降低仓库的建设投资。通常，储备量是以合理储备天数来确定的，同时考虑现场条件、供应与运输条件，以及建筑材料本身的特点。材料的总储备量一般不能少于该类型材料总用量的20%～30%。

三、办公及福利设施组织

1. 办公及福利设施的类型

(1)行政管理用房，包括各类办公室、传达室、辅助性修理车间、车库等。

(2)居住生活用房，视具体拟建项目的规模不同，主要包括宿舍、食堂、医务室、浴室、厕所、小卖部、开水房等。

(3)文化生活用房，主要包括俱乐部、图书室、广播室等。

2. 各类设施面积的确定

$$S=NP \tag{7-1}$$

式中　S——办公及福利设施临时建筑面积；

　　　N——施工工地人数；

　　　P——建筑面积指标。

其中，施工工地人数 N 应根据直接参加建筑施工生产的工人数、辅助施工生产的工人数、行政及技术管理人员数、为工地上居民生活服务的人员数及以上各项目人员的家属数等予以确定。上述人员的比例可按照国家有关规定或工程实际状况计算，家属人数可按职工人数的 $10\%\sim30\%$ 确定。

四、工地供水组织

工地临时供水组织的类型有生产用水、生活用水和消防用水三类。其中，生产用水又可分为工程施工用水、施工机械用水、附属生产企业用水等；而生活用水又可分为施工现场生活用水和生活区生活用水。

临时供水设施的设计包括确定用水量、选择水源、确定供水系统等。

五、工地供电组织

1. 工地总用电量计算

施工现场用电量整体上可以分为动力用电（如机械、动力设备用电）和照明用电两类。在进行用电量计算时，应考虑以下几个方面的因素：

(1)工地上使用的全部用电设备的用电功率大小。

(2)施工总进度计划中施工高峰期同时用电数量。

(3)各种用电设备的工作状况。

2. 电源选择

根据工程项目周边情况的不同，选择电源的方案通常有以下几种：

(1)完全由工地附近的电力系统供电，包括在全面开工以前将永久性供电外线工程完成，设置临时变电站。

(2)先建成工程项目的永久性变配电室，直接为施工供应电能。

(3)工地附近的电力系统能供应一部分，工地需增设临时电站以补充不足。

(4)利用附近的高压电网，申请临时加设配电变压器。

(5)工地处于新开发地区，还没有电力系统时，完全由自备临时电站供给。在进行方案确定时，应根据工程实际情况，经过分析比较后确定。

3. 变压器确定

选择变压器时，其容量过大则不能充分发挥设备能力，过小则易过载而造成过分发热或烧毁。

4. 配电线路布置

当工地由附近高压电力网输电时，通常需要两级降压成 380 V/220 V 的电压。工地用电的配电箱应设置在便于操作的地方，而且应保证用电器为单机单闸，以确保一旦发生事故可迅速拉闸。同时，闸刀的容量应按照最高负荷选用。

施工现场临时用电的室外线路通常以架空线为主，3 kV、6 kV 和 10 kV 高压线路的电杆距离应为 40～60 m，380 V/220 V 的低压线路电杆间距为 25～40 m。分支线及引入线均应由电杆处接出，不得由两杆之间接出。线路应尽量保持水平，以免电杆受力不均。同时，线路架设时应尽量靠近道路一侧，不阻碍交通且避开堆场等不良条件。

第六节　施工组织总设计实例

一、工程概况

A 水泥有限责任公司拟建的 2 500 t/天新型干法生产线位于 B 县 C 镇附近，工程包括水泥生产线及配套生活设施。

该公司土建工艺由 D 设计院承担。工程厂区占地面积约为 200 000 m²，单体工程为 6～30 项。工程结构主要有现浇钢筋混凝土框架，设有 ϕ18 m 熟料库 2 个，ϕ15 m 成品水泥库 6 个，ϕ18 m 水泥均化库 1 个，ϕ15 m 水泥原料库 3 个，ϕ8.5 m 水泥配料库 3 个，辅助车间及皮带输运栈桥为混凝土框架或钢结构桁架及轻钢结构。

工程建设地点地貌成因为山麓斜坡堆积，地貌单元为山前坡积裙，场地地形起伏，微向东北倾斜。

该地区属副热带季风气候。年平均降水量为 1 050 mm 左右，雨量多集中于 7 月份，无霜期为 220 天左右。

1. 工程地质情况

(1)地基土工程地质特征。在勘察揭示深度为 30 m 范围内，地基土由 12 层不同土层组成，现将各土层主要工程地质特征描述如下：

1)1 层填土。

2)2 层粉质黏土：属超固结、中压缩性土，压缩模量(E_s)为 15.43 MPa，地基承载力特征值(f_{ak})为 260 kPa。

3)3 层粉质黏土夹碎石：为正常固结土，微具塑性，重型圆锥动力触探试验均值为 6 击，地基承载力特征值(f_{ak})为 280 kPa。

4)4 层碎石土：中密，局部密实，重型圆锥动力触探试验均值为 15 击，地基承载力特征值(f_{ak})为 320 kPa。

5)5 层强风化泥质粉砂岩：压缩模量(E_s)为 13.85 MPa，孔隙比(e)为 0.584，天然单轴抗压强度标准值为 0.181 MPa，标准贯入试验值(N)为 24 击，重型圆锥动力触探试验均值为 19 击，地基承载力特征值(f_{ak})为 350 kPa。

6）6 层中风化泥质粉砂岩：坚硬且较完整，重型圆锥动力触探试验均值为 60 击，饱和、天然单轴抗压强度标准值分别为 4.9 MPa 和 2.69 MPa，地基承载力特征值（f_{ak}）为 600 kPa。

7）7 层强风化砾岩：重型圆锥动力触探试验均值为 60 击，地基承载力特征值（f_{ak}）为 500 kPa。

8）8 层中风化砾岩、9 层微风化砾岩：饱和单轴抗压强度标准值分别为 10.42 MPa 和 14.27 MPa，地基承载力特征值（f_{ak}）分别为 1 300 kPa 和 1 500 kPa。

9）10 层微风化灰岩：局部分布，不宜做持力层。

10）11 层强风化碳质页岩：属中压缩性土，中密，局部密实，压缩模量（E_s）为 16.48 MPa，压缩系数为 0.120 MPa^{-1}，孔隙比（e）为 0.510，标准贯入试验均值（N）为 23 击，重型圆锥动力触探试验均值为 16 击，天然单轴抗压强度标准值为 0.419 MPa，地基承载力特征值（f_{ak}）为 280 kPa。

11）12 层中风化碳质页岩：密实、局部中密，标准贯入试验均值（N）为 39 击，重型圆锥动力触探试验均值为 27 击，地基承载力特征值（f_{ak}）为 450 kPa。

（2）地下水。场地地下水主要为松散岩类孔隙承压水和基岩裂隙孔隙承压水，水量较贫乏。

（3）地震烈度。场地地层较稳定，抗震设防烈度为 Ⅵ 度，场地类别为 Ⅰ～Ⅱ 类，为建筑抗震一般地段，属较稳定场地，适宜工程建设。

2. 主要建（构）筑物简况

主要建（构）筑物均为现浇钢筋混凝土单层多层框架。$\phi 8 \sim \phi 18$ m 筒库高为 30～40 m，提升机框架高为 25～48 m。其特点是落地小，高度高，设备基础多且工艺复杂。

3. 主要安装工程简况（按日产 2 500 t 主要设备预测）

设备安装特点是体积大、笨重、精度要求高。生料设有中卸烘干磨，磨机重为 290 t，成品磨机重为 220 t，破碎机重为 136 t，选粉机重为 10 t，增湿塔重为 216 t，窑尾电除尘器重为 310 t，窑尾预热及预分解系统重为 280 t，熟料算式冷却机重为 176 t，窑头电除尘器重为 180 t，煤磨重为 118 t，粗粉分离器重为 5 t，选粉机重为 3 t，空压机重为 15 t，预热器旋风筒、风管分别安装在 5 个不同标高的现浇混凝土平台上，顶层标高一般为 80 m 左右。

二、总体施工部署

（一）施工总体设计

（1）编制施工组织总设计的主要指导思想。该项目工期短、质量要求高、施工难度大，因此，在编制本施工组织总设计时，确定以下几方面内容为指导思想：

1）采用先进、可行的科技成果和有效的组织措施，创造一流的质量、一流的工期，为业主争创良好的效益。

2）在编写过程中，充分体现业主对工程项目建设的总体要求，对今后施工组织实施起到良好的指导作用。

3）在具体施工组织方案编制过程中，不但要遵守本总施工组织设计的要求，更要贯彻各级主管部门提出的意见，融合国外先进施工工艺和管理方法与我国实际于一体，结合项目部先进的施工工艺，克服不足，顺利实现质量、工期目标要求。

4）按照国家规范规定要求，建立和完善施工质量保证体系，做好质量管理，严格按设计及规范规定要求施工，保证工程质量目标实现。

（2）主要决策。项目部组织对水泥生产线有专业施工经验的精兵强将和先进的施工机械设备进场，与业主密切配合，科学组织，精心施工，以优质、快速的施工手段完成该项目的施工，为企业树形象、立丰碑，为创一流水泥企业奠定基础。

（3）主要目标。宏观上，围绕"重信誉、守合同，取信于建筑业主，保质量、创名牌，树一座丰碑"这一总体方针目标，项目部实行全面的方针目标管理。微观上，具体化的各项管理目标可概括为"两个创造""一个确保"。

1）"两个创造"：一是创省市优质工程；二是创建现场文明施工双标化工地。

2）"一个确保"：确保合同工期。

（二）项目组织体系

1. 组织体制

为有效地保证项目总方针目标的实施，统一协调土建、安装施工，确保优质、高速、安全地完成施工任务。经研究决定，选派具有专业施工经验的同志担任项目技术总负责人，向业主和项目部全面负责，组织管理制度完全按项目管理要求实施运作。

2. 机构组织设置

机构组织设置网络图如图7-3所示。

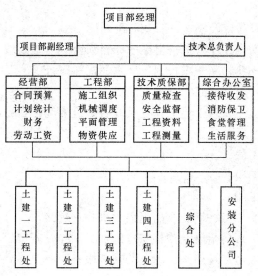

图7-3　机构组织设置网络图

(三)施工准备

1. 场地平整

在三通一平基础上,采用机械化整体按施工总平面图平场,周围围墙按施工总平面图的要求固定式和零设式搭设,且符合现场双标化管理规范,完成时间不影响工程进展。

2. 技术准备

技术准备应做好以下工作:

(1)施工组织总设计由项目部在施工图会审前完成。

(2)下列工程项目各专业应编制单位工程(项目)施工组织设计(方案):土建、安装均需编制生料库(水泥库)、窑尾、窑中、窑头、煤库、煤粉制备、增湿塔、电除尘。土建需编制钢筋混凝土筒仓、钢筋混凝土翻模。

(3)现场项目部必须在开工前做好原材料资源准备,混凝土强度等级试配和加工车间、职工宿舍、食堂、仓库、塔式起重机的搭设和主要施工机械的进场。

(4)现场用电:

1)按现场施工机具设备计算,动力用电总量为 1 000 kV·A 左右。

2)照明负荷按动力用电量的 10% 计算,则总用电量为 1 100 kV·A,按总用电量的 70% 计算,施工用电安装两台 400 kV·A 变压器,能满足要求。

3)场地线路采用三相五线架空设置。

(5)施工用水:由于施工现场无自来水,施工用水就近取水库蓄水。

(四)施工段划分

本工程施工项目单体较多,结构情况繁杂不一,施工难易差异较大。根据各单位工程的建筑结构情况,结合生产系统的整体性,将整个工程划分为四个施工段,分别由四个工程处负责施工,各工程处对项目部包进度、包质量、包安全、包成本。

四个施工段划分如下:

第一施工段:石灰石破碎及输送→石灰石配料库。

第二施工段:生料均化库→窑中→窑尾→原料粉磨及废气处理→增湿塔。

第三施工段:窑头→熟料库→煤粉制备→水泥配料库。

第四施工段:水泥粉磨→成品库→水泥库。

土建分公司一、二、三、四土建工程处及综合处进入施工现场,其施工任务分述如下:

一处:承担第一施工段。

二处:承担第二施工段。

三处:承担第三施工段。

四处:承担第四施工段。

综合一处:负责钢筋加工、钢筋成捆运输、绑扎、焊接。

综合二处:负责施工现场金属结构和铁件的加工制作、安装。

水电工程处:负责施工现场用水、用电的安装服务。

(五)主要项目施工方法及技术措施

1. 测量工程

本工程平面形状较为复杂,现场自然地坪起伏较大,拟建建筑物、构筑物多单体,对定位放线提出了较高的要求。根据提供的施工图纸做了认真的分析研究后，提出如下的定位方法：

(1)平面控制：采用"坐标法"，即采用"设辅线、内引投、外校核"的施工手段进行平面轴线定位。基础施工定位时，根据提供的建筑平面形状，设置纵轴线和辅助线，设立平面轴线控制网(辅助线由现场坐标网控制测出定位)。

(2)基准轴设置：为将基准线准确地投测到±0.000平台，根据施工流程和单体分层流水作业需要，当地下工程完成后，将新坐标基准轴十分准确地投测到建筑±0.000平台，并经场外设置的轴线控制桩校核基准轴，在预定位置预设的铁板上标出基准点，将纵、横轴红点连起来就成了基准轴。确保单体上部建筑施工时，以基准轴形成的四方形建立内部定位系统。

(3)"内引投"：各单体上部轴线采用激光铅垂仪，将四个轴线点引到每一施工层，地面以上每层楼层垂直于轴线点位置预置四个200 mm×200 mm洞，以便激光束穿过。投测完毕后，将四点连起来，形成基准轴，根据基准轴再分别弹出轴线。

(4)"外校核"：利用各单体外设置的校核辅助线用经纬仪来复核，并由基准轴定出轴线。

(5)高程控制及沉降观测：

1)根据业主提供的水准高程，在各单体四周布设水准点，组成水准控制网，进行高程控制用沉降观测。

2)上部结构用水准仪将标高引至建筑四角，选择外墙上下无凸出墙面阻挡的位置设置标高基准点，用50 m钢卷尺向上引，应注意所引每层都应从底层往上引，以减少累积误差。

3)根据设计要求设置沉降观测标，并根据要求定时测量沉降量。

4)所有仪器、工具由专人负责保管，规定专人使用，并做好原始记录。计算应准确，并将沉降量及时传送监理人员及设计单位。

2. 基础工程

根据地质勘探报告，地质情况较好，除主要大荷载构筑物基础根据设计采用满堂基础外，其余为条形基础和平板基础。

(1)基础土方开挖。窑头、窑中、窑尾、磨房、筒库、破碎均为满堂基础开挖，采用机械挖土、人工整修。

1)土方开挖的顺序、方法必须与设计工艺相一致，并遵循"开槽支撑、先撑后挖、分层开挖、严禁超挖"的原则。

2)土方开挖前应检查定位放线、排水和降低地下水水位系统，合理安排土方运输车的行走路线及弃土场地。

3)施工过程中应检查平面位置，水平标高，边坡坡度、压实度，雨后排水，降低地下水位系统，并随时观测周围的环境变化。

4)基槽开挖，根据施工现场实况，基本为粉质黏土，其开挖边坡值(高：宽)为1:0.75～1:1.00。对于挖土深度，软土不应超过4 m，硬土不应超过8 m；如超深应采用技术加固防护措施，确保基底施工安全。

5)其余基础若位于基岩，基坑开挖则采用松动爆破与人工修凿相结合的方法，相邻基础基坑应一次性开挖。当基础下为黏土时，基础应挖至老土。

6) 土方开挖质量应符合质量验收规范的规定，进入基底施工前，应会同业主和监理进行挖土工程质量检验和尺寸复核，且必须由设计方认可合格后再进入基底垫层施工。

7) 基底垫层 C10 素混凝土层采用铁板压光，便于放样，施工时要求工完场清。垫层养护完后，即进行基础底板施工。

(2) 基础混凝土浇筑。设备基础为钢筋混凝土浇筑，水泥厂的工艺设备基础是一大、二多、三复杂。破碎、烘干、原料粉磨、煤粉制备、窑中、窑头、箅式冷却、烟囱、筒库、水泥磨等混凝土量大，螺栓孔多，型号各异，要注意设备基础预留孔位和解决大体积混凝土施工温差问题。其施工方法如下：

1) 基础工程工艺流程：基坑处理、验收→垫层施工→弹线、复核→底板、承台、地梁墙、柱扎筋→支设模板→验收→底板、承台、地墙梁、柱混凝土浇捣→养护、验收。

2) 构筑物满堂基础，提升机槽坑和凡较大的设备基础与柱基、墙基连成片时，尽量使地下部分结构一次浇筑。连续浇筑，不允许留设施工缝，水泥采用 42.5 级普通硅酸盐水泥，为减少大体积混凝土的发热量，掺入粉煤灰来改善混凝土的和易性，减少水泥用量，控制、调整混凝土的温升和体内的温度，降低混凝土内部早期水化热，同时，在浇筑过程中设专人看管，随时复查孔位尺寸。

浇筑基础混凝土垂直运输、窑头、窑中、煤粉制备、原料粉磨、生料均化库、窑尾及水泥储存库、水泥粉磨、熟料库等均采用 TQ60 塔式起重机，其余采用井架垂直运输。

3. 主体结构工程

(1) 钢筋混凝土框架。生料磨、水泥磨钢筋混凝土框架一般高为 20～30 m，其底层框架高为 10～12 m，生料均化提升机楼框架高为 54 m 左右。

框架施工顺序：弹线→扎柱钢筋→柱、梁、楼板支撑→钢筋、模板验收→混凝土浇至梁底→梁、楼板钢筋绑扎→梁、板隐蔽→梁、板浇混凝土→养护→拆除支撑→清理归类→周转使用。

(2) 砌体工程。

1) 砌体工程工艺流程：砌三皮砖后弹线找平→立皮数杆→立门樘或留洞→摆头角→拉通线→先砌三皮砖后内墙(或同时并进)→校正门窗樘→最上一皮砖浇水括斗。

2) 原材料要求：

① 水泥按品种、强度等级、出厂日期分别堆放，并保持干燥。如遇水泥强度等级不明或出厂日期超过 3 个月等情况，经试验鉴定后方可使用，且不得用于重要部位。不同品种的水泥不得混合使用。

② 砂浆用砂采用中砂并过筛，砂的含泥量不超过 5%。

③ 混合砂浆中生石灰膏用网过滤并使其充分熟化，熟化时间不少于 7 天。沉淀池中贮存的石灰膏须防止干燥、冻结和污染。不使用脱水硬化的石灰膏。

④ 砂浆须符合下列要求：

a. 符合设计要求的种类与强度等级。

b. 砂浆的稠度为 7～10 cm。

c. 保水性良好(分层度不大于 2 cm)。

d. 拌和均匀。

⑤砂浆的配合比经试验确定。如砂浆的组成材料有变更，其配合比重新进行试验确定，试配砂浆，按设计强度等级提高 15%，砂浆的配合比采用质量比。

⑥为使砂浆具有良好的保水性，在砂浆中掺入无机塑化剂或皂化松香(微沫剂)等有机塑化剂，掺入量经试验确定。

⑦砂浆采用机械拌和，拌合时间自投料完成算起不少于 90 s；在砂浆拌成后使用时将其盛入储灰器内，如砂浆出现泌水现象，则在砌筑前再次拌和；砂浆随拌随用，水泥砂浆和水泥混合砂浆必须分别在 3～4 h 内使用完毕。

⑧砖的品种、强度等级应符合设计要求，规格应一致。

⑨砌筑砖砌体时，空心砖提前浇水湿润，含水率控制在 10%～15%，加气混凝土块含水率控制在 15% 以内。

3)砖砌体砌筑施工要求。

①铺灰均匀，一次铺灰长度为 1.0 m 左右，每皮拉线保证砌体表面平整垂直，灰缝均匀。

②砖墙拉线应在操作者一面。

③上下皮应错缝砌筑，做到横平竖直，灰缝饱满，水平灰缝砂浆饱满度不得低于 80%，断砖要合理使用，严禁集中一处。

④每层楼面砌砖前必须测定标高，如灰缝超过 50 mm，要先用 C20 细石混凝土找平后再砌筑。

⑤纵横墙交接处或转角处如不能同时砌筑则应留设斜槎，斜槎长度不小于高度的 2/3，如留设直槎，应按规范设置拉结筋(山墙与面墙转角处不允许留置直槎)。在处理接槎时，须将旧砂浆清理干净，砖要湿润，灰缝要平直，不得有错缝、通缝。

⑥在砌筑中应按设计图纸将预留孔洞、沟槽和预埋铁等正确留置，不得遗漏，以防止今后凿洞开槽。

⑦砖砌体水平灰缝的砂浆应饱满，竖向灰缝采用挤浆或加浆方法使其砂浆饱满，灰缝厚度一般为 10 mm，误差控制在 2 mm 以内。

⑧对出入口处的门挡做好保护措施，以免碰坏。

⑨冬期低于 5 ℃时，要采取防冻措施。

4. 屋面工程

(1)工艺流程。混凝土结构层蓄水试验→基层处理、找平→按屋面建筑构造关系逐层施工→做后蓄水试验(自由落水可不做蓄水试验)。

(2)屋面工程主要施工方法如下：

1)水泥砂浆找平层施工：钢筋混凝土结构层面做 20 mm 厚水泥砂浆找平层。用 1:3 水泥砂浆每 1 500 mm 间距做冲筋，按 6 m×6 m 间距设置木条分格，找平层施工前应浇水湿润，用素水泥浆扫底。出屋面的墙根、管根等处，应先抹成半径不小于 100 mm 的圆弧或钝角。内部排水的落水口周围应做成略低的凹坑。施工完的找平层应及时进行浇水养护，不得有疏松、起砂、起皮等现象。

2)高分子卷材防水层施工：保温抹面完成后，对保温层面进行一次全面打底，充分搅拌，涂刷均匀，覆盖完全，干燥后进行涂膜施工；底涂宽度略大于加筋材料幅宽，厚度为0.3~0.5 mm，满涂均匀；每道涂料施工时间以不黏脚（实干）为准，两次间隔的涂刷方向应相互垂直，以提高防水层的整体性、均匀性；贴布时松紧适度，边贴布边刷涂料，并赶出残存气泡，刷平压实，避免皱纹、翘边、白楂、鼓泡，天沟、泛水等部位贴布增强；贴布平行屋脊，顺水流方向铺贴，搭接宽度应大于100 mm，上、下两层无纺布的接缝错开幅度的1/3以上；操作人员穿布鞋进入作业区，退步铺贴加筋布。

3）保温层施工：找坡层兼做保温层施工前，按1 500 mm间距设置标筋，按要求铺设50 mm厚微孔硅酸钙保温层，上做10 mm厚保温抹面层。

4）钢筋细石混凝土层施工：钢筋细石混凝土层按下列要求进行施工：

①水泥应用42.5R及其以上的普通硅酸盐水泥。要求同批产品，不过期，不受潮结块。石子粒径不宜超过15 mm，应洁净、坚硬，细集料采用中粗砂，含泥量不超过规范要求，混凝土强度等级为C20，按密实性防水混凝土设计配合比（掺微膨胀剂），坍落度不大于4 cm。

②绑扎钢筋时要及时垫好垫块，厚度为20 mm，垫块数量不少于每平方米一块，使钢筋处于板的中部，有利于抵抗温度的变化。

③搭设浇捣混凝土通道（立杆不垫木板），不能在钢筋上拉车、践踏钢筋和破坏卷材防水层。

④混凝土浇捣：混凝土摊铺后刮尺刮至与塌饼平（控制平整度和厚度标志），并随时将塌饼敲掉，用短刮尺按二竖头面刮平，用平板振动器振实，然后用滚筒纵横推拉提浆，用木蟹搓平，铁板第一次压光，并将脚印压实。

混凝土初凝前后，用铁板第二次压光，将砂眼、低坑、脚印搓平。

混凝土终凝前，进行第三次铁板压光，然后根据气候情况，及时覆盖草包。

⑤自第三次铁板压光24~48 h内，设专人负责盖草包和浇水养护，养护时间不少于14天。

5）蓄水试验：

①蓄水厚度：最薄处不小于5 cm。

②每次蓄水时间：不少于48 h。

③第一次蓄水试验是在结构层表面，当发生渗漏时，结构层必须凿出孔洞，修补后重新试验，直到无任何渗漏为止。

④第二次蓄水试验是在防水层表面，蓄水48 h以后表面水位应无明显下降，若水位下降则证明微孔硅酸钙保温层有明显吸水，此时应局部凿开保温层，待其干燥后，用卷材进行修补，直至不渗水为止。

（3）质量控制要点。

1）基层处理。

2）找平层施工。

3）找平层干燥度。

4）防水层施工。

三、施工总进度计划

1. 进度计划编制说明

(1)初步设计、施工图和设备交付日期，必须确保在规定日期内做到土建、安装全部竣工并点火投料试车。

(2)要以生料库、窑尾、窑中、窑头、中央控制室、成品库工程的土建、安装作为主要工程考虑，要严格按网络计划控制工程进度，做好主体交叉施工。

(3)窑体焊接及筑炉工序应避开冬期施工，在尽量保证总工期的前提下，对劳动力、机具、材料、模板投入量做到平衡。

总施工进度计划仅作宏观控制，土建、安装应分别编制二、三级进度计划，指导施工。

2. 施工总进度计划表(略)

3. 工期保证措施

(1)组织与技术措施。

1)提前做好一切施工准备工作，施工前制定好各项工程的施工作业指导书，安排好施工材料的运输和采购，特别是本工程以机械施工为主，设备的完好率是保证工期之本。因此，应选用先进、合理的施工机械设备，做好施工进度和施工机械设备的动态管理，合理安排施工机械设备的检修，尽量避免在施工高峰期检修施工设备。

2)组织一个权威性的现场指挥部，配备强有力的管理班子，实行统一领导，分项工作专人专管，加强各方协调。

3)依据科学的施工方案，拟出详细的该工程所需的施工机械、主要材料、预制件需要量的资源计划，做到各种材料、设备早报计划早进场，确保工程施工进度不受影响。

4)合理安排施工程序，根据不同施工阶段划分施工段，进行流水作业。关键工序完成后，应提前 24 h 请监理公司验收，减少中间环节，以利于实行流水施工方法的开展，从而缩短工期。

5)建立现场协调会制度，每星期召开 1 次或 2 次由项目部所有施工管理人员、班组长参加的协调会议。

(2)季节性施工措施。本工程跨越高温、寒冷季节，因此，施工中必须制定周密的防患措施，确保施工人员、机械设备等的安全。

1)夏期高温施工。

①高温季节，做好混凝土养护工作，防止阳光暴晒，及时喷洒养生液，并用湿草包覆盖混凝土表面，防止混凝土早期脱水，破坏混凝土强度。

②配备好必要的防暑降温用品，保证职工生活和健康，避免非正常性施工减员。

2)冬期施工。

①备足防冻抗寒物资，以便在寒流来临时正常施工。

②施工现场作业点应加强日常护理，做好防滑措施。

③做好冬期施工混凝土、砂浆外加剂的试验工作。

四、施工总资源计划

1. 劳动力安排

本工程建筑单体多，工艺复杂，工作面广，一次性投入劳动力较多，计划日投入劳动力 600 人，高峰期日投入 1 000 人。本工程结构复杂，质量标准高，技术要求严，工期紧，对操作人员的素质要求较高，所以，在组织劳动力进场时，必须向操作人员详细作施工方案和作业计划交底，并且要组织操作人员上岗培训。培训内容包括规章制度、安全施工、操作技术和精神文明教育四个方面。

2. 主要机械设备和周转材料配备

本工程施工的特点有：一是土石方工程量大，场地平整和基础开挖有大量土石方；二是垂直运输工程量大，本工程均是全现浇框架结构和钢筋混凝土筒仓结构，钢材、模板、脚手架和混凝土均需用垂直运输设备解决；三是工期紧，土建施工与设备安装立体穿插施工。根据以上施工特点，对本工程施工所需的主要机械设备和周转材料配置如下：

(1)土石方开挖计划进场 5 台斗容量 1 m³ 小松 PC200 履带式挖掘机，配 10～15 t 汽车 10 辆；单位工程土石方开挖，挖掘机按工程开工先后内部调配。

(2)垂直运输配 5 台 TQ60 塔式起重机，基本可以覆盖整条生产线施工工作面。

(3)主要施工机械设备配备表见表 7-9。

表 7-9　主要施工机械设备配备表

序　号	名　　称	单　位	规　格	数　量	备　注
土　　建					
1	塔式起重机	台	TQ60	5	固定式
2	混凝土搅拌机	台	T1-350	10	固定式
3	机动车	辆	1～3 t	2	机动
4	砂浆搅拌机	台	UJ325	6	
5	井架	座	1～2 t 卷扬机	8	
6	电焊机	台	26～28 kW	4	直流
7	电焊机	台	20 kV·A	5	交流
8	钢筋对焊机	台	100 kV	2	
9	钢筋电渣压力焊机	台	J2F500N750	2	
10	钢筋切断机	台	DYQ-32	4	
11	钢筋弯曲机	台	GW40	4	
12	钢筋调直机	台	GJ58-4	1	
13	圆盘锯	台	MJ114	3～5	
14	木工平刨	台	MB1043	3～5	
15	插入式振捣器	台	H2-50	25	

序　号	名　　称	单　位	规　格	数量	备　注
16	平板式振捣器	台		8	
17	潜水泵	台		5	
18	挖掘机	台	小松 PC200	5	
安　装					
1	交流电焊机	台	20 kV·A	10	
2	直流电焊机	台	26～28 kW	4	
3	滚板机	台	S＝20 kW	1	
4	剪板机	台	S＝20～28 kW	1	
5	电动卷扬机	台	10 t/20 kW、5 t/11 kW	4	
6	汽车式起重机	台	500 kN	2	
7	液压千斤顶	个	100 kN	4	
8	液压千斤顶	个	750 kN	2	
9	电动葫芦	只	50 kN	2	
10	手拉葫芦	只	20 kN	4	
11	手拉葫芦	只	30 kN	2	
12	手拉葫芦	只	50 kN	2	
测量控制(土建)					
1	水准仪	台	S3	2	
2	经纬仪	台	J2	1	

(4)主要周转材料投入计划表见表 7-10。

表 7-10　主要周转材料投入计划表

品　种	规　格	数　量	周 转 使 用 方 法
胶合板	九夹板	55 000 m²	准备二层现浇板、桩、梁模，用于模板周转使用
定型钢模板	标准型	3 000 m²	准备二层的钢模，用于现浇钢筋混凝土立壁爬模施工
钢　管	φ48 mm	1 500 t	用于柱、梁现浇平板立模、筒仓模板、脚手架
扣　件	十字夹、对接夹、活动夹	10 万只	与 φ48 mm 钢管配套使用
回形销	标准型	2 万只	与定型钢模配套使用
木　模	25 mm、50 mm 厚 40 mm×60 mm 方挡 50 mm×80 mm 方挡	1 000 m² 300 m²	配合九夹板作梁底板及木挡使用

品　种	规　格	数　量	周 转 使 用 方 法
竹脚手片	1 m×1.2 m	30 000 片	外脚手架安全防护用
绿色密目式安全网	标准厚	50 000 m²	外脚手架安全防护用

五、安全文明施工及技术措施

(一)安全文明标准化工地目标

项目部计划本工程达到安全文明标准化工地。

(二)安全文明施工总体方案

确保施工顺利,加强工地安全生产、文明施工管理,对促进工程进度、树立良好企业形象有着非常重要的意义。为此,项目部特制定以下总体方案。

1. 场容场貌

(1)施工现场设置五牌一图。竖立形象美观的大型工程概况牌,设置在现场施工道路边,图牌规格统一,字迹端正,线条清晰。

(2)施工现场内保持场容场貌整洁,物料堆放整齐,建筑垃圾集中清运,各种机具按施工平面图位置存放,做好标志。施工区域和生活区域严格分隔,生活区道路硬化。

2. 安全管理

(1)安全生产责任制。

1)必须建立健全各级安全生产责任制,职责分明,落实到人。

2)各项经济承包行为中有明确的安全指标和包括奖惩办法在内的安全保证措施。

3)承发(分)包或联营方之间依据有关法规签订安全生产协议书,做到主体合法、内容合法、程序合法,各自的权利和义务明确。

(2)安全教育。

1)对新工人实施三级安全教育,对变换工种的工人实施新工种的安全技术教育,并时做好记录。

2)工人应熟悉本工种安全技术操作规程,掌握本工程操作技能。

(3)施工方案设计。施工方案设计要针对工程的特点、施工方法、所有的机械设备、电气、特殊作业、生产环境和季节影响等制定出相应的安全技术措施,由技术负责人员签名和技术部门盖章。

(4)特种作业。各特种作业人员都按要求培训,考试合格后持证上岗,务必做到操作证不过期、名册齐全、真实无误。

(5)安全检查。

1)建立各级安全检查制度,有时间、有要求、重点危险部位明确。

2)检查记录齐全,隐患整改做到定人、定时、定措施。

3)对塔式起重机、井架等大型施工机械及外爬架等重要防护设施做好验收工作,验收合格后挂牌使用。

（6）班组的班前活动。班组长在班前进行上岗交底（交代当天的作业环境、气候情况、主要工作内容和各个环节的操作安全要求，以及特殊工种的配合等）、上岗检查（查上岗人员的劳动保护情况，每个岗位周围作业是否安全、无隐患，机械设备的安全保险装置是否完好、有效，以及各类安全技术措施的落实等），并做好上岗记录。

（7）遵章守纪。各级管理人员均应佩戴证明其身份的证卡。各类施工人员应戴有识别标记的安全帽（生产工人——黄色，施工管理人员——红色），且严格遵守劳动纪律，无违章作业。

（8）事故处理。按规定对事故进行报告处理，事故档案应齐全，并认真做好"三不放过"（事故原因调查不清不放过、事故责任和群众没受到教育不放过、没有防范措施不放过）。

（9）防火管理。

1）建立健全防火责任制，职责明确，防火安全制度齐全。

2）成立人数不少于施工总人员5%的义务消防队，并建立相应的活动制度。

3）建立动用明火审批制度，按规定划分级别，审批手续完善，并有监护措施。

4）重点防范部位明确，防火奖惩、火灾事故、消防器材管理记录齐全。

（10）安全标牌。施工现场设安全生产宣传牌，主要施工部位、作业点和危险区域及主要通道口设有醒目、有针对性的安全宣传标语或安全警告牌。

3. 生活卫生

（1）办公室、会议室、阅览室内应卫生整洁，办公用品、学习资料摆放有序，要保持环境整洁，无污水和污物。

（2）对食堂外墙面应抹灰刷白，内墙面应贴白色釉面砖，抹水泥地面，安装纱门和纱窗。

（3）食堂应设置通风、排水和污水排放设施，并配备一定数量的灭火器。

（4）应将生食品、熟食品分开放置，并设有标记，有防蝇设施，室内不得有蚊蝇。

（5）炊事人员上岗必须穿戴工作服（帽），保持个人卫生，并每年进行一次健康检查，持卫生防疫部门核发的健康合格证上岗。

（6）按照卫生、通风和照明要求设置更衣室、简易浴室等必要的职工生活设施，并建立定期清扫制度。

4. 宿舍卫生

（1）施工人员宿舍地面为混凝土地面，要保持宿舍卫生整洁、通风，日常用品放置整齐有序。

（2）宿舍须设置 2 m×0.8 m 规格的单人床或上、下双层床，禁止职工睡通铺。

（3）设有专职清洁人员打扫生活区卫生。

5. 厕所卫生

（1）按照卫生标准和卫生作业要求设置相应数量水冲式厕所、化粪池和生活垃圾容器，人与厕所蹲位的比例为30：1，厕所墙面应抹灰刷白，便池贴瓷砖，并保持清洁、卫生。

（2）厕所卫生设有专人负责，定期进行冲刷、清理、消毒，防止蚊蝇等"四害"滋生。

6. 环境保护

（1）因为现场土质在干燥时易产生粉尘，所以对现场施工人员要注意劳动保护。同时，应遵照国家有关环境保护的法律规定采取有效措施，控制施工现场的各种粉尘、废气、废水、固体废弃物及噪声、振动对环境的污染和危害。

（2）施工污水泥浆应妥善处理，通过沉淀的污水有序地通过现场排水沟排出。

(3)不准从高处向下抛撒建筑垃圾，应采用有效措施控制施工过程中产生的粉尘，禁止将有毒、有害废弃物作土方回填。

7. 教育管理

(1)施工现场设置黑板报和宣传标语，利用广播对现场施工人员进行文明施工、安全施工及综合治理的教育，并注意适时更换内容。

(2)施工现场严禁居住家属，严禁居民、家属、小孩在施工现场穿行、玩耍。

(3)施工现场设立警告牌及防护措施，非施工人员严禁进入施工现场。

(4)文明施工管理，要按专业分工种实行场容管理责任制，有明确的管理目标，并落实责任到人。

(5)加强对现场文明施工情况的检查力度，每次检查完毕，要有详细的书面记录。

8. 医疗救护

成立业余医疗救护小组，由安全员带队，组织小组成员学习基本医疗急救知识。在项目部设置急救箱，配备部分急救药品，如防暑药品清凉油、十滴水、克痢痧以及创可贴、止痛片等常用药物。遇急救情况，在采取必要急救措施的同时，应立即拨打当地的急救电话，送医院进行救治。

(三)安全技术措施

1. 施工现场

(1)施工现场各种料具、构件、机械电气设施、临时建筑必须按平面图布局和摆设。

(2)施工现场道路应保持畅通，排水良好。

(3)各种材料机具构件应堆放整齐、有序，下脚料和施工完成后，机具应堆放在指定地点，做到工完场清、文明施工。

(4)施工现场要有醒目的安全标语，并有符合国家标准的安全标志和安全色标。

(5)施工现场的易燃易爆场所要有显著的标志和充足、有效的消防器材。

2. 施工用电

(1)在建工程(含脚手架、吊篮)的外侧边缘与架空线路的最小距离：1 kV 以下为 4 m；1～10 kV 为 6 m。实际距离小于安全距离时，必须按规定采取防护措施，增强屏障，并须设置警告标志。

(2)起重机的任何部位和被吊物边缘与 10 kV 以下架空线路的边线距离不得小于 2 m。

(3)施工现场专用中心点接地的电气线路，必须实行三相五线制。如引入的电源为三相五线制时，在引入的第一级开关的零线端子处做好重复接地，工作零线和保护零线同时从重复零线接地处引出，重复接地电阻值不得大于 10 Ω。

(4)导线穿墙、坑、洞、棚或过路时应穿管保护，严禁乱拉、乱扯电线。

(5)地下沟槽内、筒库体内及操作时使用的充电灯和手把行灯电压不得超过 36 V；潮湿场所、金属容器内电压不得超过 12 V；露天装设的灯具，其灯口和开关要使用防水灯具，与地面间距不得小于 2.5 m；碘钨灯应设在 3 m 以上，导线固定引靠，不得靠近灯具。

(6)低压干线的搭设，配电箱、熔丝等要根据现场条件，依据规程、规范进行布置。

(7)所有电工必须持证上岗。

3. 起重吊装

(1)较大设备的吊装，其安装及作业需编制施工方案，安全技术保证措施要可靠、详尽。

（2）各种起重机械要按规范规定，配齐可靠、有效的安全装置。大雾和风力大于6级的天气，暂停起重和高空作业。

（3）龙门架、井架安装，塔式起重机的安装与拆除，应根据实际情况编制安全技术交底，施工负责人应向小组交底并组织施工，安装搭设完后，按规定验收签字后挂牌方可使用。

（4）吊装区域内，严禁在作业半径范围内站人、通行。

（5）经常对起重和垂直运输机具绳索、刹车器等进行检查，确保负荷要求。

4."三宝"及"四口"的防护

（1）凡进入施工现场人员必须正确佩戴安全帽，高处作业人员严禁穿硬底鞋、塑料鞋、拖鞋。

（2）根据作业种类选择合适的安全带，凡在2 m及2 m以上的高处作业人员，必须系好安全带。

（3）在高处作业和交叉施工现场，必须设置外围栏杆，挂安全密目网，护身栏杆应超过操作面1 m高。

（4）在建工程的楼梯口、电梯口、通道口、预留口均应进行防护，设置不低于1.2 m的双道防护栏杆，上料口要加可移动的栏杆。

（5）对在建工程临建设施、设备，未安装栏杆的平台及槽、坑、沟等，都要根据情况做好防护，深度超过2 m的必须设置防护栏杆，靠近人行道的，夜间须设置红灯示警。

六、工程质量保证措施

项目部对本工程的质量目标是：确保"优良"、争创"优质工程"。为实施有效的目标管理，对施工各阶段必须做好下列各项工作，并要求达到相应目标：

（1）树立"百年大计，质量第一"的思想，教育职工把质量摆到首位，确保合同范围内的全部建筑安装工程均照现行国家标准进行施工，符合设计图纸要求。

（2）在施工过程中，严格按国家颁发的施工验收规范、操作规程统一施工活动，坚持认真审图、按图施工，发现质量问题采取有效措施，绝不留隐患。

（3）做好各施工环节的质量检查，不合格原材料和不合格设备坚决不用（或不安装）；上道工序不合格不得转入下道工序；及时做好隐蔽和分部、分项工程检验。所有隐蔽工程须经现场监理代表或当地质检部门验收合格。

（4）推行全面质量管理的科学管理方法，认真贯彻施工方案，并详细进行技术交底，将施工要遵照的质量标准通过各种形式写出来，做到人人心中有数。

（5）项目部设专人负责质量检查和监督，加强原材料和各个搅拌点的质量管理。

（6）加强测量放线，特别是工艺轴线、设备基础大样，经自检和监理复核后方可施工，认真做好测量定位，严格控制轴线、标高、垂直度，特别是窑头、窑中、窑尾等生产车间的生产工艺系统轴线及标高，避免发生差错，做好单位工程沉降观测记录。

（7）分部分项工程做好自检、互检、交接检，贯彻质量样板制、挂牌制、岗位责任制。

（8）以回转窑、原料磨、熟料粉磨、预热器的安装质量为样板（各专业工程的质量都要达到优良的标准），提高整个工程的质量。

（9）管道、钢结构、筒体焊接必须严格执行焊接工艺操作规程。

(10)调试是整个安装工作的主要部分，当一台设备安装完后，能试车的马上试车，做到发现问题及早处理。

(11)在施工过程中，认真、及时收集工程档案资料，做到工程资料整理归档与工程进度同步进行。

(12)对设备基础的预留、预埋要认真复核，预留孔洞二次灌浆严格按有关规定执行。

(13)将质量与职工的经济利益挂钩，认真执行经济承包责任制。

(14)提升机底槽及屋面不出现渗漏，所有装饰工程达到设计要求和规范标准，清水混凝土面达到轴线通直、尺寸准确、棱角方正、线条通顺、光面平整、颜色一致，无蜂窝麻面和明显气泡。

七、施工总平面图布置

1. 平面布置

在场地平整后，根据便于施工的原则，并考虑场内生产制作、材料、运输及文明施工要求，进行施工总平面布置。项目部办公室搭设在设计配套设施区外，靠近原路边。为便于管理，集中搭设施工人员宿舍，生产道路、活动场地均采用混凝土硬化地面。

施工平面布置图略。

2. 机械布置

(1)垂直运输设备：由于本工程为全现浇框架结构和钢筋混凝土筒仓结构，垂直运输工作量大，故垂直运输选用 5 台 TQ60 塔式起重机。

(2)挖土、运输机械：考虑基础土石方开挖，基础开挖选用小松 PC200 挖掘机 5 台、汽车 10 辆。

3. 施工用电、用水计划

现场配备 400 kV·A 变压器，由于施工现场用电不正常，故用电设置一只总配电箱。总箱内分动力线、施工照明线路，采用三相五线制架设电线，并设接地保护装置。动力线分为两路，一路供搅拌机和塔式起重机，一路供钢筋和木工加工，详见专项组织设计。

由于现场无自来水水源，就近采用水库蓄水，故现场每台混凝土搅拌机旁建造 10 m³ 砖砌临时水池，混凝土养护用水则通过增压泵供至各个单体。施工用水沿每个建筑物布置 ϕ25 mm 镀锌管，并设消防龙头。

本章小结

本章阐述了建设项目施工组织总设计的具体内容，包括编制依据、程序和内容等，重点介绍了施工组织总设计的施工部署、施工总控制进度计划、全场性临设工程、施工总平面图等。

施工部署即整个建筑项目施工战略性的部署及主要工程项目分期分批施工的战略性安排。

施工总进度计划是以建设项目的投产和交付使用的时间为目标，按照合理的施工部署和日程安排的建筑生产计划。

施工总平面图设计的内容：建设项目建筑总平面图上一切地上和地下建筑物、构筑物及其他设施的位置和尺寸。一切为全工地施工服务的临时设施的位置，包括：施工用地范围，施工用的各种道路；加工厂、制备站及有关机械的位置；各种建筑材料、半成品、构件的仓库和生产工艺设备的堆场、取弃土方位置；行政管理房、宿舍、文化生活福利设施等的位置；水源、电源、变压器位置，临时给水排水管线和供电、动力设施；机械站、车库位置；一切安全、消防设施位置；永久性测量放线标桩位置。施工总平面图应随着工程的进展，不断地进行修正和调整，以适应不同时期的需要。

思考与练习

一、填空题

1. _____是施工组织总设计的核心内容，是在充分了解工程情况、施工条件和建设要求的基础上，对整个建设项目进行全面部署，同时解决工程施工中重大战略问题的全局性、纲领性文件，其内容根据建设项目性质、规模和客观条件的不同而略有变化。

2. 施工组织总设计是以整个建设项目或群体工程为编制对象，规划其施工全过程各项施工活动的技术经济性文件，带有_____和_____，其目的是对整个建设项目或群体工程的施工活动进行通盘考虑、全面规划、总体控制。

3. 编制施工组织总设计一般以设计文件、计划文件及相关合同、_____、_____、_____、_____等资料为编制依据。

4. 施工方案的内容包括_____、_____和_____等。

5. 施工预算成本是根据_____、_____和_____所确定的工程费用总和，也称建设预算成本。

二、单项选择题

1. 关于施工总进度计划编制原则的叙述，下列不正确的是（　　）。

   A. 合理安排施工顺序，保证在劳动力、物资以及资金消耗量最少的情况下，按规定工期完成拟建工程施工任务

   B. 采用合理的施工方法，使建设项目的施工连续、均衡地进行

   C. 节约施工费用

   D. 工程的初步设计或扩大初步设计

2. 施工总质量计划的内容，不包括（　　）。

   A. 工程设计质量要求和特点　　　　　B. 工程施工质量总目标及其分解

   C. 确定施工质量目的　　　　　　　　D. 制定施工质量保证措施

3. 工地仓库的类型，不包括（　　）。

   A. 转运仓库　　　　B. 中心仓库　　　　C. 现场仓库　　　　D. 生产仓库

4. 在进行用电量计算时，应考虑的因素是（　　）。

   A. 工地上使用的部分用电设备的用电量的大小

   B. 施工总进度计划中施工高峰期同时用电数量

   C. 工地变电器的工作状况

D. 完全由工地附近的电力系统供电，包括在全面开工以前将永久性供电外线工程完成，设置临时变电站

5. （　　）是指将地区或市政交通路线引入至施工场区入口处。

A. 场外交通道路的引入　　　　　　　B. 材料堆场、仓库和加工厂的布置

C. 搅拌站的布置　　　　　　　　　　D. 场内运输道路的布置

三、简答题

1. 简述施工组织总设计的作用。

2. 在安排和选用机械时，应注意哪些方面？

3. 施工准备工作计划内容有哪些？

4. 简述施工总质量计划的制订步骤。

5. 在布置场内运输道路、规划厂区内道路时，应考虑哪些问题？

第八章 BIM 技术概论

知识目标

1. 了解 BIM 的由来、概念及优势，熟悉 BIM 技术的特点及发展趋势。
2. 掌握 BIM 技术在方案策划阶段、设计阶段、施工阶段的应用。

能力目标

能够理解 BIM 技术在方案策划阶段、设计阶段、施工阶段的应用。

第一节 BIM 基础知识

一、BIM 的由来

BIM 的全称是"建筑信息模型（Building Information Modeling）"，这项称为"革命性"的技术，源于美国佐治亚理工学院（Georgia Institute of Technology）建筑与计算机专业的查克伊斯曼（ChuckEastman）博士提出的一个概念：建筑信息模型包含了不同专业的所有的信息、功能要求和性能，将一个工程项目的所有的信息包括在设计过程、施工过程、运营管理过程的全部信息整合到一个建筑模型中（图 8-1）。

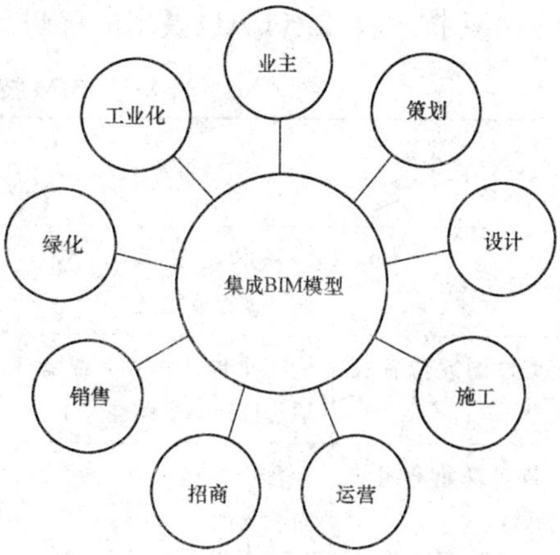

图 8-1 各专业集成 BIM 模型图

二、BIM 技术概念

在《建筑信息模型应用统一标准》（GB/T 51212—2016）中，将 BIM 定义如下：建筑信息模型（Building Information Modeling，简称 BIM），是指在建设工程及设施全生命期间，对其物理和功能特性进行数字化表达，并依此设计、施工、运营的过程和结果的总称，简称为建筑信息模型。

BIM 技术是一种多维(三维空间、四维时间、五维成本、N 维更多应用)模型信息集成技术,可以使建设项目的所有参与方(包括政府主管部门、业主、设计、施工、监理、造价、运营管理、项目用户等)在项目从概念产生到完全拆除的整个生命周期内都能够在模型中操作信息和在信息中操作模型,从而从根本上改变从业人员依靠符号、文字形式、图纸进行项目建设和运营管理的工作方式,实现在建设项目全生命周期内提高工作效率和质量及减少错误和风险的目标。

BIM 的含义总结为以下三点:

(1)BIM 是以三维数字技术为基础,集成了建筑工程项目各种相关信息的工程数据模型,也是对工程项目设施实体与功能特性的数字化表达。

(2)BIM 是一个完善的信息模型,能够连接建筑项目生命期不同阶段的数据、过程和资源,也是对工程对象的完整描述,提供可自动计算、查询、组合拆分的实时工程数据,可被建设项目各参与方普遍使用。

(3)BIM 具有单一工程数据源,可解决分布式、异构工程数据之间的一致性和全局共享问题,支持建设项目生命期中动态的工程信息创建、管理和共享,是项目实时的共享数据平台。

三、BIM 的优势

CAD 技术将建筑师、工程师们从手工绘图推向计算机辅助制图,实现了工程设计领域的第一次信息革命。但是此信息技术对产业链的支撑作用是断点的,各个领域和环节之间没有关联,从整个产业整体看,信息化的综合应用明显不足。而 BIM 是一种技术、一种方法、一种过程,它既包括建筑物全生命周期的信息模型,同时,又包括建筑工程管理行为的模型。它可以将两者进行完美的结合来实现集成管理,它的出现将可能引发整个 A/E/C(Architecture/Engineering/Construction)领域的第二次革命。

BIM 技术较二维 CAD 技术的优势见表 8-1 中所列。

表 8-1　BIM 技术较二维 CAD 技术的优势表

类别＼面向对象	CAD 技术	BIM 技术
基本元素	基本元素为点、线、面,无专业意义	基本元素,如墙、窗、门等,不但具有几何特性,同时还具有建筑物理特征和功能特征
修改图元位置或大小	需要再次画图,或者通过拉伸命令调整大小	所有图元均为参数化建筑构件,附有建筑属性;在"族"的概念下,只需要更改属性,就可以调节构件的尺寸、样式、材质、颜色等
各建筑元素间的关联性	各个建筑元素之间没有相关性	各个构件是相互关联的,例如,删除一面墙,墙上的窗和门跟着自动删除;删除一扇窗,墙上原来有窗的位置会自动恢复为完整的墙
建筑物整体修改	需要对建筑物各投影面依次进行人工修改	只需进行一次修改,则与之相关的平面图、立面图、剖面图、三维视图、明细表等都自动修改
建筑信息的表达	提供的建筑信息非常有限,只能将纸质图纸电子化	包含了建筑的全部信息,不仅提供形象可视的二维图纸和三维图纸,而且提供工程量清单、施工管理、虚拟建造、造价估算等更加丰富的信息

第二节 BIM技术的特点与发展趋势

一、BIM技术的特点

1. 可视化

施工组织可视化即利用BIM工具创造建筑设备模型、轴转材料模型、临时设施模型等，以模型施工过程，确定施工方案，进行施工组织。

2. 一体化

一体化是指BIM技术可以进行从设计到施工再到运营贯穿了工程项目的全生命周期的一体化管理。BIM的技术核心是一个由计算机三围模型所形成的数据库，不仅包含了建筑师的设计信息，而且可以容纳从设计到建成使用，甚至是使用周期终结的全过程信息。

3. 参数化

参数化建模是指通过参数（变量）而不是数字建立和分析模型，简单地改变模型中参数值就能建立和分析新的模型。

4. 仿真性

建筑物性能分析仿真，即基于BIM技术建筑师在设计过程中赋予所建造的虚拟建筑模型的大量建筑信息，然后将BIM模型导入相关信息分析软件，就可得到相应分析结果。

5. 协调性

"协调"一直是建筑业工作中的重点内容，无论是施工单位还是业主及设计单位，无不在做着协调及相配合的工作。基于BIM进行工程管理，可以有助于工程各参与方进行组织协调工程。通过BIM建筑信息模型可以在建筑物建造前期对各专业的碰撞问题进行协调，生成并提供协调数据。

6. 优化性

整个设计、施工、运营管的过程，其实就是一个不断优化的过程，没有准确的信息是做不出合力优化结果的。BIM模型提供了建筑物存在的实际信息，包括几何信息、物理信息、规则信息，还提供了建筑物变化以后的实际存在。BIM和其配套的各种优化工具提供了对复杂项目进行优化的可能：将项目设计和投资回报分析结合起来，计算出设计变化对投资回报的影响，使得业主知道那种项目设计方案更有利于自身的需求，对设计施工方案进行优化，可以带来显著的工期和造价改进。

7. 可出图性

运用BIM技术，除能够进行建筑平面图、立面图、剖面图及详图的输出外，还可以出碰撞报告及构件加工图等。

二、BIM技术的发展趋势

随着BIM技术的发展和完善，其应用还将不断扩展，BIM将永久性地改变项目设计、施工和运维管理方式。随着传统低效的方法逐渐退出历史舞台，目前许多工作岗位、任务和职责将成为过时的东西。报酬应当体现价值创造，而当前采用的研究规模、酬劳、风险，以及项目交付的模型应加以改变，才能适应新的情况。在这些变革中，可能将发生的情况包括以下几项：

(1)市场的优胜劣汰将产生一批已经掌握 BIM 并能够有效提供整合解决方案的公司，它们基于以往的成功经验来参与竞争，赢得新的工程。这将包括设计师、施工企业、材料制造商、供应商、预制件制造商及专业顾问。

(2)专业的认证有助于将真正有资格的 BIM 从业人员从那些对 BIM 一知半解的人当中区分开来。教育机构将把协作建模融入其核心课程，以满足社会对 BIM 人才的需求。同时，企业内部和外部的培训项目也将进一步普及。

(3)尽管当前 BIM 应用主要集中在建筑行业，但具备创新意识的公司正将其应用于土木工程的项目中。同时，随着人们对它带给各类项目的益处逐渐得到广泛认可，其应用范围将继续快速扩展。

(4)业主将期待更早地了解成本、进度计划及质量，这将促进生产商、供应商、预制件制造商和专业承包商尽早使用 BIM 技术。

(5)新的承包方式将出现，以支持一体化项目交付(基于相互尊重和信任、互惠互利、协同决策及有限争议解决方案的原则)。

(6)BIM 应用将有力促进建筑工业化发展。建模将使得更大、更复杂的建筑项目预制件成为可能。更低的劳动力成本，更安全的工作环境，减少原材料需求及坚持一贯的质量将为该趋势的发展带来强大的推动力，使其具备经济性、充足的劳力及可持续性激励。项目重心将由劳动密集型向技术密集型转移，生产商将采用灵活的生产流程，以提升产品定制化水平。

(7)随着更加完备的建筑信息模型融入现有业务，一种全新内置式高性能数据仪在不久即可用于建筑系统及产品。这将形成一个对设计方案和产品选择产生直接影响的反馈机制。通过检测建筑物的性能与可持续目标是否相符，来促进帮助绿色设计及绿色建筑全寿命期的实现。

第三节　BIM 技术在各个阶段的应用

一、方案策划阶段

方案策划是指在确定建设意图之后，项目管理者需要通过收集各类项目资料，对各类情况进行调查，研究项目的组织、管理、经济和技术等，进而得出科学、合理的项目方案，为项目建设指明正确的方向和目标。

在方案策划阶段，信息是否准确、信息量是否充足已成为管理者能否做出正确决策的关键。BIM 技术的引入，使方案阶段所遇到的问题得到了有效的解决。其在方案策划阶段的应用内容主要包括现状建模、成本核算、场地分析和总体规划。

1. 现状建模

利用 BIM 技术可为管理者提供概要的现状模型，以方便建设项目方案的分析、模拟，从而为整个项目的建设降低成本、缩短工期并提高质量。例如，在对周边环境进行建模（包括周边道路、已建和规划的建筑物、园林景观等）之后，将项目的概要模型放入环境模型中，以便于对项目进行场地分析和性能分析等工作。

2. 成市核算

项目成本核算是通过一定的方式方法对项目在施工过程中发生的各种费用成本进行逐一统计考核的一种科学管理活动。

目前，市场上主流的工程量计算软件在逼真性及效率方面还存在一些不足，如用户需要将施工蓝图通过数据形式重新输入计算机，相当于人工在计算机上重新绘制一遍工程图纸。这种做法不仅增加了前期工作量，而且没有共享设计过程中的产品设计信息。

利用 BIM 技术提供的参数更改技术能够将针对建筑设计或文档任何部分所做的更改自动反映到其他位置，从而可以帮助工程师们提高工作效率、协同效率及工作质量。BIM 技术具有强大的信息集成能力和三维可视化图形展示能力，利用 BIM 技术建立起的三维模型可以极尽全面地加入工程建设的所有信息。根据模型能够自动生成符合国家工程量清单计价规范标准的工程量清单及报表，快速统计和查询各专业工程量，对材料计划、使用做精细化控制，避免材料浪费，例如，利用 BIM 信息化特征可以准确提取整个项目中防火门数量、不同样式、材料的安装日期、出厂型号、尺寸大小等，甚至可以统计防火门的把手等细节。同时，基于 BIM 技术生成的工程量不是简单的长度和面积的统计，专业的 BIM 造价软件可以进行精确的三维布尔运算和实体减扣，从而获得更符合实际的工程量数据，并且可以自动形成电子文档进行交换、共享、远程传递和永久存档。其准确率和速度上都较传统统计方法有很大的提高，有效降低了造价工程师的工作强度，提高了工作效率。

3. 场地分析

场地分析是对建筑物的定位、建筑物的空间方位及外观、建筑物和周边环境的关系，以及建筑物将来的车流、物流、人流等各方面的因素进行集成数据分析的综合。在方案策划阶段，景观规划、环境现状、施工配套及建成后交通流量等与场地的地貌、植被、气候条件等因素关系较大，传统的场地分析存在如定量分析不足、主观因素过重、无法处理大量数据信息等弊端，通过 BIM 结合 GIS 进行场地分析模拟，可以得出较好的分析数据，能够为设计单位后期设计提供最理想的场地规划、交通流线组织关系、建筑布局等关键决策。

4. 总体规划

通过 BIM 建立模型能够更好地对项目作出总体规划，并得出大量的直观数据作为方案决策的支撑。例如，在可行性研究阶段，管理者需要确定建设项目方案在满足类型、质量、功能等要求下是否具有技术与经济的可行性，而 BIM 能够帮助提高技术经济可行性论证结果的准确性和可靠性。通过对项目与周边环境的关系、朝向可视度、形体、色彩、经济指标等进行分析对比，化解功能与投资之间的矛盾，使策划方案更加合理，为下一步的方案与设计提供直观、带有数据支撑的依据。

二、设计阶段

1. 结构分析

最早使用计算机进行的结构分析包括前处理、内力分析、后处理三个步骤。其中，前处理是通过人机交互式输入结构简图、荷载、材料参数，以及其他结构分析参数的过程，也是整个结构分析中的关键步骤，所以，该过程也是比较耗费设计时间的过程；内力分析过程是结构分析软件的自动执行过程，其性能取决于软件和硬件，内力分析过程的结果是结构构件在不同工况下的位移和内力值；后处理过程是将内力值与材料的抗力值进行对比产生安全提示，或者按照相应的设计规范计算出满足内力承载能力要求的钢筋配置数据，这个过程的人工干预程度也较低，主要由软件自动执行。在 BIM 模型支持下，结构分析的前处理过程也实现了自动化。BIM 软件可以自动将真实的构件关联关系简化成结构分析所需的简化关联关系，能依据构件的属性自动区分结构构件和非结构构件，并将非结构构件转化成加载于结构构件上的荷载，从而实现了结构分析前处理的自动化。

基于 BIM 技术的结构分析主要体现在以下几个方面：

(1)通过 IFC 或 StructureModelCenter 数据计算模型；

(2)开展抗震、抗风、抗火等结构性能设计；

(3)结构计算结果存储在 BIM 模型或信息管理平台中，便于后续应用。

2. 性能分析

利用 BIM 技术，建筑师在设计过程中赋予所创建的虚拟建筑模型大量建筑信息(几何信息、材料性能、构件属性等)。只要将 BIM 模型导入相关性能分析软件，就可得到相应分析结果，使得原本 CAD 时代需要专业人士花费大量时间输入大量专业数据的过程可自动轻松完成，从而大大降低了工作周期，提高了设计质量，优化了为业主的服务。

性能分析主要包括以下几个方面：

(1)能耗分析：对建筑能耗进行计算、评估，进而开展能耗性能优化；

(2)光照分析：建筑、小区日照性能分析，室内光源、采光、景观可视度分析；

(3)设备分析：管道、通风、负荷等机电设计中的计算分析模型输出，冷、热负荷计算分析，舒适度模拟，气流组织模拟；

(4)绿色评估：规划设计方案分析与优化，节能设计与数据分析，建筑遮阳与太阳能利用，建筑采光与照明分析，建筑室内自然通风分析，建筑室外绿化环境分析，建筑声环境分析，建筑小区雨水采集和利用。

3. 工程算量与造价控制

工程量的计算是工程造价中最烦琐、最复杂的部分，传统的造价模式占用了大量的人力资源去理解设计、读图识图和算量建模。

利用 BIM 技术辅助工程计算与造价控制，能大大加快工程量计算的速度。利用 BIM 技术建立起的三维模型可以极尽全面地加入工程建设的所有信息。目前，部分国产软件已经能够根据模型自动生成符合国家工程量清单计价规范标准的工程量清单及报表等，这样的功能将在未成为行业主流。通过 BIM 技术应用，实现快速统计和查询各专业工程量，对材料计划、使用做精细化控制，避免材料浪费。例如，利用 BIM 信息化特征可以准确提取整个项目中防火门数量的准确数字、防火门的不同样式、材料的安装日期及防火门的出厂型号、尺寸大小等，甚至可以统计防火门的把手等细节。

4. 施工图纸生成

设计成果中最重要的表现形式就是施工图。施工图是含有大量技术标注的图纸，在建筑工程的施工方法仍然以人工操作为主的技术条件下，施工图有其不可替代的作用。CAD技术的应用大幅度提升了设计人员绘制施工图的效率，但是，传统方式存在的不足也是非常明显的。当产生了施工图之后，如果工程的某个局部发生设计更新，则会同时影响该局部相关的多张图纸，如一个柱子的断面尺寸发生变化，则含有该柱的结构平面布置图、柱配筋图、建筑平面图、建筑详图等都需要再次修改，这种问题在一定程度上影响了设计质量的提高。模型是完整描述建筑空间与构件的模型，图纸可以看作模型在某一视角上的平行投影视图。基于模型自动生成图纸是一种理想的图纸产出方法。理论上，基于唯一的模型数据源，任何对工程设计的实质性修改都将反映在模型中，软件可以依据模型的修改信息自动更新所有与该修改相关的图纸，由模型到图纸的自动更新将为设计人员节省大量的图纸修改时间。施工图生成也是优秀建模软件多年来努力发展的主要功能之一。目前，软件的自动出图功能还在发展中，实际应用时还需人工干预，包括修正标注信息、整理图面等工作，其效率还不是十分令人满意。相信随着软件的发展，该功能会逐步增强，工作效率会逐步提高。

5. 三维渲染图出具

三维渲染图同施工图纸一样，都是建筑方案设计阶段重要的展示成果，既可以向业主展示建筑设计的仿真效果，也可以供团队交流、讨论使用。同时，三维渲染图也是现阶段建筑方案设计阶段需要交付的重要成果之一。Revit Architecture 软件自带的渲染引擎，可以生成建筑模型各角度的渲染图，同时，Revit Architecture 软件具有 3ds MAX 软件的软件接口，支持三维模型导出。Revit Architecture 软件的渲染步骤与目前建筑师常用的渲染软件大致相同，分别为创建三维视图、配景设置、设置材质的渲染外观、设置照明条件、渲染参数设置、渲染并保存图像。

三、施工阶段

BIM 技术在施工阶段具体应用主要体现在以下几个方面。

1. 预制加工管理

BIM 技术在预制加工管理方面的应用主要体现在钢筋准确下料、构建信息查询及出具构件加工详图上。其具体内容如下：

(1)钢筋准确下料。在以往工程中，由于工作面大、现场工人多，工程交底困难而导致的质量问题非常常见，而通过 BIM 技术能够优化断料组合加工表，将损耗减至最低。

(2)构件详细信息查询。检查和验收信息将被完整地保存在 BIM 模型中，相关单位可快捷地对任意构件进行信息查询和统计分析，在保证施工质量的同时能够使质量信息在运维期有据可循。

(3)构件加工详图。BIM 模型可以完成构件加工、制作图纸的深化设计。利用如Tekla、Structures 等深化设计软件真实模拟进行结构深化设计，通过软件自带功能将所有加工详图(包括布置图、构件图、零件图等)利用三视图原理进行投影、剖面生成深化图纸，图纸上的所有尺寸，包括杆件长度、断面尺寸、杆件相交角度均是在杆件模型上直接投影产生的。通过深化设计产生的加工数据清单，直接导入精密数控加工设备进行加工处理，从而保证了构件加工的精密性以及钢结构工程安装的精度。

2. 虚拟施工管理

结合施工方案、施工模拟和现场视频监测进行基于 BIM 技术的虚拟施工，可以根据可视化效果看到并了解施工的过程和结果，从而较大程度地降低返工成本和管理成本，降低风险，增强管理者对施工过程的控制能力。

BIM 在虚拟施工管理中的应用主要有场地布置方案、专项施工方案、关键工艺展示、施工模拟（土建主体及钢结构部分）、装修效果模拟等。下面将分别对其进行详细介绍：

（1）场地布置方案。基于建立的 BIM 三维模型及搭建的各种临时设施，可以对施工场地进行布置，合理安排塔式起重机、库房、加工厂地和生活区等的位置，解决现场施工场地平面布置和现场场地划分问题；通过与业主的可视化沟通协调，对施工场地进行优化，选择最优施工路线。

（2）专项施工方案。通过 BIM 技术指导编制专项施工方案，可以直观地对复杂工序进行分析，将复杂部位简单化、透明化，提前模拟方案编制后的现场施工状态，对现场可能存在的危险源、安全隐患、消防隐患等进行提前排查，对专项方案的施工工序进行合理排布，有利于方案的专项性、合理性。

（3）关键工艺展示。基于 BIM 技术，能够提前对重要部位的安装进行动态展示，提供施工方案讨论和技术交流的虚拟现实信息，从而帮助施工人员选择合理的安装方案，同时，可视化的动态展示有利于安装人员之间的沟通及协调。

（4）土建主体结构施工模拟。根据拟定的最优施工现场布置和最优施工方案，将由项目管理软件，如使用 project 编制而成的施工进度计划与施工现场三维模型集成一体，引入时间维度，能够完成对工程主体结构施工过程的四维施工模拟。通过四维施工模拟，可以使设备材料进场、劳动力配置、机械排班等各项工作安排的更加经济合理，从而加强了对施工进度、施工质量的控制。针对主体结构施工过程，利用已完成的 BIM 模型进行动态施工方案模拟，展示重要施工环节动画，对比分析不同施工方案的可行性，能够对施工方案进行分析，并听从甲方指令对施工方案进行动态调整。

（5）装修效果模拟。针对工程技术重难点、样板间、精装修等，完成对窗帘盒、吊顶、木门、地面砖等基础模型的搭建，并基于 BIM 模型，对施工工序的搭接、新型、复杂施工工艺进行模拟，对灯光环境等进行分析，综合考虑相关影响因素，利用三维效果预演的方式有效解决各方协同管理的难题。

3. 施工进度管理

在传统的项目进度管理过程中事故频发，究其根本在于传统的进度管理模式存在一定的缺陷，例如，二维 CAD 设计图形象性差，不方便各专业之间的协调沟通；网络计划抽象难以理解和执行等。BIM 技术的引入，可以突破二维的限制，给项目进度控制带来不同的体验，如可减少变更和返工进度损失、加快生产计划及采购计划编制、加快竣工交付资料准备，从而提升了全过程的协同效率。

利用 BIM 技术对项目进行进度控制流程如图 8-2 所示。

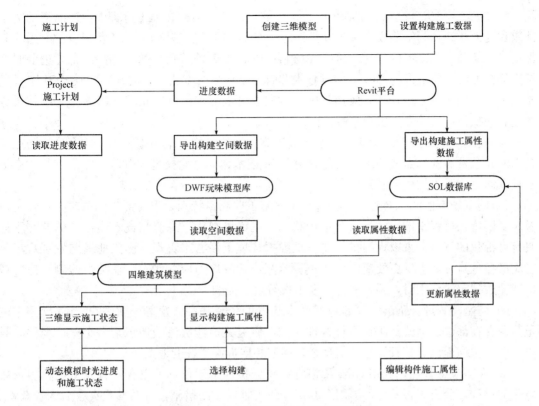

图 8-2　基础 BIM 的项目进行控制流程图

4. 施工质量管理

基于 BIM 的工程项目质量管理包括产品质量管理及技术质量管理。

(1)产品质量管理：BIM 模型储存了大量的建筑构件、设备信息，通过软件平台，可快速查找所需的材料及构配件信息，如规格、材质、尺寸要求等，并可根据 BIM 设计模型对现场施工作业产品进行追踪、记录、分析，掌握现场施工的不确定因素，避免不良后果的出现，监控施工质量。

(2)技术质量管理：通过 BIM 的软件平台动态模拟施工技术流程，再由施工人员按照仿真施工流程施工，可确保施工技术信息的传递不会出现偏差，避免实际做法和计划做法不一样的情况出现，减少不可预见情况的发生，监控施工质量。

5. 施工安全管理

采用 BIM 技术可使整个工程项目在设计、施工和运营维护等阶段都能够有效地控制资金风险，实现安全生产。下面将对 BIM 技术在工程项目安全管理中的具体应用进行介绍。

(1)施工准备阶段安全控制。在施工准备阶段，利用 BIM 进行与实践相关的安全分析，能够降低施工安全事故发生的可能性，例如，四维模拟与管理和安全表现参数的计算可以在施工准备阶段排除很多建筑安全风险；BIM 虚拟环境可划分施工空间，排除安全隐患；基于 BIM 及相关信息技术的安全规划可以在施工前的虚拟环境中发现潜在的安全隐患并予以排除；采用 BIM 模型结合有限元分析平台，进行力学计算，保障施工安全；通过模型发现施工过程重大危险源并实现水平洞口危险源自动识别。

（2）施工过程仿真模拟。仿真分析技术能够模拟建筑结构在施工过程中不同时段的力学性能和变形状态，为结构安全施工提供保障。在 BIM 模型的基础上，开发相应的有限元软件接口，实现三维模型的传递，再附加材料属性、边界条件和荷载条件，结合先进的时变结构分析方法，便可以将 BIM、四维技术和时变结构分析方法结合起来，实现基于 BIM 的施工过程结构安全分析，能有效捕捉施工过程中可能存在的危险状态，指导安全维护措施的编制和执行，防止发生安全事故。

（3）模型试验。对于结构体系复杂、施工难度大的结构，结构施工方案的合理性与施工技术的安全可靠性都需要验证。为此利用 BIM 技术建立试验模型，对施工方案进行动态展示，从而为试验提供模型基础信息。

（4）施工动态监测。对施工过程进行实时施工监测，特别是重要部位和关键工序，可以及时了解施工过程中结构的受力和运行状态。三维可视化动态监测技术较传统的监测手段具有可视化的特点，可以人为操作在三维虚拟环境下漫游来直观、形象地提前发现现场的各类潜在危险源，提供更便捷的方式查看监测位置的应力应变状态。在某一监测点应力或应变超过拟定的范围时，系统将自动发出报警给予提醒。

（5）防坠落管理。坠落危险源包括尚未建造的楼梯井和天窗等，通过在 BIM 模型中的危险源存在部位建立坠落防护栏杆构件模型，研究人员能够清楚地识别多个坠落风险，且可以向承包商提供完整且详细的信息，包括安装或拆卸栏杆的地点和日期等。

（6）灾害应急管理。利用 BIM 及相应灾害分析模拟软件，可以在灾害发生前模拟灾害发生的过程，分析灾害发生的原因，制定避免灾害发生的措施，以及发生灾害后人员疏散、救援支持的应急预案，为发生意外时减少损失并赢得宝贵时间。BIM 能够模拟人员疏散时间、疏散距离、有毒气体扩散时间、建筑材料耐燃烧极限、消防作业面等，主要表现为四维模拟、三维漫游和三维渲染能够标识各种危险，且 BIM 中生成的三维动画、渲染能够用来同工人沟通应急预案计划方案。

6. 施工成本管理

基于 BIM 技术，建立成本的五维（三维实体、时间、工序）关系数据库，以各 WBS 单位工程量人机料单价为主要数据进入成本 BIM 中，能够快速实行多维度（时间、空间、WBS）成本分析，从而对项目成本进行动态控制。下面将对 BIM 技术在工程项目成本控制中的应用进行介绍：

（1）快速精确的成本核算。BIM 是一个强大的工程信息数据库。进行 BIM 建模所完成的模型包含二维图纸中所有位置长度等信息，并包含二维图纸中不包含的材料等信息。计算机通过识别模型中的不同构件及模型的几何物理信息（时间维度、空间维度等），对各种构件的数量进行汇总统计。这种基于 BIM 的算量方法将算量工作大幅度简化，减少了因为人为原因造成的计算错误，大量节约了人力的工作量和花费时间。

（2）预算工程量动态查询与统计。基于 BIM 技术，模型可直接生成所需材料的名称、数量和尺寸等信息，而且这些信息将始终与设计保持一致。在设计出现变更时，该变更将自动反映到所有相关的材料明细表中，预算工程量动态查询与统计价工程师使用的所有构件信息也会随之变化。在基本信息模型的基础上增加工程预算信息，即形成了具有资源和成本信息的预算信息模型。

（3）限额领料与进度款支付管理。基础 BIM 软件，在管理多专业和多系统数据时能够采用系统分类和构架类型等方式对整个项目数据进行方便管理，为视图显示和材料统计提供规则。例如，给水排水、电气、暖通专业可以根据设备的型号、外观及各种参数分别显示设备，方便计算材料用量。

7. 绿色施工管理

绿色施工管理是指以绿色为目的、以 BIM 技术为手段，用绿色的观念和方式进行建筑的规划、设计，采用 BIM 技术在施工和运营阶段促进绿色指标的落实，以促进整个行业的进一步资源优化整合。下面将介绍以绿色为目的、以 BIM 技术为手段的施工阶段节地、节水、节材、节能管理。

(1)节地与室外环境。节地主要体现在建筑设计前期的场地分析、运营管理中的空间管理及施工用地的合理利用。BIM 在施工节地中的主要应用内容有场地分析、土方量计算、施工用地管理及空间管理等。

(2)节水与水资源利用。BIM 技术在节水方面的应用主要体现在协助土方量的计算、模拟土地沉降、场地排水设计、分析建筑的消防作业面、设置最经济合理的消防器材，以及设计规划每层排水地漏位置的雨水等非传统水源收集循环利用。

(3)节材与材料资源利用。基于 BIM 技术，重点从钢材、混凝土、木材、模板、围护材料、装饰装修材料及生活办公用品材料七个主要方面进行施工节材与材料资源利用控制，通过五维 BIM 安排材料采购的合理化，建筑垃圾减量化，可循环材料的多次利用化，钢筋配料，钢构件下料及安装工程的预留、预埋，管线路径的优化等措施；同时根据设计的要求，结合施工模拟，达到节约材料的目的。BIM 在施工节材中的主要应用内容有管线综合设计、复杂工程预加工预拼装、物料跟踪等。

(4)节能与能源利用。在方案论证阶段，项目投资方可以使用 BIM 来评估设计方案的布局、视野、照明、安全、人体工程学、声学、纹理、色彩及规范的遵守情况。BIM 技术甚至可以做到建筑局部的细节推敲，迅速分析设计和施工中可能需要应对的问题。

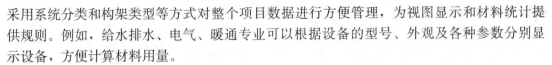

本章小结

本章重点讲了 BIM 技术在各个阶段的应用。

BIM 即建筑信息模型，是指在建设工程及设施全生命期内，对其物理和功能特性进行数字化表达，并依次设计、施工、运营的过程和结果的总称。

BIM 技术的特点具有可视化、一体化、参数化、仿真性、协调性、优化性、可出图性。

思考与练习

一、选择题

1. 下列属于 BIM 技术在业主方的应用优势的是（　　　）。

   A. 实现可视化设计、协同设计、性能化设计、工程量统计和管线综合

   B. 实现规范方案预演、场地分析、建筑性能预测和成本估算

C. 实现施工进度模拟、数字化建造、物料跟踪、可视化管理和施工配合

D. 实现虚拟现实和漫游、资产、空间等跟踪、可视化管理和施工配合

2. 以下说法不正确的是(　　)。

A. 一体化是指基于 BIM 技术可进行从设计到施工再到运营贯穿了工程项目的全生命周期的一体化管理

B. 参数化建模是指通过数字(常量)建立和分析模型，简单地改变模型中的数值就能建立和分析新的模型

C. 信息完备性体现在 BIM 技术可对工程对象进行三维几何信息和拓扑关系的描述以及完整的工程信息描述

D. BIM 及与其配套的各种优化工具提供了对复杂项目进行优化的可能，将项目设计和投资回报分析结合起来，计算出设计变化对投资回报的影响，可以带来显著的工期和造价改进

3. BIM 在虚拟施工管理中的应用不包括(　　)。

A. 场地布置方案　　　　　　　　　B. 专项施工方案

C. 施工准备阶段安全控制　　　　　D. 施工模拟、装修效果模拟

二、简答题

1. 什么是 BIM?

2. BIM 技术与二维 CAD 技术比较有什么优势?

3. BIM 技术有哪些特点?

4. BIM 技术在方案策划阶段包括哪些内容?

参考文献 References

[1] 中华人民共和国住房和城乡建设部，中华人民共和国国家质量监督检验检疫总局. GB/T 50502—2009 建筑施工组织设计规范[S]. 北京：中国建筑工业出版社，2009.

[2] 中华人民共和国住房和城乡建设部. JGJ/T 121—2015 工程网络计划技术规程[S]. 北京：中国建筑工业出版社，2015.

[3] 申永康. 建筑工程施工组织[M]. 重庆：重庆大学出版社，2013.

[4] 危道军. 建筑施工组织（土建类专业适用）[M]. 3版. 北京：中国建筑工业出版社，2014.

[5] 余群舟，宋协清. 建筑工程施工组织与管理[M]. 2版. 北京：北京大学出版社，2012.

[6] 张新华，范建洲. 建筑施工组织（建筑工程技术专业适用）[M]. 北京：中国水利水电出版社，2008.

[7] 蔡雪峰. 建筑施工组织[M]. 3版. 武汉：武汉理工大学出版社，2008.